特种作业人员安全技术考核培训教材

塔式起重机工

主编　邓丽华　王东升

中国建筑工业出版社

图书在版编目(CIP)数据

塔式起重机工/邓丽华，王东升主编. —北京：中国建筑工业出版社，2020.2
特种作业人员安全技术考核培训教材
ISBN 978-7-112-24591-8

Ⅰ.①塔… Ⅱ.①邓… ②王… Ⅲ.①塔式起重机-安全培训-教材 Ⅳ.①TH213.3

中国版本图书馆 CIP 数据核字(2020)第 010961 号

责任编辑：李　杰
责任校对：李欣慰

特种作业人员安全技术考核培训教材
塔式起重机工
主编　邓丽华　王东升

*

中国建筑工业出版社出版、发行（北京海淀三里河路 9 号）
各地新华书店、建筑书店经销
北京红光制版公司制版
廊坊市海涛印刷有限公司印刷

*

开本：787×1092 毫米　1/16　印张：17¾　字数：365 千字
2020 年 5 月第一版　2020 年 5 月第一次印刷
定价：**69.00** 元

ISBN 978-7-112-24591-8
(35331)

特种作业人员安全技术考核培训教材编审委员会
审定委员会

主 任 委 员　徐启峰

副主任委员　李春雷　巩崇洲

委　　　员　李永刚　张英明　毕可敏　张　莹　田华强
孙金成　刘其贤　杜润峰　朱晓峰　李振玲
李　强　贺晓飞　魏　浩　林伟功　王泉波
孙新鲁　杨小文　张　鹏　杨　木　姜清华
王海洋　李　瑛　罗洪富　赵书君　毛振宁
李纪刚　汪洪星　耿英霞　郭士斌

编写委员会

主 任 委 员　王东升

副主任委员　常宗瑜　张永光

委　　　员　徐培蓁　杨正凯　李晓东　徐希庆　王积永
邓丽华　高会贤　邵　良　路　凯　张　暄
周军昭　杨松森　贾　超　李尚秦　许　军
赵　萍　张　岩　杨辰驹　徐　静　庄文光
董　良　原子超　王　雷　李　军　张晓蓉
贾祥国　管西顺　江伟帅　李绘新　李晓南
张岩斌　冀翠莲　祖美燕　王志超　苗雨顺
王　乔　邹晓红　甘信广　司　磊　鲍利珂
张振涛

本书编委会

主　　编　邓丽华　王东升

副 主 编　贾祥国　管西顺　江伟帅

参编人员　黄旭鹏　王　杰　李　楠　吴明臣　宋世军　韩永祥　迟　峰　刘玉超　苗永华　毕监航　王　东　姜玉东

出版说明

随着我国经济快速发展、科学技术不断进步，建设工程的市场需求发生了巨大变换，对安全生产提出了更多、更新、更高的挑战。近年来，为保证建设工程的安全生产，国家不断加大法规建设力度，新颁布和修订了一系列建筑施工特种作业相关法律法规和技术标准。为使建筑施工特种作业人员安全技术考核工作与现行法律法规和技术标准进行有机地接轨，依据《中华人民共和国安全生产法》《建设工程安全生产管理条例》《安全生产许可证条例》《建筑起重机械安全监督管理规定》《建筑施工特种作业人员管理规定》《危险性较大的分部分项工程安全管理规定》及其他相关法规的要求，我们组织编写了这套"特种作业人员安全技术考核培训教材"。

本套教材由《特种作业安全生产基本知识》《建筑电工》《普通脚手架架子工》《附着式升降脚手架架子工》《建筑起重司索信号工》《塔式起重机工》《施工升降机工》《物料提升机工》《高处作业吊篮安装拆卸工》《建筑焊接与切割工》共10册组成，其中《特种作业安全生产基本知识》为通用教材，其他分别适用于建筑电工、建筑架子工、起重司索信号工、起重机械司机、起重机械安装拆卸工、高处作业吊篮安装拆卸工和建筑焊接切割工等特种作业工种的培训。在编纂过程中，我们依据《建筑施工特种作业人员培训教材编写大纲》，参考《工程质量安全手册（试行）》，坚持以人为本与可持续发展的原则，突出系统性、针对性、实践性和前瞻性，体现建筑施工特种作业的新常态、新法规、新技术、新工艺等内容。每册书附有测试题库可供作业人员通过自我测评不断提升理论知识水平，比较系统、便捷地掌握安全生产知识和技术。本套教材既可作为建筑施工特种作业人员安全技术考核培训用书，也可作为建设单位、施工单位和建设类大中专院校的教学及参考用书。

本套教材的编写得到了住房和城乡建设部、山东省住房和城乡建设厅、清华大学、中国海洋大学、山东建筑大学、山东理工大学、青岛理工大学、山东城市建设职业学院、青岛华海理工专修学院、烟台城乡建设学校、山东省建筑科学研究院、山东省建设发展研究院、山东省建筑标准服务中心、潍坊市市政工程和建筑业发展服务中心、德州市建设工程质量安全保障中心、山东省建设机械协会、山东省建筑安全与设备管理协会、潍坊市建设工程质量安全协会、青岛市工程建设监理有限责任公司、潍坊昌大建设集团有限公司、威海建设集团股份有限公司、山东中英国际建筑工程技术有限公司、山东中英国际工程图书有限公司、清大鲁班（北京）国际信息技术有限公司、中国建筑工业出版社等单位的大力支持，在此表示衷心的感谢。本套教材虽经反复推敲核证，仍难免有不妥甚至疏漏之处，恳请广大读者提出宝贵意见。

编审委员会

2020 年 04 月

前　言

本书适用于建筑起重机械司机（塔式起重机）和建筑起重机械安装拆卸工（塔式起重机）两个工种的安全技术考核培训。本书的编写主要依据《建筑施工特种作业人员培训教材编写大纲》，参考了住房和城乡建设部印发的《工程质量安全手册（试行）》。本书通过认真研究塔式起重机司机和安拆工的岗位责任、知识结构，重点了突出塔式起重机作业工种的操作技能要求，主要包括塔式起重机的主要零部件、基本构造、安全装置、安装与拆卸、安全操作、维护保养与故障处置等方面内容，对于强化塔式起重机作业人员的安全生产意识、增强安全生产责任、提高施工现场安全技术水平具体指导作用。

本书的编写广泛征求了建设行业主管部门、高等院校和企业等有关专家的意见，并经过多次研讨和修改完成。中国海洋大学、青岛华海理工专修学院、威海建设集团股份有限公司、潍坊昌大建设集团有限公司、山东中英国际工程图书有限公司等单位对本书的编写工作给予了大力支持；同时本书在编写过程中参考了大量的教材、专著和相关资料，在此谨向有关作者致以衷心感谢！

限于我们水平和经验，书中难免存在疏漏和错误，诚挚希望读者提出宝贵意见，以便完善。

编　者

2020年04月

目　　录

1 基 础 知 识

2 塔机的主要零部件

6 塔机的安全操作

7 塔机的维护保养与故障处置

8　安全操作技能

1 基础知识

1.1 起重吊装知识

起重吊装作业是设备、设施安装拆卸过程中的重要环节，是把所要安装的设备、设施，用起重设备或人工方法将其吊运至预定安装的位置上的过程。对于不同的设备、设施，在运输和安装过程中，必须使用适当的起重吊装运输机具，采用相应的起重吊装运输方法。

1.1.1 物体的重心

物体的吊点由物体的体积、重量、重心决定。物体的质量是由物体的体积和它本身的材料密度所决定的，质量单位为千克（公斤），单位符号为 kg。为了正确计算物体的质量，必须掌握物体体积的计算方法和各种材料密度等有关知识。

1. 长度的计量单位

工程上常用的长度基本单位是毫米（mm）、厘米（cm）和米（m）。它们之间的换算关系是 1m＝100cm＝1000mm。

2. 面积的计算

各种规则几何图形的面积计算公式见表 1-1。

平面几何图形面积计算公式表 **表 1-1**

名称	图　形	面积计算公式	名称	图　形	面积计算公式
正方形	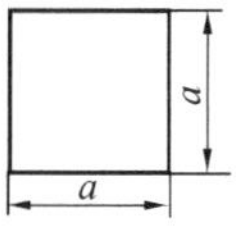	$S=a^2$	三角形	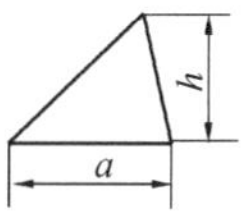	$S=\frac{1}{2}ah$
长方形	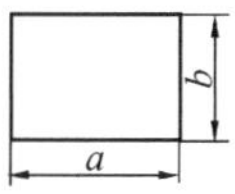	$S=ab$	梯　形	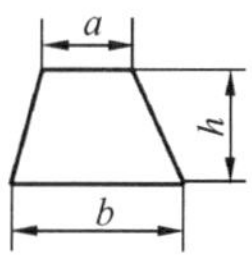	$S=\frac{(a+b)h}{2}$
平行四边形	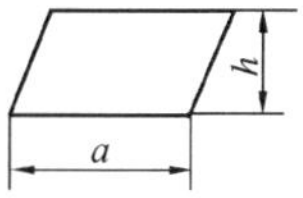	$S=ah$	圆　形	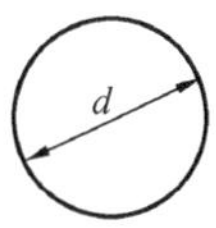	$S=\frac{\pi}{4}d^2$ （或 $S=\pi R^2$） d——圆直径； R——圆半径

续表

名称	图　形	面积计算公式	名称	图　形	面积计算公式
圆环形	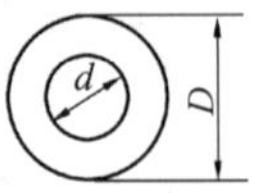	$S=\frac{\pi}{4}(D^2-d^2)$ $=\pi(R^2-r^2)$ d、D——分别为内、外圆环直径； r、R——分别为内、外圆环半径	扇　形	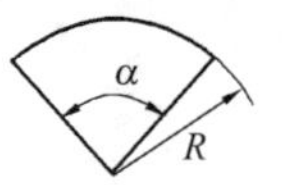	$S=\frac{\pi R^2\alpha}{360}$ α——圆心角，(°)

3. 物体体积的计算

物体体积的大小与它本身截面积的大小成正比。物体的体积大体可分两类，即标准几何形体的体积和由若干规则几何体组成的复杂形体的体积两种。对于简单规则的几何形体的体积计算可直接由表 1-2 中的计算公式查取；对于复杂的物体体积，可将其分解成数个规则的或近似的几何形体，查表 1-2 按相应计算公式计算并求其体积的总和。

各种几何形体体积计算公式表　　　　表 1-2

名称	图　形	公　式
立方体	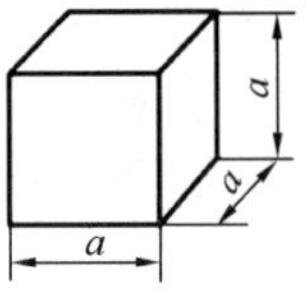	$V=a^3$
长方体	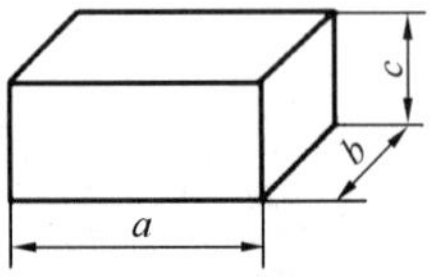	$V=abc$
圆柱体	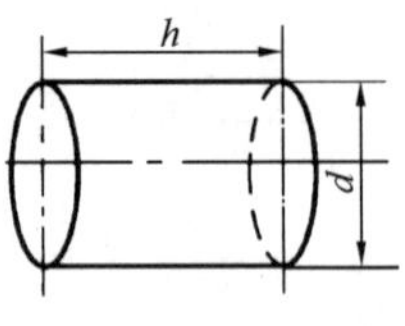	$V=\frac{\pi}{4}d^2h=\pi R^2h$ R——半径
空心圆柱体	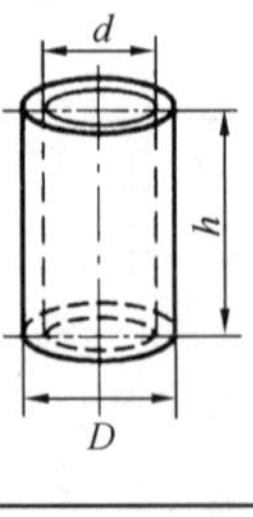	$V=\frac{\pi}{4}(D^2-d^2)h=\pi(R^2-r^2)h$ r、R——内、外圆半径

续表

名称	图 形	公 式
斜截圆柱体	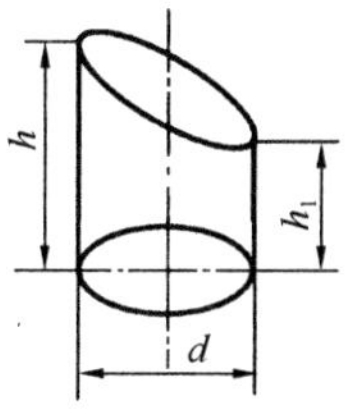	$V=\frac{\pi}{4}d^2\frac{(h_1+h)}{2}=\pi R^2\frac{(h_1+h)}{2}$ R——半径
球体	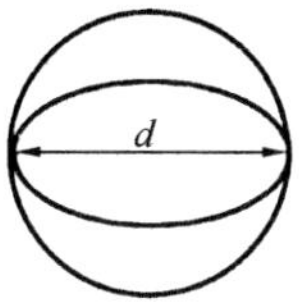	$V=\frac{4}{3}\pi R^3=\frac{1}{6}\pi d^3$ R——球的半径； d——球的直径
圆锥体	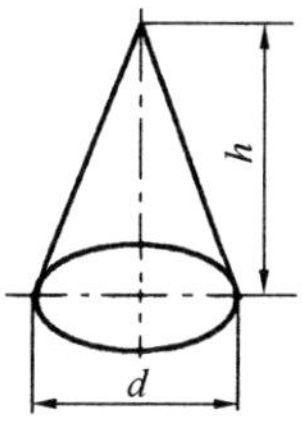	$V=\frac{1}{12}\pi d^2h=\frac{\pi}{3}R^2h$ R——底圆半径； d——底圆直径
三棱体	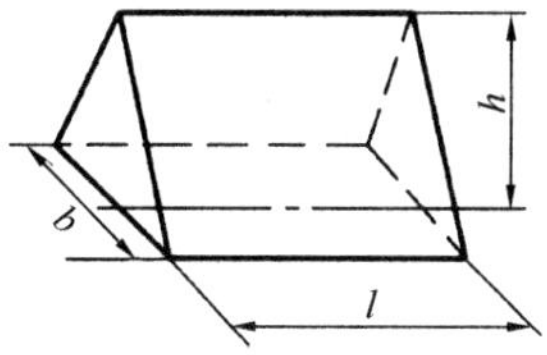	$V=\frac{1}{2}bhl$ b——边长； h——高； l——三棱体长
锥台	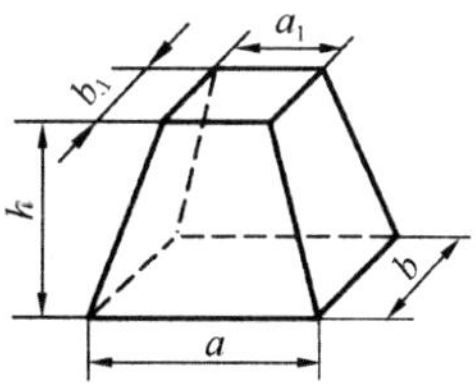	$V=\frac{h}{6}\times[(2a+a_1)b+(2a_1+a)b_1]$ a、a_1——上、下边长； b、b_1——上、下边宽； h——高
正六角棱柱体	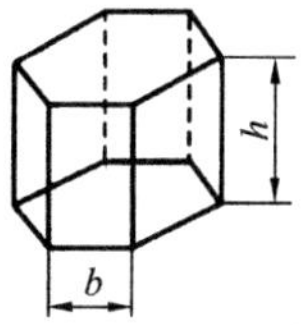	$V=\frac{3\sqrt{3}}{2}b^2h=2.598b^2h\approx 2.6b^2h$ b——底边长

4. 物体质量的计算

计算物体质量时，离不开物体材料的密度，所谓密度是指由一种物质组成的物体的单位体积内所具有的质量，其单位是 kg/m^3。各种常用物体的密度见表 1-3。

各种常用物体的密度 **表 1-3**

物体材料	密度 ($\times 10^3 kg \cdot m^{-3}$)	物体材料	密度 ($\times 10^3 kg \cdot m^{-3}$)
水	1.0	混凝土	2.4
钢	7.85	碎石	1.6
铸铁	7.2～7.5	水泥	0.9～1.6
铸铜、镍	8.6～8.9	砖	1.4～2.0
铝	2.7	煤	0.6～0.8
铅	11.34	焦炭	0.35～0.53
铁矿	1.5～2.5	石灰石	1.2～1.5
木材	0.5～0.7	造型砂	0.8～1.3

物体的质量可根据下式计算

$$m = \rho V \tag{1-1}$$

式中 m——物体的质量，kg；

ρ——物体的密度，kg/m^3；

V——物体的体积，m^3。

【例 1-1】 起重机的料斗如图 1-1 所示，它的上口长为 1.2m，宽为 1m，下底面长为 0.8m，宽为 0.5m，高为 1.5m，试计算满斗混凝土的质量。

【解】 查表 1-3 得知混凝土的密度

$$\rho = 2.4 \times 10^3 kg/m^3$$

料斗的体积

$$V = \frac{h}{6}[(2a + a_1)b + (2a_1 + a)b_1]$$

$$= \frac{1.5}{6}[(2 \times 1.2 + 0.8) \times 1 + (2 \times 0.8 + 1.2) \times 0.5]$$

$$= 1.15(m^3)$$

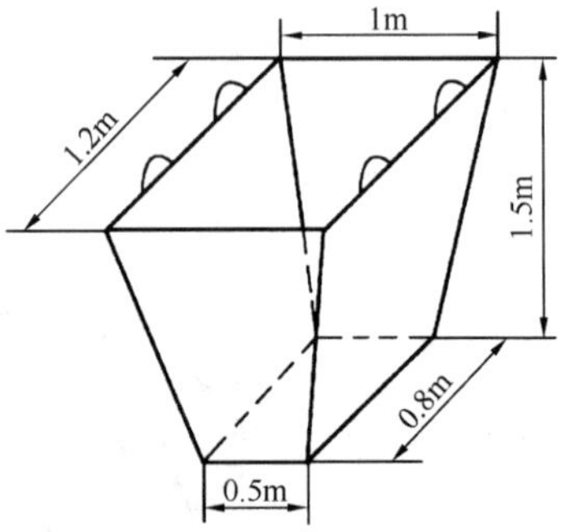

图 1-1 起重机的料斗

混凝土的质量

$$m = \rho V = 2.4 \times 10^3 \times 1.15 = 2.76 \times 10^3 (kg)$$

5. 重心

(1) 重心的概念

重心是物体所受重力的合力的作用点，物体的重心位置由物体的几何形状和物体各部分的质量分布情况来决定。质量分布均匀、形状规则的物体的重心在其几何中点。物体的重心可能在物体的形体之内，也可能在物体的形体之外。

1) 物体的形状改变，其重心位置可能不变。如一个质量分布均匀的立方体，其重心位于几何中心，当该立方体变为一长方体后，其重心仍然在其几何中心；当一杯水倒入一个弯曲的玻璃管中时，其重心就发生了变化。

2）物体的重心相对物体的位置是一定的，它不会随物体放置的位置改变而改变。

（2）重心的确定

1）材质均匀、形状规则的物体的重心位置容易确定，如均匀的直棒的重心在它的中心点上，均匀球体的重心就是它的球心，直圆柱的重心在它的圆柱轴线的中点上。

2）对形状复杂的物体，可以用悬挂法求出它们的重心，如图 1-2 所示，方法是在物体上任意找一点 A，用绳子把它悬挂起来，物体的重力和悬索的拉力必定在同一条直线上，也就是重心必定在通过 A 点所作的竖直线 AD 上；再取任一点 B，同样把物体悬挂起来，重心必定在通过 B 点的竖直线 BE 上。这两条直线的交点，就是该物体的重心。

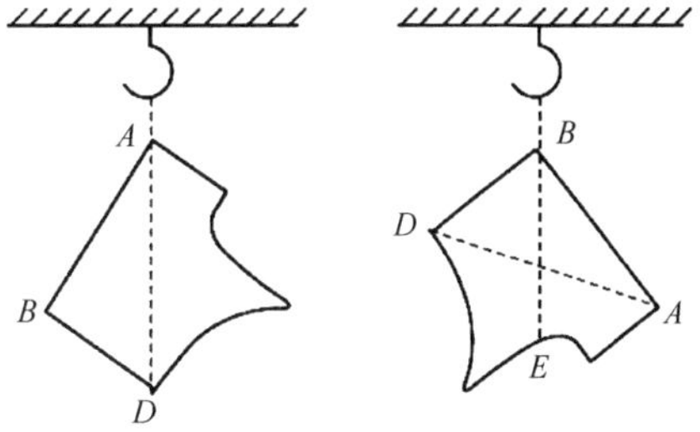

图 1-2 悬挂法求形状不规则物体的重心

1.1.2 起重作业的操作

1. 起重作业人工基本操作方法

（1）撬。在吊装作业中，为了把物体抬高或降低，常采用撬的方法。撬就是用撬杠把物体撬起，如图 1-3 所示。这种方法一般用于抬高或降低较轻物体（200～500kg）的操作中。如工地上堆放空心板和拼装钢屋架或钢筋混凝土天窗架时，为了调整构件某一部分的高低，可用这种方法。

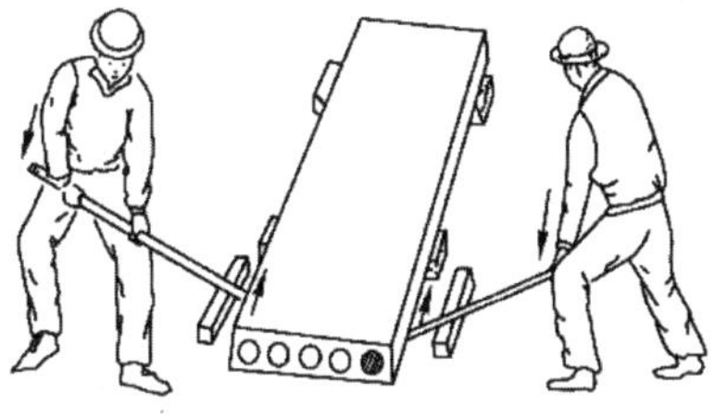
图 1-3 撬

撬属于杠杆的第一类型（支点在中间）。撬杠下边的垫点就是支点。在操作过程中，为了达到省力的目的，垫点应尽量靠近物体，以减小（短）重臂，增大（长）力臂。作支点用的垫物要坚硬，底面积宜大而宽，顶面要窄。

（2）磨。是用撬杠使物体转动的一种操作，也属于杠杆的第一类型。磨的时候，先要把物体撬起同时推动撬杠的尾部使物体转动（要想使重物向右转动，应向左推动撬杠的尾部）。当撬杠磨到一定角度不能再磨时，可将重物放下，再转回撬杠磨第二次，第三次……

在吊装工作中，对质量较轻、体积较小的构件，如拼装钢筋混凝土天窗架需要移位时，可一人一头地磨，如移动大型屋面板时也可以一个人磨，如图 1-4 所示，也可以几个人对称地站在构件的两端同时磨。

（3）拨。拨是把物体向前移动的一种方法，它属于第二类杠杆，重点在中间，支点在物体的底下，如图 1-5 所示。将撬杠斜插在物体底下，然后用力向上抬，物体就向前移动。

图 1-4　磨

图 1-5　拨

（4）顶和落。顶是指用千斤顶把重物顶起来的操作，落是指用千斤顶把重物从较高的位置落到较低位置的操作。

第一步，将千斤顶安放在重物下面的适当位置［图 1-6(a)］。第二步，操作千斤顶，将重物顶起［图 1-6(b)］。第三步，在重物下垫进枕木并落下千斤顶［图 1-6(c)］。第四步，垫高千斤顶，准备再顶升［图 1-6(d)］。如此循环往复，即可将重物一步一步地升高至需要的位置。落的操作步骤与顶的操作步骤相反。在使用油压千斤顶落下重物时，为防止下落速度过快发生危险，要在拆去枕木后，及时放入不同厚度的木板，使重物离木板的距离保持在 5cm 以内，一面落下重物，一面拆去和更换木板。木板拆完后，将重物放在枕木上，然后取出千斤顶，拆去千斤顶下的部分垫木，再把千斤顶放回。重复以上操作，一直到将重物落至要求的高度。

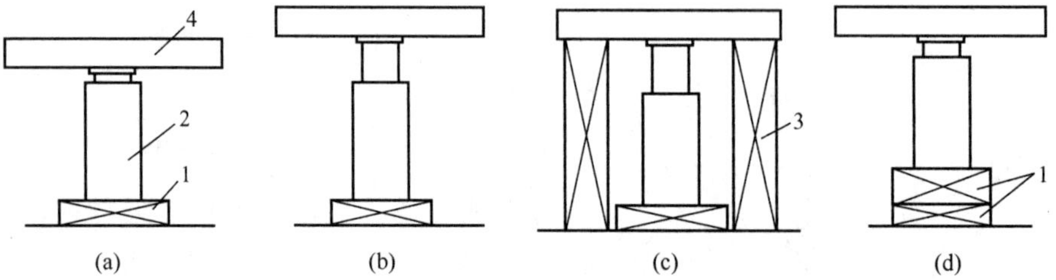

图 1-6　用千斤顶逐步顶升重物程序图

（a）最初位置；（b）顶升重物；（c）在重物下垫进枕木；（d）将千斤顶垫高准备再次提升

1—垫木；2—千斤顶；3—枕木；4—重物

（5）滑。滑就是把重物放在滑道上，用人力或卷扬机牵引，使重物向前滑移的操作。滑道通常用钢轨或型钢做成，当重物下表面为木材或其他粗糙材料时，可在重物下设置用钢材和木材制成的滑橇，通过滑橇来降低滑移中的摩阻力。图 1-7 为一种用槽钢和木材制成的滑橇的示意图。滑橇下部为由两层槽钢背靠背焊接而成，上部为两层方木用道钉钉成一体。滑移时所需的牵引力必须大于物体与滑道或滑橇与滑道之间的摩阻力。

（6）滚。滚就是在重物下设置上、下滚道和滚杠，使物体随着上、下滚道间滚杠的滚动而向前移动的操作。

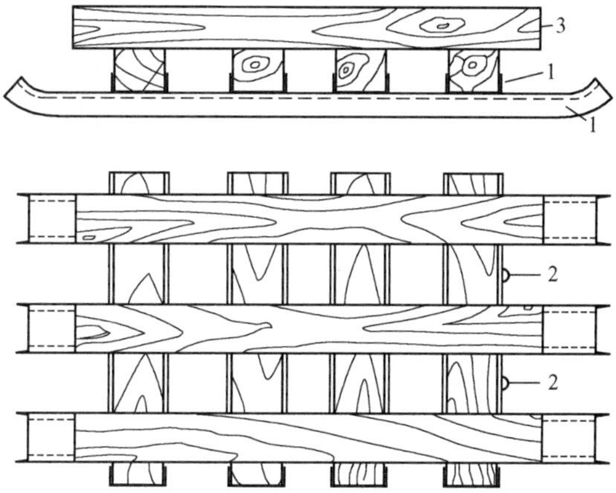

图 1-7 滑橇

1—槽钢；2—牵引环；3—方木

滚道又称走板。根据物体的形状和滚道布置的情况，滚道可分为两种类型：一种是用短的上滚道和通长的下滚道，如图 1-8(a) 所示；另一种是用通长的上滚道和短的下滚道，如图 1-8(b) 所示。前者用以滚移一般物体，工作时在物体前进方向的前方填入滚杠；后者用以滚移长大物体，工作时在物体前进方向的后方填入滚杠。

上滚道的宽度一般均略小于物体宽，下滚道则比上滚道稍宽。滚移质量不很大的物体时，上、下滚道可用方木做成，滚杠可用硬杂木或钢管。滚移质量很大的物体时，上、下滚道可采用钢轨制成，滚杠用无缝钢管或圆钢。为提高钢管的承载力，可在管内灌混凝土。滚杠的长度应比下滚道宽度长 20～40cm。滚杠的直径，根据荷载不同，一般为 5～10cm。

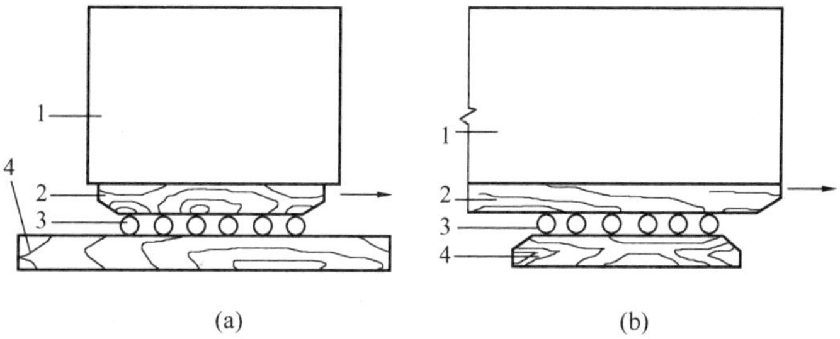

图 1-8 滚道

（a）短的上滚道和通长的下滚道；（b）通长的上滚道和短的下滚道

1—物件；2—上滚道；3—滚杠；4—下滚道

滚运重物时，重物的前进方向用滚杠在滚道上的排放方向控制。要使重物直线前进，必须使滚杠与滚道垂直；要使重物拐弯，则使滚杠向需拐弯的方向偏转。纠正滚杠的方向，可用大锤敲击。放滚杠时，必须将头放整齐。

2. 吊点选择的一般原则

在起重作业中，应当根据被吊物体来选择吊点，吊点选择不当，就会造成绳索受力不均，甚至发生被吊物体转动、倾翻的危险。吊点的选择，一般按下列原则进行：

（1）吊运各种设备、构件时要用原设计的吊耳或吊环。

(2) 吊运各种设备、构件，如果没有吊耳或吊环，可在设备四个端点上捆绑吊索，然后根据设备具体情况选择吊点，使吊点与重心在同一条垂线上。有些设备未设吊耳或吊环，如各种罐类以及重要设备，往往有吊点标记，应仔细检查。

(3) 吊运方形物体时，四根绳应拴在物体的四边对称点上。

(4) 细长物体吊点位置的确定方法

吊装细长物体时，如桩、钢筋、钢柱、钢梁杆件，应按计算确定的吊点位置绑扎绳索，吊点位置的确定有以下几种情况。

1) 一个吊点：起吊点位置应设在距起吊端 0.3*L*（*L* 为物体的长度）处。如钢管长度为 10m，则捆绑位置应设在钢管起吊端距端部 10×0.3＝3（m）处，如图 1-9(a) 所示。

2) 两个吊点：如起吊用两个吊点，则两个吊点应分别在距物体两端 0.21*L* 处。如果物体长度为 10m，则吊点位置为 10×0.21＝2.1（m）处，如图 1-9(b) 所示。

3) 三个吊点：如物体较长，为减少起吊时物体所产生的应力，可采用三个吊点。三个吊点位置确定的方法是，首先用 0.13*L* 确定出两端的两个吊点位置，然后把两吊点间的距离等分，即得第三个吊点也就是中间吊点的位置。如杆件长 10m，则两端吊点位置为 10×0.13＝1.3（m），如图 1-9(c) 所示。

4) 四个吊点：选择四个吊点，首先用 0.095*L* 确定出两端的两个吊点位置，然后再把两吊点间的距离进行三等分，即得中间两吊点位置。如杆件长 10m，则两端吊点位置分别距两端 10×0.095＝0.95（m），中间两吊点位置分别距两端 10×0.095＋10×(1－0.095×2)/3＝3.65（m），如图 1-9(d) 所示。

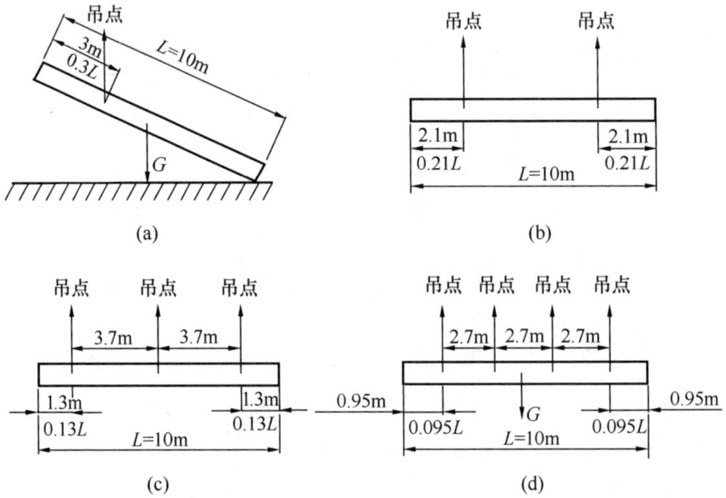

图 1-9 吊点位置选择示意图

(a) 单个吊点；(b) 两个吊点；(c) 三个吊点；(d) 四个吊点

3. 物体的绑扎

(1) 平行吊装绑扎法

平行吊装绑扎法一般有两种。一种是用一个吊点，适用于短小、质量轻的物体。在绑扎前应找准物体的重心，使被吊装的物体处于水平状态，这种方法简便实用，常采用单支吊索穿套结索法吊装作业。根据所吊物体的整体和松散性，选用单圈或双圈穿套结索法，如图 1-10 所示。

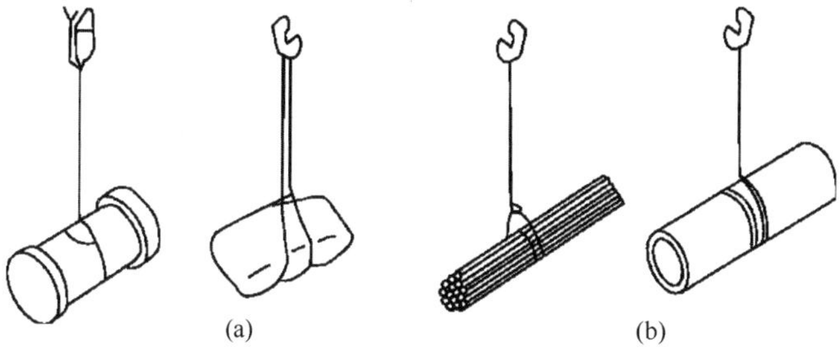

图 1-10 单双圈穿套结索法

(a) 单圈；(b) 双圈

另一种是用两个吊点，这种吊装方法是绑扎在物体的两端，常采用双支穿套结索法和吊篮式结索法，如图 1-11 所示，吊索之间夹角不得大于 120°。

(2) 垂直斜形吊装绑扎法

垂直斜形吊装绑扎法多用于物体外形尺寸较长、对物体安装有特殊要求的场合。其绑扎点多为一点绑法（也可两点绑扎）。绑扎位置在物体端部，绑扎时应根据物体质量选择吊索和卸扣，并采用双圈或双圈以上穿套结索法，防止物体吊起后发生滑脱，如图 1-12 所示。

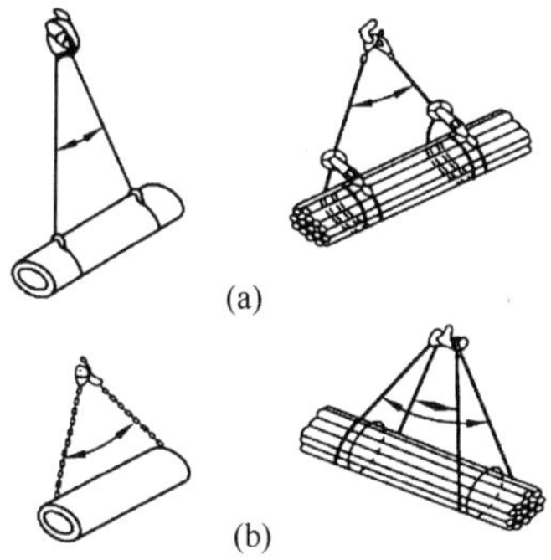

图 1-11 单双圈穿套及吊篮结索法

(a) 双支单双圈穿套结索法；

(b) 吊篮式结索法

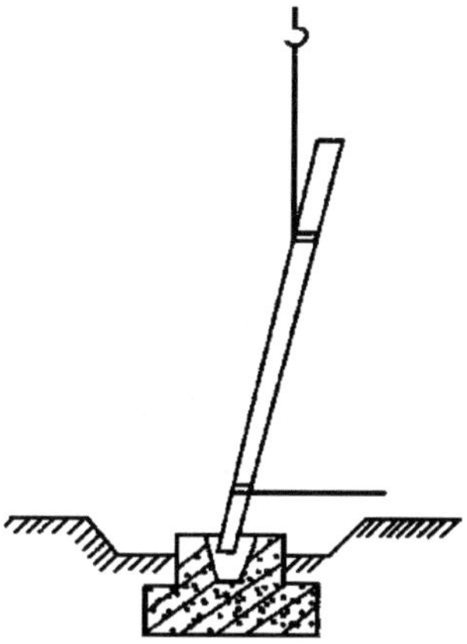

图 1-12 垂直斜形吊装绑扎

（3）兜挂法

如果物体重心居中可不用绑扎，采用兜挂法直接吊装，如图 1-13 所示。

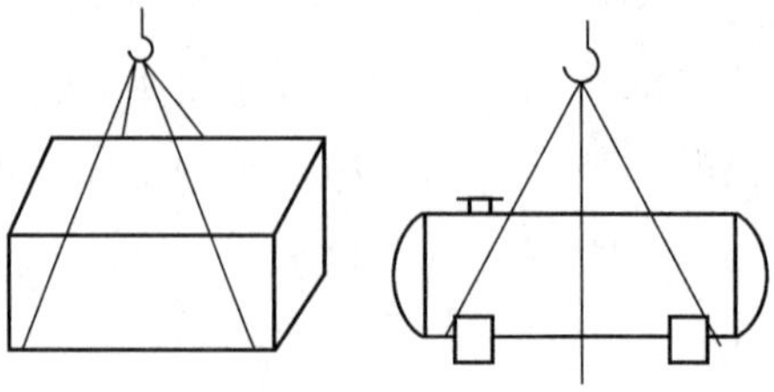

图 1-13　兜挂法

1.1.3　常用起重吊装设备

1. 起重机类型

起重吊装使用的起重机类型主要为塔式和流动式两种。其中，塔机主要有固定式和轨道行走式；流动式起重机主要有汽车式、轮胎式和履带式。如图 1-14 所示为起重吊装常用的塔式、汽车式、履带式起重机。塔机的安装通常使用流动式起重机作为辅助起重设备。

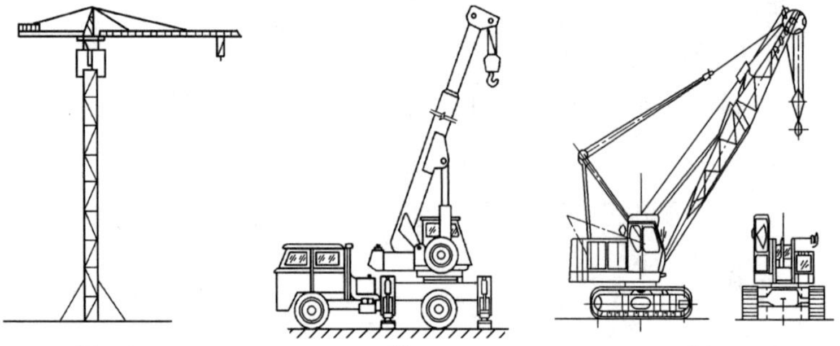

(a)　(b)　(c)

图 1-14　施工现场常用的起重机

（a）塔式；（b）汽车式；（c）履带式

2. 汽车式起重机

（1）汽车式起重机是装在普通汽车底盘或特制汽车底盘上的一种起重机，如图 1-15 所示，其行驶驾驶室与起重操纵室分开设置。这种起重机的优点是机动性好，转移迅速。缺点是工作时须支腿，不能负荷行驶，也不适合在松软或泥泞的场地上工作。

（2）汽车式起重机安全使用

汽车起重机作业应注意以下事项：

1）工作的场地应保持平坦坚实，地面松软不平时，支腿应用垫木垫实；起重机应与沟渠、基坑保持安全距离。

2）启动前，检查各安全保护装置和指示仪表是否齐全、有效，燃油、润滑油、液压油及冷却水是否添加充足，钢丝绳及连接部位是否符合规定，液压、轮胎气压是否正常，各连接件有无松动。

3）作业前，应全部伸出支腿，调整机体使回转支撑面的倾斜斜度在无载荷时不大于 1/1000（水准居中）。支腿有定位销的必须插上。底盘为弹性悬挂的起重机，插支腿前应先收紧稳定器。

4）吊重作业时，起重臂下严禁站人，禁止吊起埋在地下的重物或斜拉重物以免承受侧载；禁止使用不合格的钢丝绳和起重链；根据起重作业曲线，确定工作半径和额定起重量，调整臂杆长度和角度；起吊重物中不准落臂，必须落臂时应先将重物放至地面，小油门落臂、大油门抬臂后，重新起吊；回转动作要平稳，不准突然停转，当吊重接近额定起重量时不得在吊物离地面 0.5m 以上的空中回转；起重臂仰角很大时不准将吊物骤然放下，以防后倾。

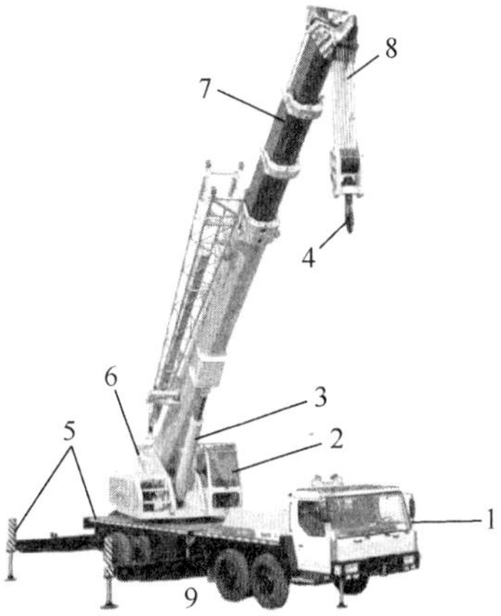

图 1-15　汽车式起重机结构图
1—行驶驾驶室；2—起重操作驾驶室；3—顶臂油缸；4—吊钩；5—支腿；6—回转卷扬机构；7—起重臂；8—钢丝绳；9—汽车底盘

5）作业中严禁扳动支腿操纵阀。调整支腿必须在无载荷时进行，并将起重臂转至正前或正后方可再行调整。

6）汽车式起重机起吊作业时，汽车驾驶室内不得有人，重物不得得超越驾驶室上方，且不得在车的前方起吊。

7）起吊重物达到额定起重量的 50%及以上时，应使用低速挡。

8）作业中发现起重机倾斜、支腿不稳等异常现象时，应立即使重物下降至安全的地方，下降中严禁制动。

9）起吊重物达到额定起重量的 90%以上时，严禁下降起重臂，严禁同时进行两种及以上的操作动作。

10）当轮胎式起重机带载行走时，道路必须平坦坚实，载荷必须符合出厂规定，重物离地面不得超过 500mm，并应拴好拉绳，缓慢行驶。

3. 履带式起重机

履带式起重机操纵灵活，本身能回转 360°，在平坦坚实的地面上能负荷行驶。由于履带的作用，接触地面面积大，通过性好，可在松软、泥泞的场地作业，可进行挖土、夯土、打桩等多种作业，适用于建筑工地的吊装作业。但履带式起重机稳定性较差，行驶速度慢且履带易损坏路面，转移时多用平板拖车装运。

（1）履带式起重机结构组成

履带式起重机由动力装置、工作机构以及动臂、转台、底盘等组成，如图 1-16 所示。

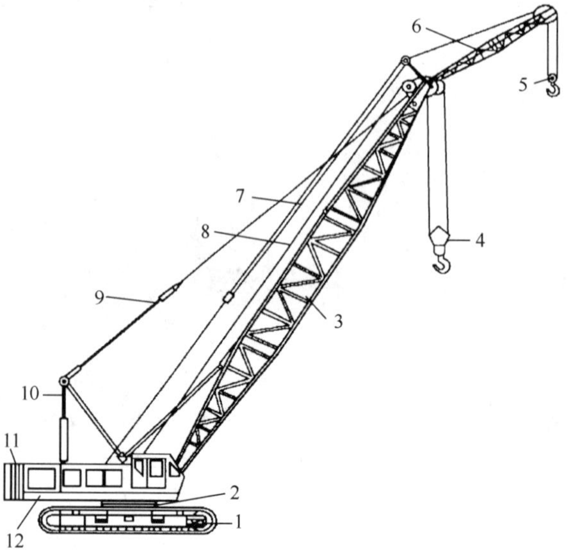

图 1-16　履带式起重机结构图

1—履带底盘；2—回转支承；3—动臂；4—主吊钩；5—副吊钩；6—副臂；7—副臂固定索；8—起升钢丝绳；9—动臂变幅滑轮组；10—门架；11—平衡重；12—转台

（2）履带式起重机安全使用

履带式起重机应在平坦坚实的地面上作业、行走和停放。正常作业时，坡度不得大于 3°，并应与沟渠、基坑保持安全距离。

1）作业时，起重臂的最大仰角不得超过出厂规定。当无资料可查时，不得超过 78°；变幅应缓慢平稳，严禁在起重臂未停稳前变换挡位；起重机载荷达到额定起重量的 90%及以上时，严禁下降起重臂；在起吊载荷达到额定起重量的 90%及以上时，升降动作应慢速进行，并严禁同时进行两种以上动作。

2）起吊重物时应先稍离地面试吊，当确认重物已挂牢，起重机的稳定性和制动器的可靠性均良好时，再继续起吊。在重物起升过程中，操作人员应把脚放在制动踏板上，密切注意起升重物，防止吊钩冒顶。当起重机停止运转而重物仍悬在空中时，即使制动踏板被固定，仍应脚踩在制动踏板上。

3）采用双机抬吊作业时，应选用起重性能相似的起重机进行。抬吊时应统一指挥，动作应配合协调；载荷应分配合理，起吊重量不得超过两台起重机在该工况下允许起重量总和的 75%，单机载荷不得超过允许起重量的 80%；在吊装过程中，起重机的吊钩滑轮组应保持垂直状态。

4）多机抬吊（多于 3 台）时，应采用平衡轮、平衡梁等调节措施来调整各起重机的受力分配，单机的起吊载荷不得超过允许载荷的 75%。多台起重机共同作业时，应统一指挥，动作应配合协调。

5）起重机如需带载行走时，载荷不得超过允许起重量的 70%，行走道路应坚实平整，重物应在起重机正前方向，重物离地面不得大于 500mm，并应拴好拉绳，缓慢行驶。严禁长距离带载行驶。

6）起重机行走时，转弯不应过急；当转弯半径过小时，应分次转弯；当路面凹凸不平时，不得转弯。

7）起重机上下坡道时应无载行走，上坡时应将起重臂仰角适当放小，下坡时应将起重臂仰角适当放大。严禁下坡空挡滑行。

8）作业后，起重臂应转至顺风方向并降至40°～60°，吊钩应提升到接近顶端的位置，关停内燃机，将各操纵杆放在空挡位置，各制动器加保险固定，操纵室应关门加锁。

4. 起重机的基本参数

起重机的基本参数是表征起重机工作性能的指标，也是选用起重机械的主要技术依据，它包括起重量、起重力矩、起升高度、幅度、工作速度、结构重量和结构尺寸等。

（1）起重量

起重量是吊钩能吊起的重量，其中包括吊索、吊具及容器的重量。起重机允许起升物料的最大起重量称为额定起重量。通常情况下所讲的起重量，都是指额定起重量。

对于幅度可变的起重机，如塔式起重机、汽车式起重机、履带式起重机、门座起重机等臂架型起重机，起重量因幅度的改变而改变，因此每台起重机都有自己本身的起重量与起重幅度的对应表，称起重特性表。

在起重作业中，了解起重设备在不同幅度处的额定起重量非常重要，在已知所吊物体重量的情况下，根据特性表和曲线就可以得到起重的安全作业距离（幅度）。

（2）起重力矩

起重量与相应幅度的乘积称为起重力矩，惯用计量单位为t·m（吨·米），标准计量单位为kN·m。换算关系：1t·m＝10kN·m。额定起重力矩是起重机工作能力的重要参数，它是起重机工作时保持其稳定性的控制值。起重机的起重量随着幅度的增加而相应递减。

（3）起升高度

起重机吊具最高和最低工作位置之间的垂直距离称为起升范围。起重吊具的最高工作位置与起重机的水准地平面之间的垂直距离称为起升高度，也称吊钩有效高度。塔机起升高度为混凝土基础表面（或行走轨道顶面）到吊钩的垂直距离。

（4）幅度

起重机置于水平场地时，空载吊具垂直中心线至回转中心线之间的水平距离称为幅度，当臂架倾角最小或小车离起重机回转中心距离最大时，起重机幅度为最大幅度；反之为最小幅度。

（5）工作速度

工作速度，按起重机工作机构的不同主要包括起升（下降）速度、起重机（大车）运行速度、变幅速度和回转速度等。

1）起升（下降）速度，是指稳定运动状态下，额定载荷的垂直位移速度(m/min)。

2）起重机（大车）运行速度，是指稳定运行状态下，起重机在水平路面或轨道上带额定载荷的运行速度（m/min）。

3）变幅速度，是指稳定运动状态下，吊臂挂最小额定载荷，在变幅平面内从最大幅度至最小幅度的水平位移平均速度（m/min）。

4）回转速度，是指稳定运动状态下，起重机转动部分的回转速度（r/min）。

（6）结构尺寸

起重机的结构尺寸可分为行驶尺寸、运输尺寸和工作尺寸。掌握各装态尺寸可保证起重机械的顺利转场和工作时的环境适应。

5. 起重机的选择

（1）起重机的稳定性在很大程度上和起重量与回转半径之间的变化有关。当起重臂杆长度不变时，回转半径的长短决定了起重机起重量的大小。回转半径增加则起重量相应减小；回转半径减少则起重量相应增大。对于动臂式起重机，起重臂杆的仰角变小，即回转半径增加，则起重量相应减小；起重臂杆的仰角变大，即回转半径减少，则起重量相应增大。

（2）建筑物的高度以及构件吊装高度决定着起重机的起升高度。因此制定吊装方案选择起重机时，在决定起重机的最高有效施工起升高度情况下，还要将起重机的起重量、回转半径作综合的考虑，不片面强调某一因素，必须根据施工现场的地形条件和结构情况、构件安装高度和位置，以及构件的长度、绑扎点等，核算出起重机所需的回转半径和起重臂杆长度，再根据需要的回转半径和起重臂杆长度来选择适当的起重机。

1.2 液压传动知识

在塔式起重机的顶升机构中广泛使用液压传动系统。

1.2.1 液压传动的基本原理

液压系统利用液压泵将机械能转换为液体的压力能，再通过各种控制阀和管路的传递，借助于液压执行元件（缸或马达）把液体压力能转换为机械能，从而驱动工作机构，实现直线往复运动和回转运动。

塔式起重机液压顶升机构，是一个简单、完整的液压传动系统，其工作原理如图 1-17所示。

推动油缸活塞杆伸出时，手动换向阀 6 处于上升位置（图示左位），液压泵 4 由电机带动旋转后，从油箱 1 中吸油，油液经滤油器 2 进入液压泵 4，由液压泵 4 转换成压力油 P→A→HP(高压油管 7)→节流阀 12→液控单向阀 m→油缸无杆腔，推动缸筒上升，同时打开液控单向阀 n，以便回油反向流动。回油：有杆腔→液控单向阀 n→HP(高压油管 7)→手动换向阀 B 口→T 口→油箱。

推动油缸活塞杆收缩时，手动换向阀 6 处于下降位置(图示右位)，压力油口→B→HP(高压油管 7)→液控单向阀 n→油缸有杆腔，同时压力油也打开液控单向阀 m，以便回油反向流动。回油：油缸无杆腔→液控单向阀 m→HP(高压油管 7)→手动换向阀 A 口→T 口→油箱。

卸荷：手动换向阀 6 处于中间位置。电机 11 启动，液压泵 4 工作，油液经滤油器 2 进入液压泵 4，再到手动换向阀 6 中间位置 P→T 回到油箱 1，此时系统处于卸荷状态。

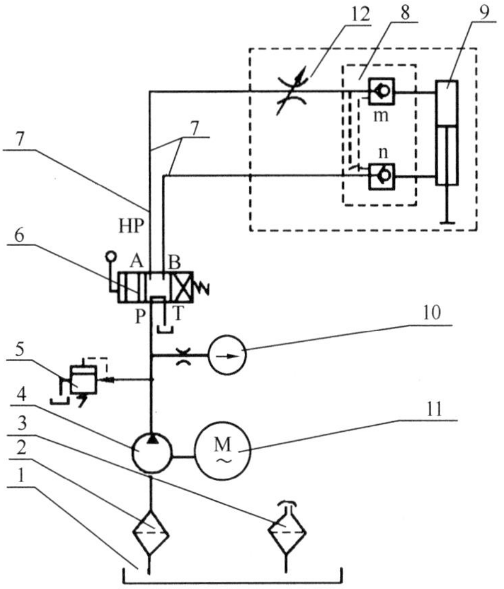

图 1-17　液压传动系统工作原理图
1—油箱；2—滤油器；3—空气滤清器；4—液压泵；5—溢流阀；6—手动换向阀；7—高压油管；8—双向液压锁；9—顶升油缸；10—压力表；11—电机；12—节流阀

1.2.2　液压传动系统的组成

液压传动系统由动力装置、执行装置、控制装置、辅助装置和工作介质等组成。

1. 动力装置

动力装置是供给液压系统压力，并将原动机输出的机械能转换为油液的压力能，从而推动整个液压系统工作的装置，最常见的形式就是液压泵，它给液压系统提供压力。

2. 执行装置

执行装置是把液压能转换成机械能的装置，常见的为液压缸及液压马达，以驱动工作部件运动。

3. 控制装置

控制装置包括各种阀类，如压力阀、流量阀和方向阀等，用来控制液压系统的液体压力、流量（流速）和方向，以保证执行元件完成预期的工作运动。

4. 辅助装置

辅助装置指各种管接头、油管、油箱、过滤器和压力计等，起连接、储油、过滤和测量油压等辅助作用，以保证液压系统可靠、稳定、持久地工作。

5. 工作介质

工作介质指在液压系统中，承受压力并传递压力的油液，一般为矿物油，统称为液压油。

1.2.3 液压系统主要元件

1. 液压泵

液压泵是液压系统的动力元件，其作用是将原动机的机械能转换成液体的压力能。液压泵的结构形式一般有齿轮泵、叶片泵和柱塞泵。其中，齿轮泵被广泛用于塔式起重机顶升机构。齿轮泵在结构上可分为外啮合齿轮泵和内啮合齿轮泵两种，常用的是外啮合齿轮泵。

如图 1-18 所示，外啮合齿轮泵的最基本形式，是两个尺寸相同的齿轮在一个紧密配合的壳体内相互啮合旋转，这个壳体的内部类似“8”字形，齿轮的外径及两侧与壳体紧密配合，组成了许多密封工作腔。当齿轮按一定的方向旋转时，一侧吸油腔由于相互啮合的齿轮逐渐脱开，密封工作容积逐渐增大，形成部分真空，因此油箱中的油液在外界大气压的作用下，经吸油管进入吸油腔，将齿间槽充满，并随着齿轮旋转，把油液带到右侧的压油腔内。在压油区的一侧，由于齿轮在这里逐渐进入啮合，密封工作腔容积不断减小，油液便被挤出去，从压油腔输送到压油管路中去。这里的啮合点处的齿面接触线一直起着隔离高、低压腔的作用。

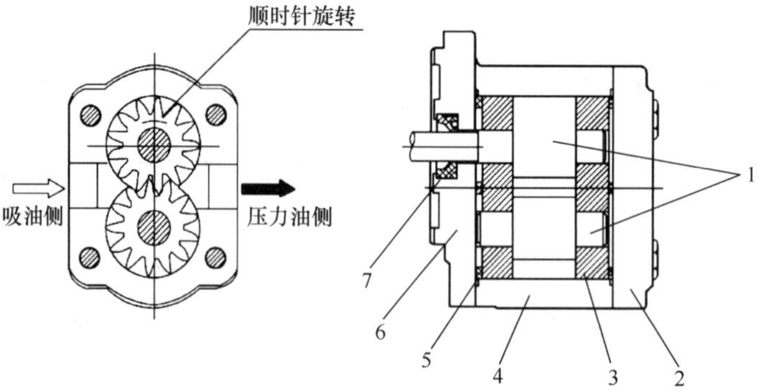

图 1-18 齿轮泵

1—工作齿轮；2—后端盖；3—轴承体；4—铝质泵体；5—密封圈；6—前端盖；7—轴封衬

外啮合齿轮泵的优点是，结构简单，尺寸小，重量轻，制造方便，价格低廉，工作可靠，自吸能力强（容许的吸油真空度大），对油液污染不敏感，维护容易；缺点是一些机件承受不平衡径向力，磨损严重，内泄大，工作压力的提高受到限制。此外，它的流量脉动大，因而压力脉动和噪声都较大。

2. 液压缸

液压缸一般用于实现往复直线运动或摆动，将液压能转换为机械能，是液压系统中的执行元件。

(1) 液压缸的形式

液压缸按结构形式可分为活塞缸、柱塞缸等。活塞缸和柱塞缸通过实现往复直线运动，输出推力或拉力。液压缸按油压作用形式又可分为单作用式和双作用式液压缸。单作用式液压缸只有一个外接油口输入压力油，液压作用力仅作单向驱动，而反行程只能在其他外力的作用下完成，如图 1-19(a) 所示；双作用式液压缸是分别由液压缸两端外接油口输入压力油，靠液压油的进出推动液压杆的运动，如图 1-19(b) 所示。

塔式起重机的液压顶升系统多使用单出杆双作用活塞式液压缸，如图 1-19(c) 所示。

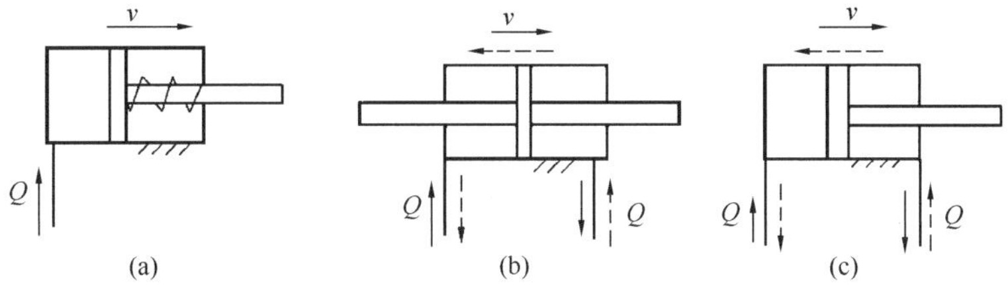

图 1-19　液压缸

(a) 单作用式液压缸；(b) 双作用式液压缸（双出杆）；(c) 双作用式液压缸（单出杆）

(2) 液压缸的密封

液压缸的密封主要指活塞与缸体、活塞杆与端盖之间的动密封以及缸体与端盖之间的静密封。密封性能的好坏将直接影响其工作性能和效率。因此，要求液压缸在一定的工作压力下具有良好的密封性能，且密封性能应随工作压力的升高而自动增强。此外还要求密封元件结构简单、寿命长、摩擦力小等。常用的密封方法有间隙密封和密封圈的密封。

(3) 液压缸的排气

液压缸中如果有残留空气，将引起活塞运动时的爬行和振动，产生噪声和发热，甚至使整个系统不能正常工作，因此应在液压缸上增加排气装置。常用的排气装置为排气塞结构，如图 1-20 所示。排气装置应安装在液压缸的最高处。工作之前先打开排气塞，让活塞空载作往返移动，直至将空气排干净为止，然后拧紧排气塞进行工作。

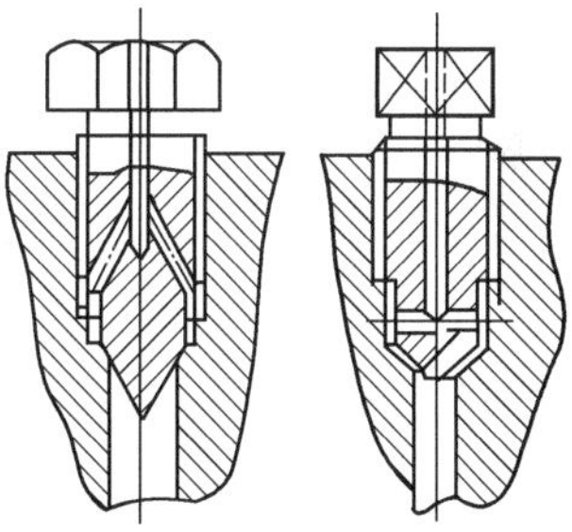

图 1-20　液压缸的排气塞

3. 双向液压锁

双向液压锁（液压系统平衡阀）广泛应用于工程机械及各种液压装置的保压油路中，一般情况下多见于油缸的保压。

双向液压锁安装在液压缸上端部。液压锁主要为了防止由于油管破损等原因导致系统压力急速下降，锁定液压缸，防止事故发生。如图 1-21 所示，其工作原理如下：当进油口 B 进油时，液压油正向打开单向阀 1 从 D 口进入油缸，推动油缸上升，油缸的回油经双向锁 C 口进入锁内，从 A 口排出（此时滑阀已将左边单向阀 2 打开），当 B 口停止进油时，单向阀 1 关闭，油缸内高压油不能从 D 口倒流，油缸保压。

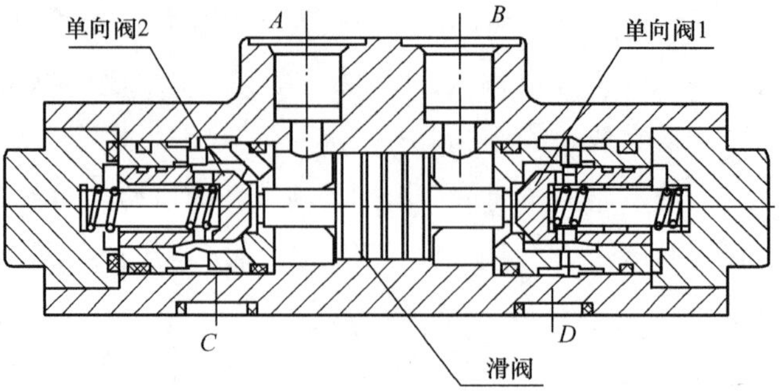

图 1-21　双向液压锁

4. 溢流阀

溢流阀是一种液压压力控制阀，通过阀口的溢流，使被控制系统压力维持恒定，实现稳压、调压或限压作用。

(1) 定压溢流作用

在液压系统中，定量泵提供的是恒定流量。当系统压力增大时，会使流量需求减小。此时溢流阀开启，使多余流量溢回油箱，保证溢流阀进口压力，即泵出口压力恒定。塔机液压系统中的溢流阀已调定，用户不用再调。

(2) 安全保护作用

系统正常工作时，阀门关闭。只有系统压力超过调定压力时才开启溢流，进行过载保护，使系统压力不再增加。

溢流阀分直动式溢流阀和先导式溢流阀两种。直动式溢流阀由阀体、阀芯、调压弹簧、弹簧座、调节螺母等组成，如图 1-22 所示。

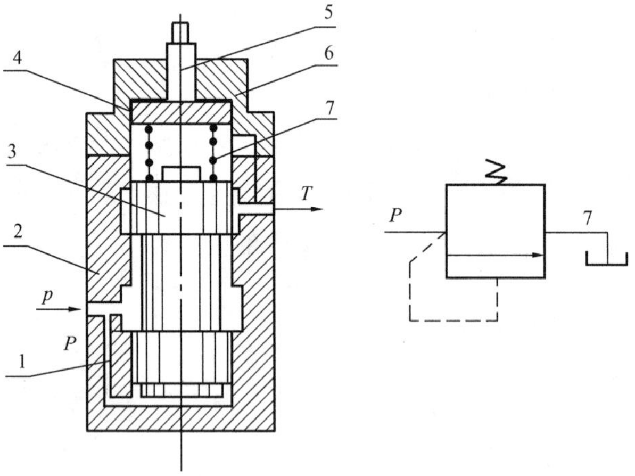

图 1-22　直动式溢流阀

1—阻尼孔；2—阀体；3—阀芯；4—弹簧座；5—调节螺杆；6—阀盖；7—调压弹簧

5. 换向阀

换向阀是借助于阀芯与阀体之间的相对运动来改变油液流动方向的阀类。按阀芯相对于阀体的运动方式不同，换向阀可分为滑阀（阀芯移动）和转阀（阀芯转动）。按阀体连通的主要油路数不同，换向阀可分为二通、三通、四通等；按阀芯在阀体内的工作位置数不同，换向阀可分为二位、三位、四位等；按操作方式不同，换向阀可分为手动、机动、电磁动、液动、电液动等；按阀芯的定位方式不同，换向阀可分为钢球定位和弹簧复位两种。

三位四通阀，如图 1-23 所示，阀芯有三个工作位置左、中、右，阀体上有四个通路 O、A、B、P（P 为进油口，O 为回油口，A、B 为通往执行元件两端的油口）。当阀芯处于中位时［图 1-23(a)］，各通道均堵住，油缸两腔既不能进油，又不能回油，此时活塞锁住不动。当阀芯处于左位时［图 1-23(b)］，压力油从 P 口流入，A 口流出，回油从 B 口流入，O 口流回油箱。当阀芯处于右位时［图 1-23(c)］，压力油从 P 口流入，B 口流出，回油由 A 口流入，O 口流回油箱。

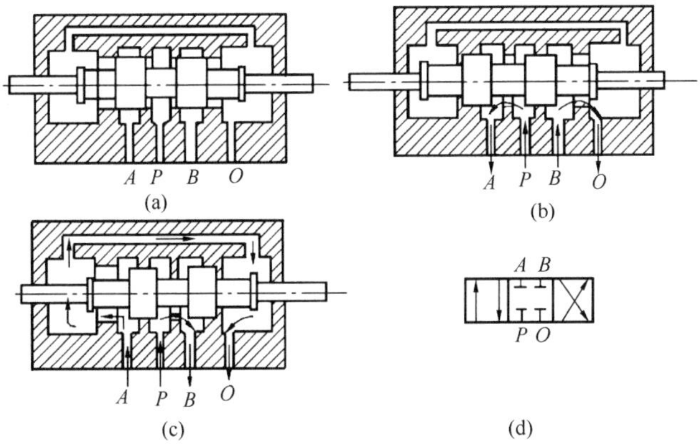

图 1-23　三位四通阀

（a）滑阀处于中位；（b）滑阀移到左边；（c）滑阀移到右边；（d）图形符号

6. 流量控制阀

流量控制阀是通过改变液流的通流截面来控制系统工作流量，以改变执行元件运动速度的阀，简称流量阀。常用的流量阀有节流阀和调速阀等。普通节流阀结构图如图 1-24 所示。

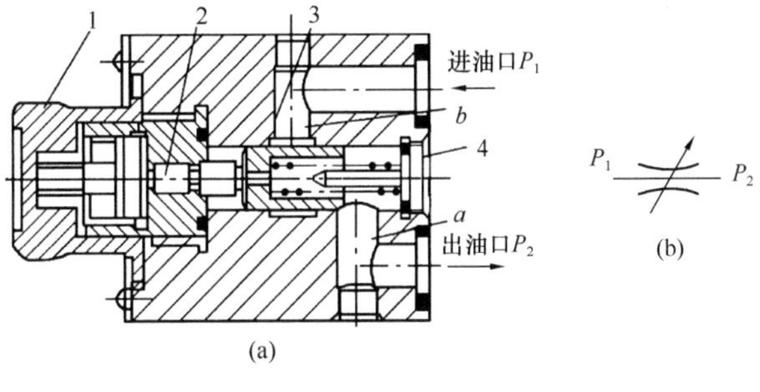

图 1-24　普通节流阀

1—调节手柄；2—推杆；3—阀芯；4—弹簧

1.3 液力传动知识

在塔机的回转机构中广泛使用的液力耦合器即为液力传动。

1.3.1 液力传动的基本原理

1. 液力传动

以液体为工作介质，在两个或两个以上的叶轮组成的工作腔内，用液体动量矩的变化来传递能量的传动方式。

2. 液力元件

液力元件是液力耦合器和液力变矩器的总称。它是液力传动的基本单元。

（1）液力耦合器

输出力矩与输入力矩相等的液力元件（忽略机械损失）。

（2）液力变矩器

输出力矩与输入力矩之比变化的液力元件。一般应用于装载机、挖掘机等工程机械。

3. 液力传动与液压传动的区别

液压传动与液力传动虽然都是以液体为工作介质的能量转换装置，但这两种传动的工作原理、组成传动系的零部件、结构形式、工作特性和使用场合等都不一样。

简单来说，液压传动是以液体的静压力按照容积变化相等的原理进行能量传递，即基于水力学的帕斯卡定理。主要元件有：泵、阀、液压马达和液压缸。

液力传动则是以液体的动能进行能量传递，即基于水力学的欧拉方程。主要元件有：液力耦合器和液力变矩器。

1.3.2 液力耦合器

液力耦合器又名为液力联轴节，如图 1-25 所示。液力耦合器的主要工作构件就是两个叶轮。这两个叶轮的形状是相同的，均采用铸造的径向直叶片。

液力耦合器的工作过程可用图 1-25 所示简图说明。

泵轮与电动机输出轴相连，并随同一起旋转，这是液力耦合器的主动元件。泵轮内的工作液体受到泵轮叶片给予的能量后，产生离心力，迫使液体向外缘流动，从而使工作液体的速度和压力增大，把原动机的机械能转变为泵轮内工作液体的动能和压力能；与从动轴相连的涡轮是液力耦合器的从动元件，由泵轮流出的液流进入涡轮并冲击它的叶片，同时液流被迫沿涡轮叶片间流道流动，液流速度减小，液体能量转变为液力耦合器从动轴上的机械能。当液体对涡轮做功，降低能量后，又重新回到泵轮

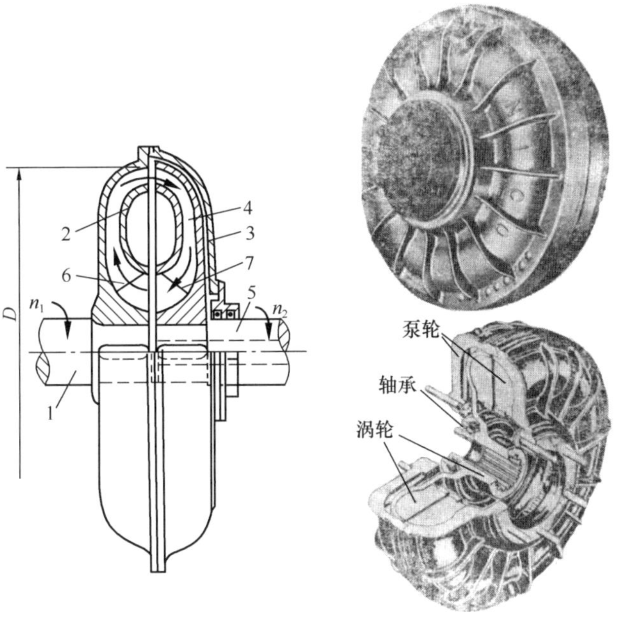

(a)　　　　(b)

图 1-25　液力耦合器

(a) 结构图；(b) 剖视图

1—输入轴；2—泵轮；3—泵轮壳；4—涡轮；5—从动轴；6、7—叶片

吸收能量。如此不断循环，就实现了泵轮与涡轮之间的能量传递。当涡轮转速提高到与泵轮转速相等时，工作液体停止循环。

1.4　钢结构基础知识

1.4.1　钢结构的特点

钢结构是由钢板、热轧型钢、薄壁型钢和钢管等构件通过焊接、铆接和螺栓、销轴等形式连接而成的能承受和传递荷载的结构，是施工升降机的重要组成部分。钢结构与其他结构相比，具有以下特点：

（1）强度高、重量轻

钢结构材料为钢材。钢材比木材、砖石、混凝土等建筑材料的强度要高出很多倍，因此当承受的载荷和条件相同时，用钢材制成的结构自重较轻，所需截面较小，运输和架设较方便。

（2）塑性和韧性好

钢材具有良好的塑性，在一般情况下，不会因偶然超载或局部超载造成突然断裂破坏，而是事先出现较大的变形预兆，以利人们采取补救措施。钢材还具有良好的韧性，使得结构对常作用在起重机械上的动力载荷适应性强，为钢结构的安全使用提供了可靠保证。

（3）材质均匀

钢材的内部组织均匀，各个方向的物理力学性能基本相同，很接近各向同性体，在一定的应力范围内，钢材处于理想弹性状态，与工程力学所采用的基本假定较符合，故计算结果准确可靠。

（4）制造方便，具有良好的装配性

钢结构是由各种通过机械加工制成的型钢和钢板组成，采用焊接、螺栓或铆接等手段制造成基本构件，运至现场装配拼接，故制造简便、施工周期短、效率高，且修配、更换也方便。

（5）密封性好

钢结构如采用焊接连接方式易做到紧密不渗漏，密封性好，适用于制作容器、油罐、油箱等。

（6）耐腐蚀性差

钢结构在湿度大或有侵蚀性介质情况下容易锈蚀，因而须经常维修和保护，如除锈、刷油漆等，维护费用较高。

（7）耐高温性差

钢材不耐高温，温度升高至 200～300℃，钢材强度会降低，因此对重要的结构必须注意采取防火措施。

（8）耐低温性差

低碳钢冷脆性一般以－20℃为界，对于我国的环境一般不用考虑低温性能，出口俄罗斯、乌克兰等国家时就必须考虑钢材的低温性能。

1.4.2 钢结构的材料

1. 钢材的类别和标号

钢结构的钢材主要有：碳素结构钢（或称普通碳素钢）、低合金结构钢和优质碳素结构钢。

（1）碳素结构钢

根据国家标准《碳素结构钢》GB/T 700—2006 的规定，将碳素结构钢分为 Q195、Q215、Q235 和 Q275 四个牌号，其中 Q 是屈服强度中屈字汉语拼音的字首，后接的阿拉伯数字表示屈服强度的大小，单位为 N/mm^2。其中，起重机械结构中应用最广的是 Q235 钢。

（2）低合金结构钢

低合金钢是在普通碳素结构钢中添加一种或几种少量合金元素，总量低于5%，故称低合金结构钢。根据国家标准《低合金高强度结构钢》GB/T 1591—2018的规定，低合金高强度钢分为Q355、Q390、Q420、Q460、Q500、Q550、Q620、Q690等，阿拉伯数字表示该钢种屈服强度的大小，单位为MPa。其中Q355是起重机械钢结构常用的钢种。

（3）优质碳素结构钢

优质碳素结构钢是碳素钢经过热处理（如调质处理和正火处理）得到的优质钢。优质碳素结构钢与碳素结构钢的主要区别在于钢中含杂质元素较少，硫、磷含量都不大于0.035%，并且严格限制其他缺陷，有较好的综合性能。

2. 钢材的类型

型钢和钢板是制造钢结构的主要钢材。钢材有热轧成型和冷轧成型两类。热轧成型的钢材主要有型钢和钢板，冷轧成型的有薄壁型钢和钢管。

按照国家标准规定，型钢和钢板均具有相关的断面形状和尺寸。

（1）热轧钢板

厚钢板，厚度4.5～60mm，宽度600～3000mm，长4～12m。

薄钢板，厚度0.35～4.0mm，宽度500～1500mm，长1～6m。

扁钢，厚度4.0～60mm，宽度12～200mm，长3～9m。

花纹钢板，厚度2.5～8mm，宽度600～1800mm，长4～12m。

（2）角钢

角钢分等边角钢和不等边角钢两种，用符号“L”以及肢宽×肢厚×长度表示。例如，肢宽为50mm、肢厚为5mm、长为3000mm的等边角钢，可表示为：L50×50×5—3000

（3）槽钢

槽钢分普通槽钢和轻型槽钢两种，用号数表示。号数为其截面高度的厘米数，还附以字母a、b、c以区别腹板厚度，并冠以符号“［”。例如，［40b—12000表示槽钢截面高度为40cm，腹板为中等厚度，长度为12m的槽钢。在相同号码中，轻型槽钢要比普通槽钢的翼缘宽而薄，回转半径大，重量较轻。

（4）工字钢

工字钢分普通工字钢和轻型工字钢两种，用号数表示，号数为其截面高度的厘米数。20号以上工字钢，同一号数有三种腹板厚度，分别为a、b、c三类。例如I20a-5000，表示截面高度为20cm、腹板为a类、长度为5m的工字钢。a类腹板最薄、翼缘最窄，b类较厚较宽，c类最厚最宽。同样高度的轻型工字钢的翼缘要比普通工字钢的翼缘宽而薄，腹板亦薄，故回转半径略大，重量较轻。轻型工字钢可用汉语拼音符号“Q”表示，如QI40，即表示截面高度为40cm的轻型工字钢。

（5）钢管

钢管分无缝钢管和焊接钢管两种。焊接钢管由钢板卷焊而成，又分为直缝焊钢管和螺旋焊钢管两类。钢管的规格以外径（mm）×壁厚（mm）来表示；如外径 60mm、壁厚 10mm、长度 10m 的无缝钢管，可表示为 Φ60×10。

（6）H 型钢

H 型钢分热轧和焊接两种。热轧 H 型钢分为宽翼缘 H 型钢（代号为 HW）、中翼缘 H 型钢（HM）、窄翼缘 H 型钢（HN）和 H 型钢柱（HP）等四类。H 型钢规格标记为高度（H）×宽度（B）×腹板厚度（t1）×翼缘厚度（t2），如 H340×250×9×14，表示高度为 340mm，宽度为 250mm，腹板厚度为 9mm，翼缘厚度为 14mm。它是中翼缘 H 型钢。

（7）冷弯薄壁型钢

冷弯薄壁型钢是用冷轧钢板、钢带或其他轻合金材料在常温下经模压或弯制冷加工而成的。用冷弯薄壁型钢制成的钢结构，质量轻，省材料，截面尺寸又可以自行设计。

3. 钢材的特性

（1）钢材的主要力学性能

1）钢材单向受力状态下的性能

如图 1-26 所示为钢材的一次拉伸应力—应变曲线。钢材具有明显的弹性阶段、弹塑性阶段、塑性阶段和应变硬化阶段。

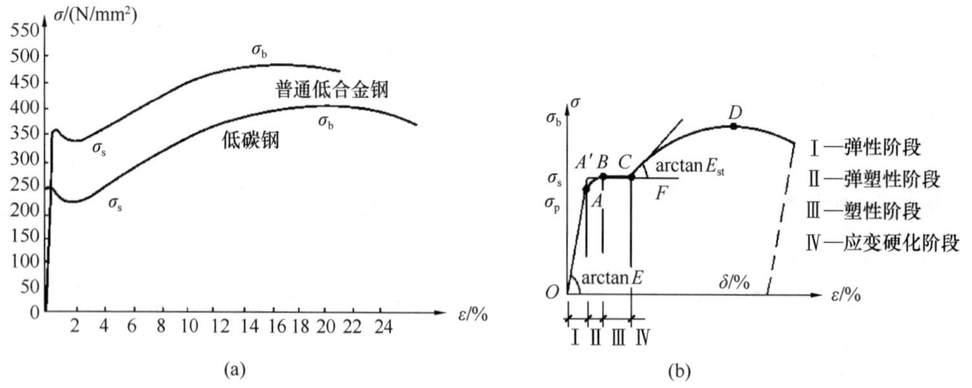

图 1-26　低碳钢的一次拉伸应力—应变曲线

（a）普通低合金钢和低碳钢的一次拉伸应力—应变曲线；（b）低碳钢拉伸应力—应变曲线的四个阶段

在弹性阶段，钢材的应力与应变成正比，服从胡克定律，这时变形属弹性变形。当应力释放后，钢材能够恢复原状。弹性阶段是钢材工作的主要阶段。

在弹塑性阶段、塑性阶段，应力不再上升而变形发展很快。当应力释放之后，将遗留不能恢复的变形，这种变形属弹塑性、塑性变形。在应变硬化阶段，当继续加载时，钢材的强度又有显著提高，塑性变形也显著增大（应力与应变已不服从胡克定律），随后将会发生破坏，钢材真正破坏时的强度为抗拉强度 σ_b。

由此可见，单向受力状态从屈服点到破坏，钢材仍有着较大的强度储备，从而增加了结构的可靠性。

2）钢材在复杂受力状态下的性能

在实际结构中，钢材常常受到二向或三向平面应力的作用，其强度、塑性和韧性也会产生变化。在同号平面应力作用状态下，钢材的弹性工作范围和抗拉强度均有提高，塑性变形降低；在异号平面应力作用状态下，情况则相反。钢材在受同号立体应力和异号立体应力作用下的情况与平面应力相类似。

（2）钢材的脆性破坏

钢材的破坏性质按照断裂前塑性变形的大小，分为塑性破坏和脆性破坏两类。在产生了很大塑性变形后材料才出现断裂称为塑性破坏；在材料几乎不出现显著的变形情况下就突然断裂称为脆性破坏。

脆性破坏往往是多种因素影响的结果。主要影响因素有：某些有害的化学成分、应力集中、加工硬化、低温和焊接等。

1）化学成分的影响

钢的基本元素是铁（Fe），在普通碳素结构钢中纯铁的含量约占99%，另外含有碳（C）、锰（Mn）、硅（Si）、硫（S）、磷（P）等元素和氧（O）、氮（N）等有害气体，仅占1%左右。钢的化学成分对材料机械性能和可焊性影响很大。

碳是决定钢材性能的最主要元素，含碳量增加，钢材的屈服点和抗拉强度就会提高，硬度也上升，但伸长率、冲击韧性会减小。同时，钢材的疲劳强度、冷弯性能和抗腐蚀性能也将明显降低。因此，规范对各类钢材含碳量有限制，一般不超过0.22%。

锰是有益元素，能显著地提高钢材强度，并保持一定的塑性和冲击韧性。但含量过多，也会降低钢的可焊性。一般在普通碳素钢中，锰含量为0.25%～0.65%。

硅能提高钢的强度和硬度，但含硅量过多会降低钢材的塑性和冲击韧性以及可焊性。故对钢材中的含硅量控制在0.1%～0.3%。

硫是钢材中的有害元素。含硫量增大会降低钢材的塑性、冲击韧性、疲劳强度和抗腐蚀性。由于硫化物在高温时很脆，使钢材在热加工时易发生脆断（热脆），焊接时易开裂，故含硫量必须严格控制，一般不超过0.055%。

磷和硫一样，也是有害元素。随着含磷量的增加，钢材的塑性和冲击韧性降低，低温时尤为明显，使钢材发生脆断（冷脆）。因此，磷的含量也应严格限制，一般不超过0.045%。

氧和氮是钢中的有害气体。在金属熔化状态下，从空气中进入，都使钢变脆，造成材质不匀。因此在冶炼和焊接时，要避免钢材受大气作用，使氧和氮的含量尽量减少。

2）应力集中的影响

如钢材存在缺陷（气孔、裂纹、夹杂等），或者结构具有孔洞、开槽、凹角、厚度变化以及制造过程中带来的损伤，都会导致材料截面中的应力不再保持均匀分布，在这些缺陷、孔槽或损伤处，将产生局部的高峰应力，形成应力集中。

3）加工硬化（残余应力）的影响

钢材经过了弯曲、冷压、冲孔和剪裁等加工之后，会产生局部或整体硬化，降低塑性和韧性，加速时效变脆，这种现象称加工硬化（或冷作硬化）。

热轧型钢在冷却过程中，在截面突变处如尖角、边缘及薄细部位，率先冷却，其他部位渐次冷却，先冷却部位约束阻止后冷却部位的自由收缩，产生复杂的热轧残余应力分布。不同形状和尺寸规格的型钢残余应力分布不同。

4）低温的影响

当到达某一低温后，钢材就处于脆性状态，冲击韧性很不稳定。钢种不同，冷脆温度也不同。

5）焊接的影响

钢结构的脆性破坏，在焊接结构中常常发生。焊接引起钢材变脆的原因是多方面的，其中主要是焊接温度影响。由于焊接时焊缝附近的温度很高，在热影响区域，经过高温和冷却的过程，使钢材的组织构造和机械性能起了变化，促使钢材脆化。钢材经过气割或焊接后，由于不均匀的加热和冷却，将引起残余应力。残余应力是自相平衡的应力，退火处理后可部分乃至全部消除。

（3）钢材在连续反复载荷作用下的性能——疲劳

钢材在连续反复载荷作用下，即使其最大应力低于抗拉强度，甚至低于屈服点，也可能发生脆性破坏，此现象称为疲劳。疲劳破坏一般发生在应力比较集中的区域，如截面突变处、焊缝连接处、钢材表面缺口处等。疲劳强度直接影响了结构的安全可靠性，是起重机械钢结构设计的主要指标之一。

钢结构长期承受连续反复载荷作用，应特别注意疲劳现象。对于某些工作级别的起重机，就须验算疲劳强度。例如，起重机结构件的工作级别为 E4～E8 级的结构件，须验算疲劳强度。

影响钢材疲劳强度的因素相当复杂，它与钢材种类、应力大小变化幅度、结构的连接和构造情况等有关。建筑机械的钢结构多承受动力荷载，对于重级以及个别中级工作类型的机械，须考虑疲劳的影响，并作疲劳强度的计算。

1.4.3 钢结构的连接

钢结构是由若干钢材（钢板或型钢）通过焊缝、螺栓、铆钉等连接成基本构件，再通过焊缝、螺栓或铆钉等把基本构件相互连接而成能承载的结构件。连接是起重机械钢结构的重要环节，且连接处的加固比构件的加固要困难，因此必须对连接设计予以足够的重视。

1. 焊接连接

焊接连接是目前起重机械钢结构最主要的连接方法，如塔式起重机的塔身、起重臂、回转平台等钢结构部件，施工升降机的吊笼、导轨架，高处作业吊篮的吊篮作业平台、悬挂机构，整体附着升降脚手架的竖向主框架、水平承力桁架等钢结构构件采用焊缝连接成为一个整体性的部件。焊缝连接也用于长期或永久性的固结，如钢结构的建筑物；也可用于临时单件结构的定位。其优点是构造简单、省材料、易加工，并易采用自动化作业；焊接的缺点是质量检验费事，会引起结构的变形和产生残余应力。

（1）焊接接头的型式和焊缝种类

在起重机械钢结构中，焊接接头的型式主要有四种：平接、搭接、顶接和角接。

焊缝按构造分为对接缝、角焊缝、槽焊缝和电焊钉。在起重机械钢结构中，主要采用对接焊缝和角焊缝两种。

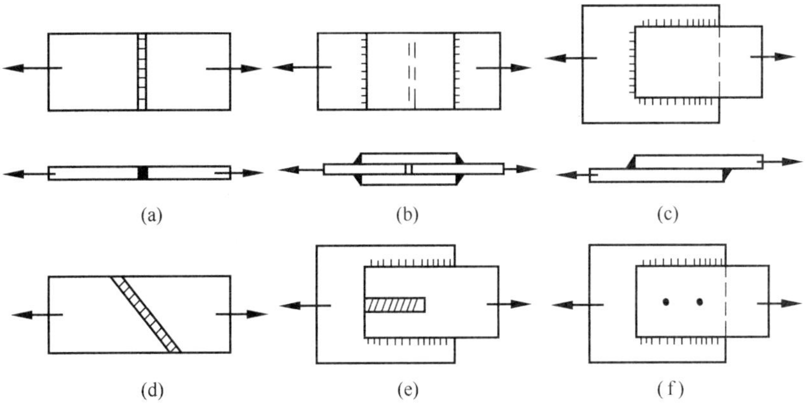

图 1-27　焊接接头和焊缝型式

（a）（d）对接角焊缝；（b）（c）搭接角焊缝；（e）搭接槽缝焊；（f）搭接电焊钉

1）对接焊缝用于连接位于同一平面的构件［图 1-27(a)，图 1-27(d)］，用料经济，传力均匀、平顺，没有显著的应力集中，适于承受动力载荷，但对施焊要求较高，被焊构件应保持一定的间隙。对较厚的钢板，板边还须加工成坡口，施工不便。

2）角焊缝用作平接连接时，须用连接板［图 1-27(b)］，费料且截面有突变，易引起应力集中。

3）采用槽缝焊［图 1-27(e)］或电焊钉［图 1-27(f)］，可以缩短钢材搭接的长度，并使连接紧凑、传力均匀，但增加制造工作量。

4）用作搭接连接时［图 1-27(c)，图 1-27(e)，图 1-27(f)］，传力不均匀，费料，但施工简便，连接两板的间隙大小也无须严格控制。

5）焊缝按长度的连贯性分有连续焊缝和断续焊缝两种（图 1-28）。连续焊缝用于主要构件的连接，能承受外力；断续焊缝用于受力较小或不受力的构造连接。

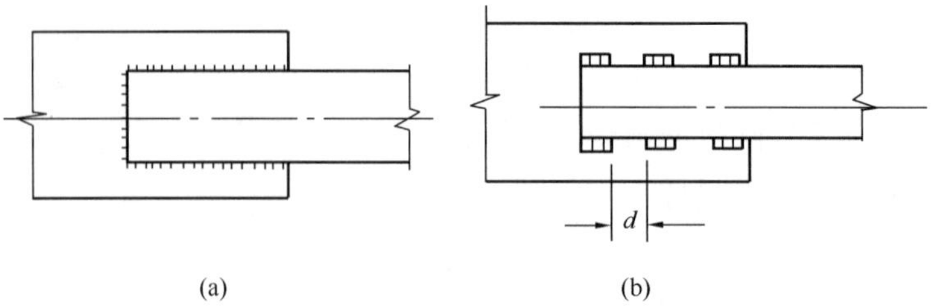

图 1-28　连续焊缝和断续焊缝

（a）连续焊缝；（b）断续焊缝

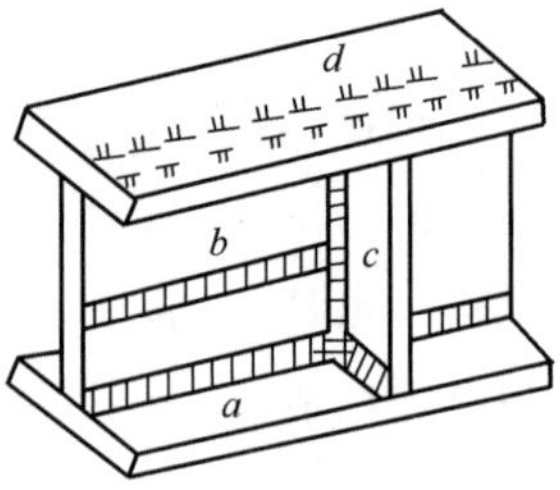

图 1-29　焊缝的施焊位

6）焊缝按施焊部位不同分有俯焊缝、横焊缝、竖焊缝和仰焊缝，分别如图 1-29 中 a～d 所示。其中俯焊缝施焊最方便，比其他几类易保证质量。因此，应尽量采取俯焊缝，或在焊接时，将结构翻转以采取这种施焊方式。

（2）焊接方法、材料

起重机械钢结构的焊接连接有电弧焊、气焊、电阻焊、电渣焊等方法。在我国手工电弧焊、CO_2 气体保护焊、埋弧焊是最常用的三种电弧焊方法。其焊接原理是以焊接电弧产生的热量使焊条和焊件熔化，从而凝固成牢固的接头。

焊接 Q235 等低碳钢时，手工焊的焊条应选用 E43 型系列焊条；焊接 Q355 等低合金钢时，应选用 E50 型系列焊条；焊接 Q235、Q355 时，CO_2 气体保护焊的焊丝都可选用 ER50-6 焊丝，其为目前 CO_2 气体保护焊中应用最广泛的一种焊丝。

（3）焊缝质量检

焊缝外形尺寸如焊缝长度、高度等应满足设计要求，在重要焊接部位，可采用磁粉探伤或超声波探伤，甚至用 X 光射线探伤来判断焊缝质量。一般外观质量检查要求焊缝饱满、连续、平滑，无缩孔、杂质等缺陷。

2. 螺栓连接

螺栓连接是一种较常用的连接方法，具有装配方便、迅速的优点，可用于结构安装连接或可拆卸式结构中。缺点是构件截面削弱，易松动。螺栓连接分为普通螺栓和高强度螺栓连接两种，普通螺栓又分粗制螺栓和精制螺栓。由于高强度螺栓的接头承载能力比普通螺栓要高，还能减轻螺栓连接中钉孔对构件的削弱影响，因此，已越来越得到广泛的应用。

（1）普通螺栓连接

普通螺栓连接分为精制螺栓（A 级与 B 级）和粗制螺栓（C 级）连接。

普通螺栓分为 A、B 和 C 三级。A、B 级螺栓常采用 Q235 或 35 号钢车制而成，表面光滑，尺寸准确，螺孔直径一般比螺杆直径仅大 0.2～0.3mm。其对螺孔制作要求很高，通常用钻模钻成，或在装配好的构件上钻成或扩钻成，称Ⅰ类孔。A、B级螺栓连接的抗剪性好，也不会出现滑移变形，但安装和制造费工，成本较高。C级螺栓常用 Q235 热压制成，表面粗糙，尺寸精度不高，螺孔直径一般比螺栓直径大 1～2mm，便于安装。对螺孔制作，采用Ⅱ类孔，即螺孔是一次冲成或不用钻模钻成。

普通螺栓材质一般采用 Q235 钢。普通螺栓的强度等级为 3.6～6.8 级，直径为 3～64mm。

（2）高强度螺栓连接

高强螺栓连接具有受力性能好、施工简单、装配方便、耐疲劳以及在动载作用下不易松动等优点。高强螺栓连接的形式、尺寸和布置要求与普通拉力螺栓相同，孔径比螺栓杆直径大 1～2mm。

1）高强度螺栓的分类和等级

高强度螺栓连接从力的传递方式来看可分为三种：摩擦连接（摩擦型），摩擦力、螺栓剪力和承压力三者共同作用的连接（承压型），以及螺栓轴向受拉的连接（承拉型）。

高强度螺栓按强度可分为 8.8、9.8、10.9 和 12.9 四个等级。

2）高强度螺栓的预紧力矩

高强度螺栓的预紧力矩是保证螺栓连接质量的重要指标，它综合体现了螺栓、螺母和垫圈组合的安装质量。在进行钢结构安装时必须按规定的预紧力矩数值拧紧。常用的高强度螺栓预紧力和预紧扭矩见表 1-4。

常用的高强度螺栓预紧力和预紧扭矩　　表 1-4

螺栓性能等级			8.8			9.8			10.9		
螺栓材料屈服强度（N/mm^2）			640			720			900		
螺纹规格	公称应力截面积 A_s	螺纹最小截面积 A_g	预紧力 F_{sp}	理论预紧扭矩 M_{sp}	实际使用预紧扭矩 $M=0.9M_{sp}$	预紧力 F_{sp}	理论预紧扭矩 M_{sp}	实际使用预紧扭矩 $M=0.9M_{sp}$	预紧力 F_{sp}	理论预紧扭矩 M_{sp}	实际使用预紧扭矩 $M=0.9M_{sp}$
mm	mm^2		N	N·m		N	N·m		N	N·m	
18	192	175	88000	290	260	99000	325	292	124000	405	365
20	245	225	114000	410	370	128000	462	416	160000	580	520
22	303	282	141000	550	500	158000	620	558	199000	780	700
24	353	324	164000	710	640	184000	800	720	230000	1000	900

续表

螺栓性能等级			8.8			9.8			10.9		
螺栓材料屈服强度（N/mm^2）			640			720			900		
螺纹规格	公称应力截面积 A_s	螺纹最小截面积 A_g	预紧力 F_{sp}	理论预紧扭矩 M_{sp}	实际使用预紧扭矩 $M=0.9M_{sp}$	预紧力 F_{sp}	理论预紧扭矩 M_{sp}	实际使用预紧扭矩 $M=0.9M_{sp}$	预紧力 F_{sp}	理论预紧扭矩 M_{sp}	实际使用预紧扭矩 $M=0.9M_{sp}$
mm	mm^2		N	N·m		N	N·m		N	N·m	
27	459	427	215000	1050	950	242000	1180	1060	302000	1500	1350
30	561	519	262000	1450	1300	294000	1620	1460	368000	2000	1800
33	694	647	326000	由实验决定		365000	由实验决定		458000	由实验决定	
36	817	759	382000			430000			538000		
39	976	913	460000			517000			646000		
42	1120	1045	526000			590000			739000		
45	1300	1224	614000			690000			863000		
48	1470	1377	692000			778000			973000		

3）高强度螺栓的使用

① 使用前，应对高强度螺栓进行全面检查，核对其规格、等级标志，检查螺栓、螺母及垫圈有无损坏，其连接表面应清除灰尘、油漆、油迹和锈蚀。

② 螺栓、螺母、垫圈配合使用时，高强度螺栓绝不允许采用弹簧垫圈，必须使用平垫圈，施工升降机导轨架连接用高强度螺栓必须采用双螺母防松。

③ 应使用力矩扳手或专用扳手，按使用说明书要求拧紧。

④ 高强度螺栓安装穿插方向宜采用自下而上穿插，即螺母在上面。

⑤ 高强度螺栓、螺母使用后拆卸再次使用，一般不得超过两次。

⑥ 拆下将再次使用的高强度螺栓的螺杆、螺母必须无任何损伤、变形、滑牙、缺牙、锈蚀及螺栓粗糙度变化较大等现象，否则禁止用于受力构件的连接。

3. 铆接连接

铆接连接因制造费工费时、用料较多及结构重量较大，现已很少采用，只有在钢材的焊接性能较差时，或在主要承受动力载荷的重型结构中（如桥梁、吊车梁等）才采用。建筑机械的钢结构一般不用铆接连接。

1.4.4 钢结构构件

钢结构作为主要承重结构，由许许多多构件连接而成，常见构件有轴心受力构件、受弯构件及偏心受压构件。

1. 轴心受力构件

轴心受力构件按其受力性质不同，可分为轴心受拉构件（或称拉杆）和轴心受压构件（或称压杆）；按其沿杆件的全长截面变化情况，可分为等截面构件和变截面构件；按截面组成是否连续情况，可分为实腹式受力构件和格构式受力构件。

轴心受力构件一般由轧制型钢制成，常采用角钢、工字钢、T字型钢、圆钢管、方形钢管等［图1-30(a)］。对受力较大的轴心受压构件，可用轧制型钢或钢板焊接成工字型、圆管型、箱形等组合截面［图1-30(b)］。

图1-30 实腹式轴心受力构件的截面型式

(a) 型钢截面；(b) 焊接组合截面

钢结构中，存在大量压力不大而所需长度较大的轴心受压构件，即构件所需要的截面积较小，长度较大。为使构件取得较大的稳定承载力，应尽可能使截面分开，采用格构式结构。格构式构件的截面组成部分是分离的，常以角钢、槽钢、工字型钢作为肢件，肢件间由缀材相连（图1-31）。通常把穿过肢件腹板的截面主轴称为实轴，穿过缀材的截面主轴称为虚轴。根据肢件数目，又可分为双肢式［图1-31(a)，图1-31(b)］、四肢式［图1-31(c)］和三肢式［图1-31(d)］。

轴心受力构件，有时采用由垫板连接的双角钢或双槽钢组合截面型式（图1-32）。

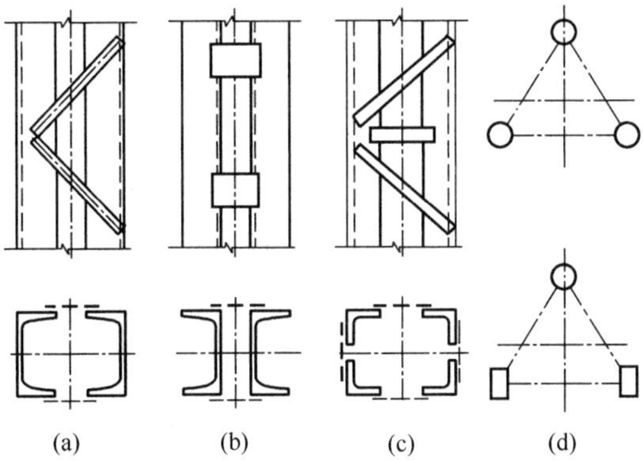

图1-31 格构式轴心受力构件的截面型式

(a)(b) 双肢式；(c) 四肢式；(d) 三肢式

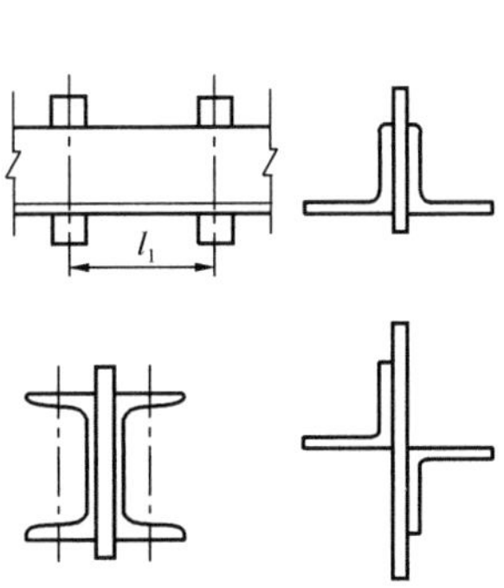

图1-32 双角钢或双槽钢组合截面型式

2. 受弯构件

受弯构件按截面组成是否连续情况，可分为实腹式受力构件（简称梁）和桁架；按截面的对称性受弯构件可分为单轴对称截面梁和双轴对称截面梁；按构件长度方向截面的变化可分为等截面梁和变截面梁。

跨度及载荷较小的结构，通常采用型钢，简称型钢梁［图 1-33(a)］。对于跨度较大的重载结构，通常采用钢板或型钢焊接而成的焊接组合梁［图 1-33(b)］及用型钢焊接而成的型钢组合梁［图 1-33(c)］，用板和型钢焊接而成的混合组合梁［图 1-33(d)］。

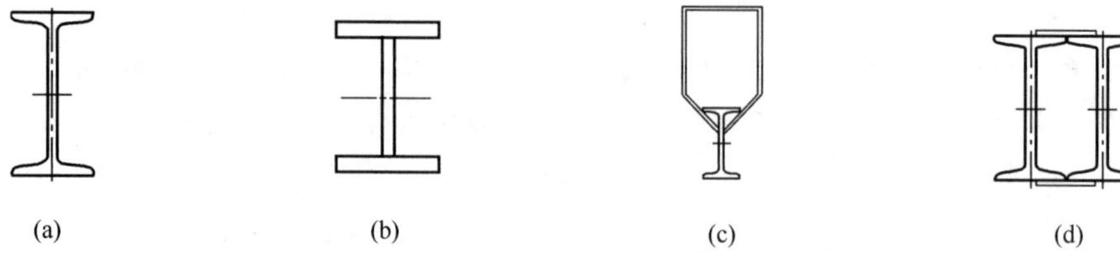

图 1-33　梁的截面形式

(a) 型钢梁；(b) 焊接组合梁；(c) 型钢组合梁；(d) 混合组合梁

桁架是钢结构中的一种主要结构型式，与梁相比，其优点是省材料，重量轻，可做成需要的高度，制造时容易控制变形。当跨度大、而起重量小时，采用桁架比较经济。其缺点是杆件较多、组装费时。

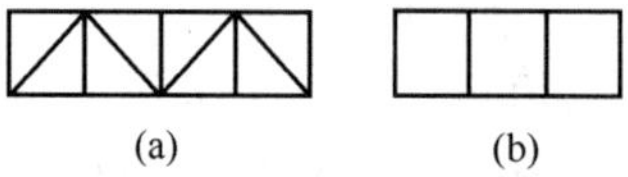

图 1-34　桁架

(a) 常用桁架；(b) 空腹桁架

桁架是由杆件构成的能承受横向弯曲的格子形构件。桁架的杆件主要承受轴向力。通常桁架由三角形单元组合成整体结构，是几何不变系统［图 1-34(a)］。由矩形单元组合成的桁架，要保证桁架承载而几何不变，则须做成能承担弯矩的刚性节点，杆件较粗大，均受弯矩和轴向力作用，这种结构称为空腹桁架［图 1-34(b)］。

桁架的杆件分为弦杆和腹杆两类，杆件交汇的连接点叫节点，节点的区间叫节距离。通常把轻型桁架的节点视为铰接点，而把空腹桁架的节点视为刚接点。

3. 偏心受力构件

偏心受力构件按其受力方向不同分为偏心受拉构件和偏心受压构件（又称压弯构件）；按偏心的方向可分为单向偏心受力构件和双向偏心受力构件；按其沿杆件的全长截面变化情况，可分为等截面构件和变截面构件；按截面组成是否连续情况，可分为实腹式受力构件和格构式受力构件。

在实际结构中，轴心受力构件是不存在的，都属于小偏心受力构件，只是弯矩较小，为简化计算忽略弯矩。小偏心受压构件和轴心受压构件的截面形式相同，一般由轧制型钢制成，常采用角钢、工字钢、T 字型钢、圆钢管、方形钢管等。对受力较大的轴心受压构件，可用轧制型钢或钢板焊接成工字型、圆管型、箱形等组合截面。大偏心受力构件受弯较大，为获得较大的抗弯模量和整体稳定性，尽可能使截面分开，常采用单轴对称的实腹式截面［图 1-35(a)］和焊接组合格构式截面［图 1-35(b)、图 1-35(c)、图 1-35(d)］型式。

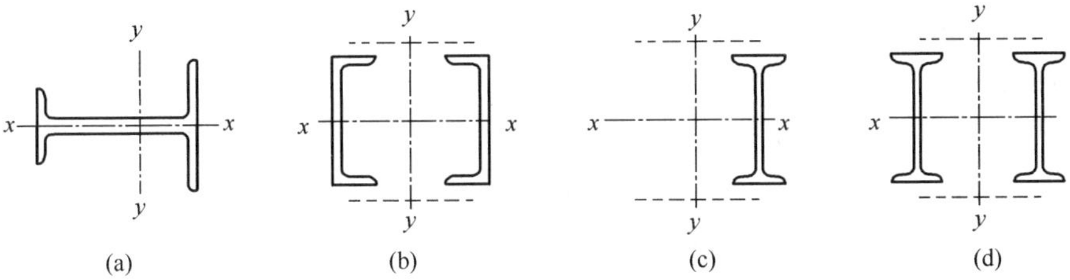

图 1-35 偏心压杆的截面形式

（a）单轴对称实腹式截面；（b）（c）（d）焊接组合格构式截面

1.4.5 钢结构的安全使用

钢结构构件常承受拉力、压力、垂直力、弯矩和扭矩等载荷，超载构件可能出现超出正常使用极限状态的变形、局部塑性变形，脆性断裂、局部失稳，单肢失稳、整体失稳及连接失效等现象。要确保钢结构的安全使用，应做好以下几点：

（1）基本构件应完好。组成钢结构的每件基本构件应完好，不允许出现塑性变形、断裂的现象，一旦有构件出现塑性变形、断裂的现象，将会导致钢结构超出变形和承载能力极限状态，造成整机的无法正常使用或倒塌等事故。

（2）连接应正确牢固。结构的连接应正确牢固，钢结构是由基本构件连接组成的，有一处连接失效可能会造成钢结构构件失去承载能力，造成倒塌事故。

（3）在允许的载荷、规定的作业条件下使用。

1.5 润滑基本知识

1.5.1 磨损与润滑

1. 概念

（1）磨损：两物体在相对运动中接触面材料逐渐丧失或转移，即形成磨损。磨损是伴随摩擦而产生的现象，是摩擦的结果。

（2）润滑：把一种具有润滑性能的物质，加到设备机体摩擦副上，使摩擦副脱离直接接触，达到降低摩擦和减少磨损的手段称为润滑。

2. 润滑的基本原理

基本原理是在设备机体摩擦副上增加润滑剂，润滑剂能够牢固地附在机件摩擦副上，形成一层油膜，这种油膜和机件的摩擦面结合力很强，两个摩擦面被润滑剂分开，使机件间的摩擦变为润滑剂本身分子间的摩擦，起到了减少摩擦降低磨损的作用。由于润滑油的存在而大大改变了摩擦的特性，从而最大程度上降低磨损。同时润滑油还能起均化载荷作用。

3. 润滑剂的作用

（1）润滑作用：减少摩擦、降低磨损。

（2）冷却作用：润滑剂在循环中将摩擦热带走，降低温度防止烧伤。

（3）洗涤作用：从摩擦面上洗净污秽、金属粉粒等异物。

（4）密封作用：防止水分和其他杂物进入。

（5）防锈防蚀：使金属表面与空气隔离开，防止氧化。

（6）减震卸荷：对往复运动机件有减震、缓冲、降低噪音的作用，压力润滑系统有使设备启动时卸荷和减少起动力矩的作用。

（7）传递动力：在液压系统中，油是传递动力的介质。

1.5.2 设备润滑良好应具备的条件

（1）所有润滑装置，如油嘴、油杯、油标、油泵及系统管道齐全、清洁、好用、畅通。

（2）所有润滑部位、润滑点应按说明书中润图表的要求加油，消除缺油干磨现象。

设备说明书中有关润滑的规定是设备润滑的依据，若无说明书或规定时，由设备使用单位自己确定。加润滑油的量应遵循以下原则：

1）减速机（浅油润滑）加油量加到淹掉最低一个齿，但不低于 10mm，有油标显示加油油位的设备，一般加到油标点 2/3 处左右。

2）轴承（润滑脂）加油量应充满轴承腔体的 1/3～2/3。

（3）油与冷却液不变质、不混杂，符合要求。使用变质润滑油（黏度、机械杂质、水分、酸质超标）对设备的危害如下：

1）润滑油黏度偏低（高）时，作相对运动的两金属摩擦表面形成不了可靠的油膜，设备得不到正常润滑，加大了设备的磨损。

2）机械杂质是指存在于油中所不溶的沉淀物或悬浮状物质，多由砂子、黏土、铁屑粒子组成。若润滑油中含有的机械杂质超标，当设备在工作时，这些机械杂质将不断进入摩擦表面并在其表面上犁刨出很多沟纹，同时也破坏了润滑油吸附在金属表面的保护膜，加大了设备的磨料磨损及冲蚀磨损。

3）润滑油中有水存在时不但会引起设备腐蚀而且水和高于 100℃的金属表面接触时会形成蒸汽，破坏润滑油的油膜，导致设备得不到良好的润滑。

4）润滑油在高温高压下，其部分烃类有机物可能转化为酸类化合物，使油品中酸值增大，酸值的大小可以判断使用油品的变质程度。

综上所述，使用变质的润滑油润滑，不但会破坏设备的润滑条件，而且进一步加大了设备的磨损，大大地缩短了设备的使用寿命。

（4）油线、油毡应齐全清洁，放置正确；滑动和转动等重要部位须干净，有薄油膜层；各部位均不漏油。

2　塔机的主要零部件

2.1　钢丝绳

钢丝绳是起重作业中必备的重要部件，通常由多根钢丝捻成绳股，再由多股绳股围绕绳芯捻制而成。钢丝绳具有强度高、自重轻、弹性大等特点，能承受振动荷载，能卷绕成盘，能在高速下平稳运动且噪声小，广泛用于捆绑物体以及起重机的起升、牵引、缆风等。

2.1.1　钢丝绳分类和标记

1. 分类

钢丝绳的种类较多，施工现场起重作业一般使用圆股钢丝绳。

按《重要用途钢丝绳》GB 8918—2006 标准，钢丝绳分类如下。

（1）按绳和股的断面、股数和股外层钢丝的数目分类，见表 2-1。

钢丝绳分类　　**表 2-1**

组别	类别		分类原则	典型结构		直径范围
				钢丝绳	股绳	mm
1	圆股钢丝绳	6×7	6 个圆股，每股外层丝可到 7 根，中心丝（或无）外捻制 1～2 层钢丝，钢丝等捻距	6×7 6×9W	(1+6) (3+3/3)	8～36 14～36
2	圆股钢丝绳	6×19	6 个圆股，每股外层丝 8～12 根，中心丝外捻制 2～3 层钢丝，钢丝等捻距	6×19S 6×19W 6×25Fi 6×26WS 6×31WS	(1+9+9) (1+6+6/6) (1+6+6F+12) (1+5+5/5+10) (1+6+6/6+12)	12～36 12～40 12～44 20～40 22～46
3	圆股钢丝绳	6×37	6 个圆股，每股外层丝 14～18 根，中心丝外捻制 3～4 层钢丝，钢丝等捻距	6×29Fi 6×36WS 6×37S（点线接触） 6×41WS 6×49SWS 6×55SWS	(1+7+7F+14) (1+7+7/7+14) (1+6+15+15) (1+8+8/8+16) (1+8+8+8/8+16) (1+9+9+9/9+18)	14～44 18～60 20～60 32～56 36～60 36～64

续表

组别	类别		分类原则	典型结构		直径范围
				钢丝绳	股绳	mm
4	圆股钢丝绳	8×19	8个圆股，每股外层丝8～12根，中心丝外捻制2～3层钢丝，钢丝等捻距	8×19S 8×19W 8×25Fi 8×26WS 8×31WS	(1+9+9) (1+6+6/6) (1+6+6F+12) (1+5+5/5+10) (1+6+6/6+12)	20～44 18～48 16～52 24～48 26～56
5		8×37	8个圆股，每股外层丝14～18根，中心丝外捻制3～4层钢丝，钢丝等捻距	8×36WS 8×41WS 8×49SWS 8×55SWS	(1+7+7/7+14) (1+8+8/8+16) (1+8+8+8/8+16) (1+9+9+9/9+18)	22～60 40～56 44～64 44～64
6		18×7	钢丝绳中有17或18个圆股，每股外层丝4～7根，在纤维芯或钢芯外捻制2层股	17×7 18×7	(1+6) (1+6)	12～60 12～60
7		18×19	钢丝绳中有17或18个圆股，每股外层丝8～12根，钢丝等捻距，在纤维芯或钢芯外捻制2层股	18×19W 18×19S	(1+6+6/6) (1+9+9)	24～60 28～60
8		34×7	钢丝绳中有34～36个圆股，每股外层丝可到7根，在纤维芯或钢芯（钢丝）外捻制3层股	34×7 36×7	(1+6) (1+6)	16～60 20～60
9		35W×7	钢丝绳中有24～40个圆股，每股外层丝4～8根，在纤维芯或钢芯（钢丝）外捻制3层股	35W×7 24W×7	(1+6)	16～60
10	异形股钢丝绳	6V×7	6个三角形股，每股外层丝7～9根，三角形股芯外捻制1层钢丝	6V×18 6V×19	(/3×2+3/+9) (/1×7+3/+9)	20～36 20～36
11		6V×19	6个三角形股，每股外层丝10～14根，三角形股芯或纤维芯外捻制2层钢丝	6V×21 6V×24 6V×30 6V×34	(FC+9+12) (FC+12+12) (6+12+12) (/1×7+3/+12+12)	18～36 18～36 20～38 28～44
12		6V×37	6个三角形股，每股外层丝15～18根，三角形股芯外捻制2层钢丝	6V×37 6V×37S 6V×43	(/1×7+3/+12+15) (/1×7+3/+12+15) (/1×7+3/+15+18)	32～52 32～52 38～58

续表

组别	类别		分类原则	典型结构		直径范围
				钢丝绳	股绳	mm
13	异形股钢丝绳	4V×39	4 个扇形股，每股外层丝 15～18 根，纤维股芯外捻制 3 层钢丝	4V×39S 4V×48S	(FC+9+15+15) (FC+12+18+18)	16～36 20～40
14		6Q×19+6V×21	钢丝绳中有 12～14 个股，在 6 个三角形股外，捻制 6～8 个椭圆股	6Q×19+6V×21 6Q×33+6V×21	外股（5+14） 内股（FC+9+12） 外股（5+13+15） 内股（FC+9+12）	40～52 40～60

注：1. 13 组及 11 组中异形股钢丝绳中 6V×21、6V×24 结构仅为纤维绳芯，其余组别的钢丝绳，可由需方指定纤维芯或钢芯。

2. 三角形股芯的结构可以相互代替，或改用其他结构的三角形股芯，但应在订货合同中注明。

3. 钢丝绳的主要用途推荐，参见标准中附录 D（资料性附录）。

4. 1～9 组钢丝绳可为交互捻和同向捻。其中 6～9 组多层圆股钢丝绳的内层绳捻法，由生产厂确定。13 组钢丝绳仅为交互捻。10～12 组和 14 组异形股钢丝绳为同向捻。14 组钢丝绳的内层与外层绳捻向应相反，且内层绳为同向捻。

施工现场常见钢丝绳的断面如图 2-1、图 2-2 所示。

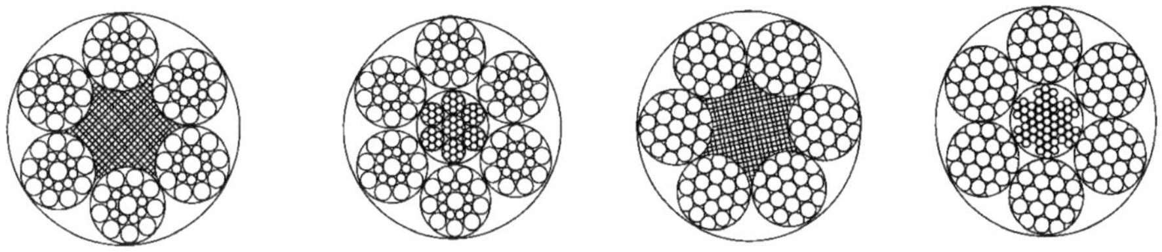

(a) (b) (c) (d)

图 2-1　6×19 钢丝绳断面图

(a) 6×19S+FC；(b) 6×19S+IWR；(c) 6×19W+FC；(d) 6×19W+IWR

(2) 钢丝绳按捻法，分为右交互捻（ZS）、左交互捻（SZ）、右同向捻（ZZ）和左同向捻（SS）四种，如图 2-3 所示。

(3) 钢丝绳按绳芯不同，分为纤维芯和钢芯。纤维芯钢丝绳比较柔软，易弯曲，纤维芯可浸油作润滑、防锈，减少钢丝间的摩擦；金属芯的钢丝绳耐高温、耐重压，硬度大、不易弯曲。

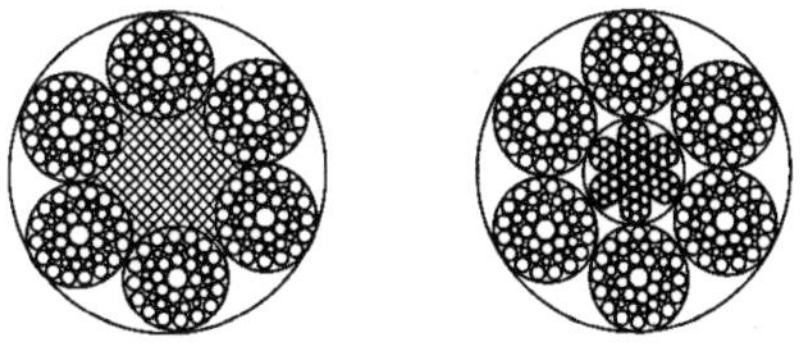

(a) (b)

图 2-2　6×37S 钢丝绳断面图

(a) 6×37S+FC；(b) 6×37S+IWR

2. 标记

根据《钢丝绳　术语、标记和分类》GB/T 8706—2017 标准，钢丝绳的标记格式如图 2-4 所示。

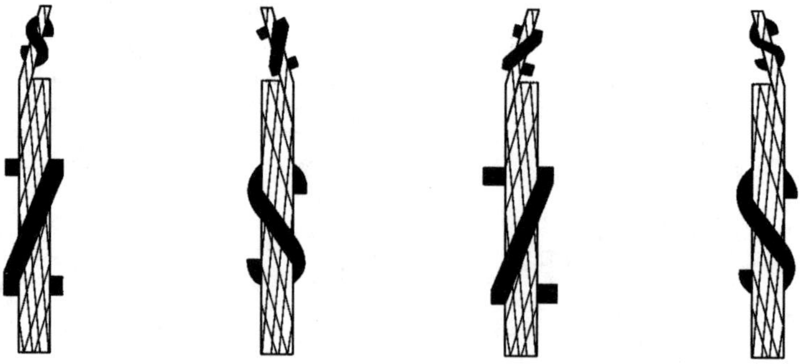

(a)　　(b)　　(c)　　(d)

图 2-3　钢丝绳按捻法分类

（a）右交互捻；（b）左交互捻；（c）右同向捻；（d）左同向捻

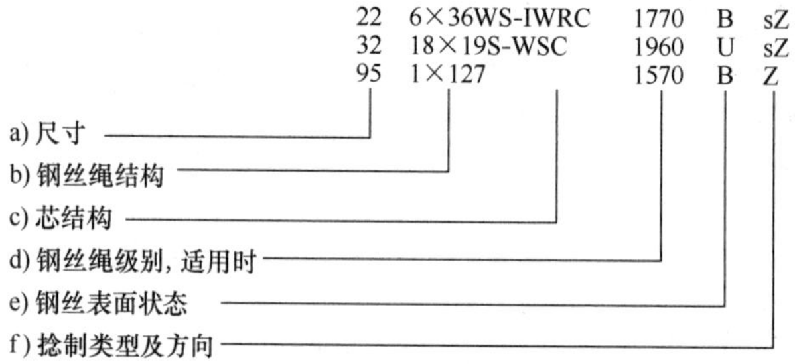

图 2-4　钢丝绳的标记示例

2.1.2　钢丝绳使用和维护

1. 钢丝绳的选用

起重机上只应安装由起重机制造商指定的具有标准长度、直径、结构和破断拉力的钢丝绳，除非经起重机设计人员、钢丝绳制造商或有资格人员的准许，才能选择其他钢丝绳。选用其他钢丝绳时应遵循下列原则：

（1）所用钢丝绳长度应满足起重机的使用要求，并且在卷筒上的终端位置应至少保留两圈钢丝绳。

（2）应遵守起重机手册和由钢丝绳制造商给出的使用说明书中的规定，并必须有产品检验合格证。

（3）能承受所要求的拉力，保证足够的安全系数。

（4）能保证钢丝绳受力不发生扭转。

（5）耐疲劳，能承受反复弯曲和振动作用。

（6）有较好的耐磨性能。

（7）与使用环境相适应：

1）高温或多层缠绕的场合宜选用金属芯。

2）高温、腐蚀严重的场合宜选用石棉芯。

3）有机芯易燃，不能用于高温场合。

2. 安全系数

在钢丝绳受力计算和选择钢丝绳时，考虑到钢丝绳受力不均、负荷不准确、计算方法不精确和使用环境较复杂等一系列不利因素，应给予钢丝绳一个储备能力。因此确定钢丝绳的受力时必须考虑一个系数，作为储备能力，这个系数就是选择钢丝绳的安全系数。起重用钢丝绳必须预留足够的安全系数，是基于以下因素确定的：

(1) 钢丝绳的磨损、疲劳破坏、锈蚀、不恰当使用、尺寸误差、制造质量缺陷等不利因素带来的影响。

(2) 钢丝绳的固定强度达不到钢丝绳本身的强度。

(3) 由于惯性及加速作用（如启动、制动、振动等）而造成的附加载荷的作用。

(4) 由于钢丝绳通过滑轮槽时的摩擦阻力作用。

(5) 吊重时的超载影响。

(6) 吊索及吊具的超重影响。

(7) 钢丝绳在绳槽中反复弯曲而造成的危害的影响。

钢丝绳的安全系数是不可缺少的安全储备，绝不允许凭借这种安全储备而擅自提高钢丝绳的最大允许安全载荷，钢丝绳的安全系数见表 2-2。

钢丝绳的安全系数 **表 2-2**

用途	安全系数	用途	安全系数
作缆风	3.5	作吊索、无弯曲时	6～7
用于手动起重设备	4.5	作捆绑吊索	8～10
用于机动起重设备	5～6	用于载人的升降机	14

3. 钢丝绳的储存

(1) 装卸运输过程中，应谨慎小心，卷盘或绳卷不允许坠落，也不允许用金属吊钩或叉车的货叉插入钢丝绳。

(2) 钢丝绳应储存在凉爽、干燥的仓库里，且不应与地面接触。严禁存放在易受化学烟雾、蒸汽或其他腐蚀剂侵袭的场所。

(3) 储存的钢丝绳应定期检查，如有必要，应对钢丝绳进行包扎。

(4) 户外储存不可避免时，地面上应垫木方，并用防水毡布等进行覆盖，以免湿气导致锈蚀。

(5) 储存从起重机上卸下的待用的钢丝绳时，应进行彻底的清洁，在储存之前对每一根钢丝绳进行包扎。

(6) 长度超过 30m 的钢丝绳应在卷盘上储存。

(7) 为搬运方便，内部绳端应首先被固定到邻近的外圈。

4. 钢丝绳的展开

(1) 当钢丝绳从卷盘或绳卷展开时，应采取各种措施避免绳的扭转或降低钢丝绳扭转的程度。当由钢丝绳卷直接往起升机构卷筒上缠绕时，应把整卷钢丝绳架在专用的支架上，采取保持张紧呈直线状态的措施，以免在绳内产生结环、扭结或弯曲的状况，如图 2-5 所示。

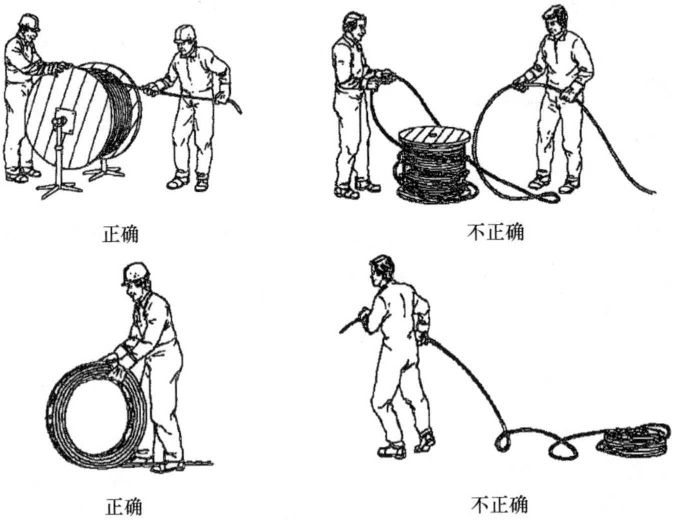

图 2-5　钢丝绳的展开

(2) 展开时的旋转方向应与起升机构卷筒上绕绳的方向一致；卷筒上绳槽的走向应同钢丝绳的捻向相适应。

(3) 在钢丝绳展开和重新缠绕过程中，应有效控制卷盘的旋转惯性，使钢丝绳按顺序缓慢地释放或收紧。应避免钢丝绳与污泥接触，尽可能保持清洁，以防止钢丝绳生锈。

(4) 切勿由平放在地面的绳卷或卷盘中释放钢丝绳，如图 2-5 所示。

(5) 钢丝绳严禁与电焊线碰触。

5. 钢丝绳的扎结与截断

在截断钢丝绳时，应按制造厂商的说明书进行。为确保阻旋转钢丝绳的安装无旋紧或是旋松现象，应对其给予特别关注，且保证任何切断是安全可靠和防止松散的。截断钢丝绳时，要在截分处进行扎结，扎结绕向必须与钢丝绳股的绕向相反，扎结须紧固，以免钢丝绳在断头处松开，如图 2-6 所示。

缠扎宽度随钢丝绳直径大小而定，直径为 15～24mm，扎结宽度应不小于 25mm；对直径为 25～30mm 的钢丝绳，其缠扎宽度应不小于 40mm；对于直径为 31～44mm 的钢丝绳，其扎结宽度不得小于 50mm；直径为 45～51mm 的钢丝绳，扎结宽度不得小于 75mm。扎结处与截断口之间的距离应不小于 50mm。

6. 钢丝绳的安装

钢丝绳在安装时，不应随意乱放，即转动既不应使之绕进也不应使之绕出。钢丝绳应总是同向弯曲，即从卷盘顶端到卷筒的顶端，或从卷盘的底部到卷筒底部处释放均应同向。钢丝绳的使用寿命，在很大程度上取决于安装方式是否正确，因此，要由训练有素的技工细心地进行安装，并应在安装时将钢丝绳涂满润滑脂。

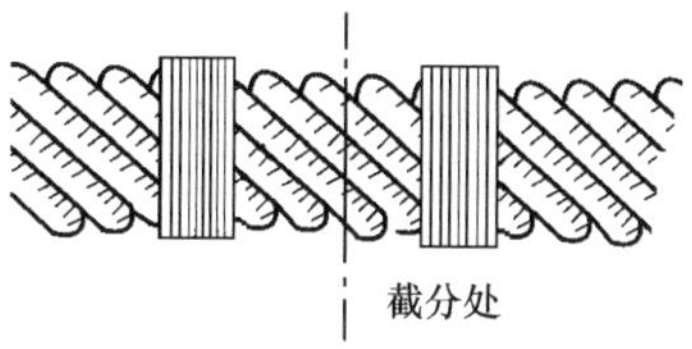

图 2-6 钢丝绳的扎结与截断

安装钢丝绳时，必须注意检查钢丝绳的捻向。如俯仰变幅动臂式塔机的臂架拉绳捻向必须与臂架变幅绳的捻向相同；起升钢丝绳的捻向必须与起升卷筒上的钢丝绳绕向相反。

如果在安装期间起重机的任何部分对钢丝绳产生摩擦，则接触部位应采取有效的保护措施。

7. 钢丝绳的固定与连接

钢丝绳与卷筒、吊钩滑轮组或起重机结构的连接，应采用起重机制造商规定的钢丝绳端接装置，或经起重机设计人员、钢丝绳制造商或有资格人员的准许的供选方案。

终端固定应确保安全可靠，并且应符合起重机手册的规定。常用的连接和固定方式有以下几种，如图 2-7 所示：

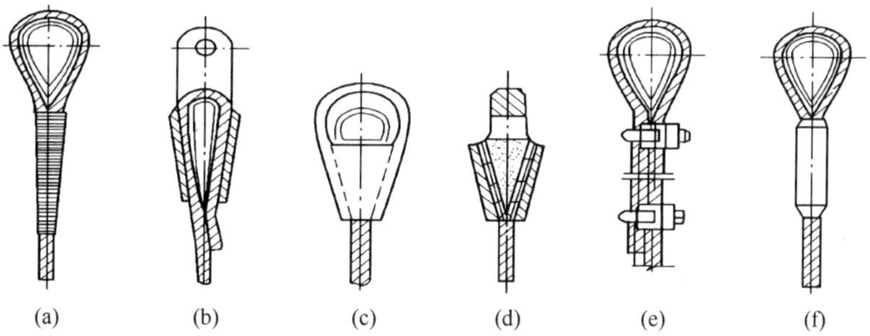

图 2-7 钢丝绳固接

(a) 编结连接；(b) 楔块、楔套连接；(c)、(d) 锥形套浇铸法；
(e) 绳夹连接；(f) 铝合金套压缩法

(1) 编结连接，如图 2-7(a) 所示，编结长度不应小于钢丝绳直径的 15 倍，且不应小于 300mm；连接强度不小于 75%钢丝绳破断拉力。

(2) 楔块、楔套连接，如图 2-7(b) 所示，钢丝绳一端绕过楔块，利用楔块在套筒内的锁紧作用使钢丝绳固定。固定处的强度约为钢丝绳自身强度的 75%～85%。楔套应用钢材制造，连接强度不小于 75%钢丝绳破断拉力。

(3) 锥形套浇铸法，如图 2-7(c)、图 2-7(d) 所示，先将钢丝绳拆散，切去绳芯后插入锥套内，再将钢丝绳末端弯成钩状，然后灌入熔融的铅液，最后经过冷却即成。

（4）绳夹连接，如图 2-7(e）所示。绳夹连接简单、可靠，被广泛应用，详见本章“2.5.1 钢丝绳夹”。

（5）铝合金套压缩法，如图 2-7(f）所示，钢丝绳末端穿过锥形套筒后松散钢丝，将头部钢丝弯成小钩，浇入金属液凝固而成。其连接应满足相应的工艺要求，固定处的强度与钢丝绳自身的强度大致相同。

8. 钢丝绳的维护

（1）对钢丝绳所进行的维护与起重机、起重机的使用环境以及所涉及的钢丝绳类型有关。除非起重机或钢丝绳制造商另有指示，否则钢丝绳在安装时应涂以润滑脂或润滑油。在此之后，钢丝绳应在必要的部位做清洗工作，而对有规则的时间间隔内重复使用的钢丝绳，特别是绕过滑轮长度范围内的钢丝绳在显示干燥或锈蚀迹象之前，均应使其保持良好的润滑状态。

钢丝绳的润滑油（脂）应与钢丝绳制造商使用的原始润滑油（脂）一致，且具有渗透力强的特性。如果钢丝绳润滑在起重机手册中不能确定，则用户应征询钢丝绳制造商的建议。

钢丝绳较短的使用寿命源于缺乏维护，尤其是起重机在有腐蚀性的环境中使用，以及由于与操作有关的各种原因，例如在禁止使用钢丝绳润滑剂的场合下使用。针对这种情况，钢丝绳的检验周期应相应缩短。

（2）钢丝绳维护规程

1）钢丝绳在卷筒上，应按顺序整齐排列。

2）载荷由多根钢丝绳支承时，应设有各根钢丝绳受力的均衡装置。

3）起升机构和变幅机构，不得使用编结接长的钢丝绳。使用其他方法接长钢丝绳时，必须保证接头连接强度不小于钢丝绳破断拉力的 90%。

4）起升高度较大的起重机，宜采用不旋转、无松散倾向的钢丝绳。采用其他钢丝绳时，应有防止钢丝绳和吊具旋转的装置或措施。

5）当吊钩处于工作位置最低点时，钢丝绳在卷筒上的缠绕，除固定绳尾的圈数外，一般不少于 3 圈。

6）吊运熔化或炽热金属的钢丝绳，应采用石棉芯等耐高温的钢丝绳。

7）对钢丝绳应防止损伤、腐蚀或其他物理、化学因素造成的性能降低。

8）钢丝绳展开时，应防止打结或扭曲。

9）钢丝绳切断时，应有防止绳股散开的措施。

10）安装钢丝绳时，不应在不洁净的地方拖线，也不应缠绕在其他的物体上，应防止划、磨、碾、压和过度弯曲。

11）钢丝绳应保持良好的润滑状态。所用润滑剂应符合该绳的要求，并且不影响外观检查。润滑时应特别注意不易看到和润滑剂不易渗透到的部位，如平衡滑轮处的钢丝绳。

12）领取钢丝绳时，必须检查该钢丝绳的合格证，以保证机械性能、规格符合设计要求。

13）对日常使用的钢丝绳每天都应进行检查，包括对端部的固定连接、平衡滑轮处的检查，并作出安全性的判断。

14）对钢丝绳定期进行系统润滑，可保证钢丝绳的性能，延长使用寿命。润滑之前，应将钢丝绳表面上积存的污垢和铁锈清除干净，最好是用镀锌钢丝刷将钢丝绳表面刷净。钢丝绳表面越干净，润滑油脂就越容易渗透到钢丝绳内部去，润滑效果就越好。钢丝绳润滑的方法有刷涂法和浸涂法。刷涂法就是人工使用专用的刷子，把加热的润滑脂涂刷在钢丝绳的表面上。浸涂法就是将润滑脂加热到60℃，然后使钢丝绳通过一组导辊装置被张紧，同时使之缓慢地在容器里的熔融润滑脂中通过。

2.1.3 钢丝绳的检验检查

由于起重钢丝绳在使用过程中经常、反复受到拉伸、弯曲，当拉伸、弯曲的次数超过一定数值后，会使钢丝绳出现一种叫“金属疲劳”的现象，导致钢丝绳很容易损坏。同时当钢丝绳受力伸长时钢丝绳之间产生的摩擦以及绳与滑轮槽底、绳与起吊件之间的摩擦等，使钢丝绳在使用一定时间后就会出现磨损、断丝现象。此外，由于使用、贮存不当，也可能造成钢丝绳的扭结、退火、变形、锈蚀、表面硬化、松捻等。钢丝绳在使用期间，一定要按规定进行定期检查，及早发现问题，及时保养或者更换报废，保证钢丝绳的安全使用。

1. 检验周期

（1）日常外观检验

每个工作日都应尽可能对任何钢丝绳所有可见部位进行观察，并应特别注意钢丝绳在起重机上的连接部位，对发现的损坏、变形等任何可疑变化情况都应报告，并由主管人员按照规范进行检查。

（2）定期检验

定期检验应该按规范进行，为确定定期检验的周期，还应考虑如下几点：

1）国家对应用钢丝绳的法规要求。

2）起重机的类型及使用地的工作环境。

3）起重机的工作级别。

4）前期检验结果。

5）钢丝绳已使用的时间。

流动式起重机和塔式起重机用钢丝绳至少应按主管人员的决定每月检查一次或更多次。根据钢丝绳的使用情况，主管人员有权决定缩短检查的时间间隔。

(3) 专项检验

1) 专项检验应按规范进行。

2) 在钢丝绳和/或其固定端的损坏而引发事故的情况下，或钢丝绳经拆卸又重新安装投入使用前，均应对钢丝绳进行一次检查。

3) 如起重机停止工作达3个月以上，在重新使用之前应对钢丝绳预先进行检查。

4) 根据钢丝绳的使用情况，主管人员有权决定缩短检查的时间间隔。

(4) 在合成材料滑轮或带合成材料衬套的金属滑轮上使用的钢丝绳的检验

1) 在纯合成材料或部分采用合成材料制成的或带有合成材料轮衬的金属滑轮上使用的钢丝绳，其外层发现有明显可见的断丝或磨损痕迹时，其内部可能早已产生了大量断丝。在这些情况下，应根据以往的钢丝绳使用记录制定钢丝绳专项检验进度表，其中既要考虑使用中的常规检查结果，又要考虑从使用中撤下的钢丝绳的详细检验记录。

2) 应特别注意已出现干燥或润滑剂变质的局部区域。

3) 对专用起重设备用钢丝绳的报废标准，应以起重机制造商和钢丝绳制造商之间交换的资料为基础。

4) 根据钢丝绳的使用情况，主管人员有权决定缩短检查的时间间隔。

2. 检验部位

钢丝绳应作全长检查，还应特别注意下列各部位：

(1) 运动绳和固定绳两者的始末端。

(2) 通过滑轮组或绕过滑轮的绳段。

(3) 在起重机重复作业情况下，当起重机在受载状态时的绕过滑轮组的钢丝绳任何部位。

(4) 位于平衡滑轮的钢丝绳段。

(5) 由于外部因素可能引起磨损的钢丝绳任何部位。

(6) 产生锈蚀和疲劳的钢丝绳内部。

(7) 处于热环境的绳段。

(8) 索具除外的绳端部位。

3. 外部检查和内部检查

对钢丝绳不同部位的检查主要分外部检查和内部检查。

(1) 钢丝绳外部检查

1) 直径检查。直径是钢丝绳极其重要的参数。通过对直径测量，可以反映该处直径的变化速度、钢丝绳是否受到过较大的冲击载荷、捻制时股绳张力是否均匀一致、绳芯对股绳是否保持了足够的支撑能力。钢丝绳直径应用带有宽钳口的游标卡尺测量，其钳口的宽度要足以跨越两个相邻的股，如图2-8所示。

2) 磨损检查。钢丝绳在使用过程中产生磨损现象不可避免。通过对钢丝绳磨损检查，可以反映出钢丝绳与匹配轮槽的接触状况，在无法随时进行性能试验的情况下，根据钢丝磨损程度的大小推测钢丝绳实际承载能力。钢丝绳的磨损情况检查主要靠目测。

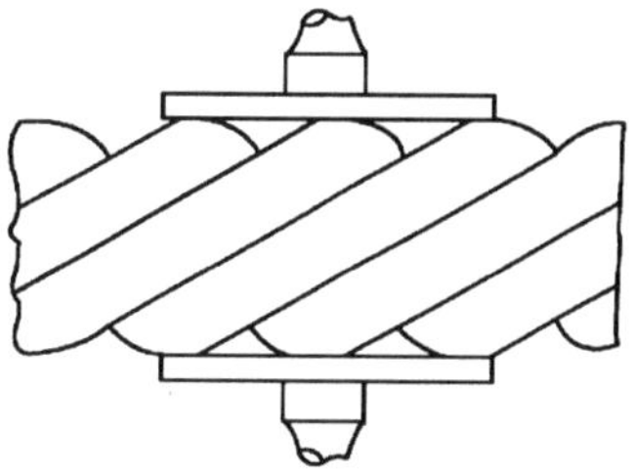

图 2-8 钢丝绳直径测量方法

3）断丝检查。钢丝绳在投入使用后，肯定会出现断丝现象，尤其是到了使用后期，断丝发展速度会迅速加快。由于钢丝绳在使用过程中不可能一旦出现断丝现象即停止继续运行，因此，通过断丝检查，尤其是对一个捻距内断丝情况检查，不仅可以推测钢丝绳继续承载的能力，而且根据出现断丝根数的发展速度，可间接预测钢丝绳使用疲劳寿命。钢丝绳的断丝情况检查主要靠目测计数。

4）润滑检查。通常情况下，新出厂钢丝绳大部分在生产时已经进行了润滑处理，但在使用过程中，润滑油脂会流失减少。鉴于润滑不仅能够对钢丝绳在运输和存储期间起到防腐保护作用，而且能够减少钢丝绳使用过程中钢丝之间、股绳之间和钢丝绳与匹配轮槽之间的摩擦，对延长钢丝绳使用寿命十分有益，因此，为把腐蚀、摩擦对钢丝绳的危害降低到最低程度，进行润滑检查十分必要。钢丝绳的润滑情况检查主要靠目测。

（2）钢丝绳内部检查

对钢丝绳进行内部检查要比进行外部检查困难得多，但由于内部损坏（主要由锈蚀和疲劳引起的断丝）隐蔽性更大，因此，为保证钢丝绳安全使用，必须在适当的部位进行内部检查。

如图 2-9 所示，检查时将两个尺寸合适的夹钳相隔 100～200mm 夹在钢丝绳上反方向转动，股绳便会脱起。操作时，必须十分仔细，以避免股绳被过度移位造成永久变形（导致钢丝绳结构破坏）。如图 2-10 所示，小缝隙出现后，用螺钉旋具之类的探针拨动股绳并把妨碍视线的油脂或其他异物拨开，对内部润滑、钢丝锈蚀、钢丝及钢丝间相互运动产生的磨痕等情况进行仔细检查。检查断丝，一定要认真，因为钢丝断头一般不会翘起，不容易被发现。检查完毕后，稍用力转回夹钳，以使股绳完全恢复到原来位置。如果上述过程操作正确，钢丝绳不会变形。对靠近绳端的绳段特别是对固定钢丝绳应加以注意，诸如支持绳或悬挂绳。

图 2-9 对一段连续钢丝绳作内部检验（张力为零）

图 2-10 对靠近绳端装置的钢丝绳尾部作内部检验（张力为零）

（3）钢丝绳使用条件检查

前面叙述的检查仅是对钢丝绳本身而言，这只是保证钢丝绳安全使用要求的一个方面。除此之外，还必须对与钢丝绳使用的外围条件——匹配轮槽的表面磨损情况、轮槽几何尺寸及转动灵活性进行检查，以保证钢丝绳在运行过程中与其始终处于良好的接触状态，运行摩擦阻力最小。

（4）无损检测

借助电磁技术的无损检测可作为对外观检验的辅助检验，用于确定钢丝绳损坏的区域和程度。拟采用电磁方法以无损检测作为对外观检验的辅助检验时，应在钢丝绳安装之后尽快进行初始的电磁无损检测。

2.2 吊钩

吊钩属起重机上重要取物装置之一。吊钩若使用不当，容易造成损坏和折断而发生重大事故，因此，必须对吊钩加强经常性的安全技术检验。

2.2.1 吊钩的分类

吊钩按制造方法可分为锻造吊钩和片式吊钩。锻造吊钩又可分为单钩和双钩，如图 2-11（a）、图 2-11（b）所示。单钩一般用于小起重量，双钩多用于较大的起重量。锻造吊钩材料采用优质低碳镇静钢或低碳合金钢，如 20 优质低碳钢、16Mn、20MnSi、36MnSi。片式吊钩由若干片厚度不小于 20mm 的 C3、20 或 16Mn 的钢板铆接起来。片式吊钩也有单钩和双钩之分，如图 2-11（c）和图 2-11（d）所示。

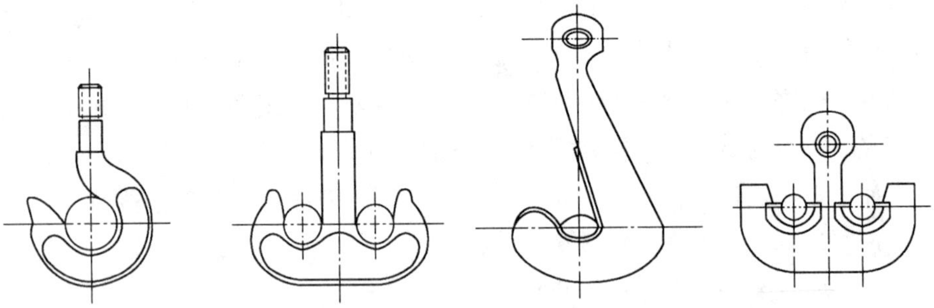

(a) (b) (c) (d)

图 2-11　吊钩的种类

（a）锻造单钩；（b）锻造双钩；（c）片式单钩；（d）片式双钩

片式吊钩比锻造吊钩安全，因为吊钩板片不可能同时断裂，个别板片损坏还可以更换。吊钩按钩身（弯曲部分）的断面形状可分为圆形吊钩、矩形吊钩、梯形吊钩和 T 字形断面吊钩。

2.2.2 吊钩安全技术要求

吊钩应有出厂合格证明，在低应力区应有额定起重量标记。

1. 吊钩的危险断面

对吊钩的检验，必须先了解吊钩的危险断面所在，通过对吊钩的受力分析，可以了解吊钩的危险断面有三个。

如图 2-12 所示，假定吊钩上吊挂重物的重力为 Q，由于重物重力通过钢丝绳作用在吊钩的Ⅰ-Ⅰ断面上，有把吊钩切断的趋势，该断面上受切应力。由于重力 Q 的作用，在Ⅲ-Ⅲ断面，有把吊钩拉断的趋势，这个断面就是吊钩钩尾螺纹的退刀槽，这个部位受拉应力。由于 Q 力对吊钩产生拉、切力之后，还有把吊钩拉直的趋势，也就是对Ⅰ-Ⅰ断面以左的各断面除受拉力以外，还受到力矩的作用，因此，Ⅱ-Ⅱ断面受 Q 的拉力，使整个断面受切应力，同时受力矩的作用。另外，Ⅱ-Ⅱ断面的内侧受拉应力，外侧受压应力，根据计算，内侧拉应力比外侧压应力大一倍多，吊钩做成内侧厚外侧薄就是这个道理。

2. 吊钩的检验

一般先用煤油洗净钩身，然后用 20 倍放大镜检查钩身是否有疲劳裂纹，特别对危险断面的检查要认真、仔细。钩柱螺纹部分的退刀槽是应力集中处，要注意检查有无裂缝。对板钩还应检查衬套、销子、小孔、耳环及其他紧固件是否有松动、磨损现象。对一些大型、重型起重机的吊钩还应采用无损探伤法检验其内部是否存在缺陷。

3. 吊钩的保险装置

吊钩必须装有可靠防脱棘爪（吊钩保险），防止工作时索具脱钩，如图 2-13 所示。

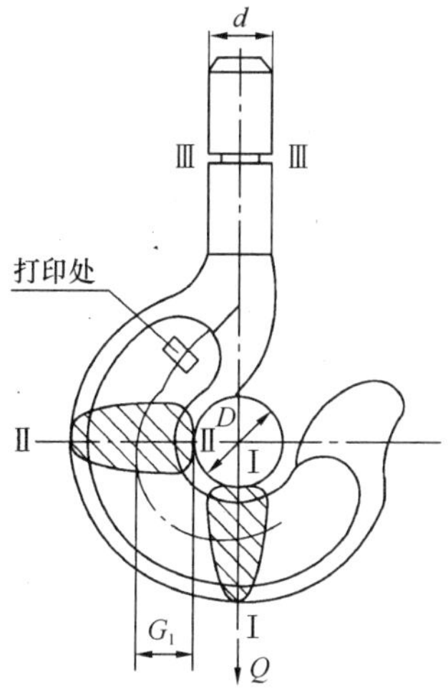

图 2-12　吊钩的危险断面

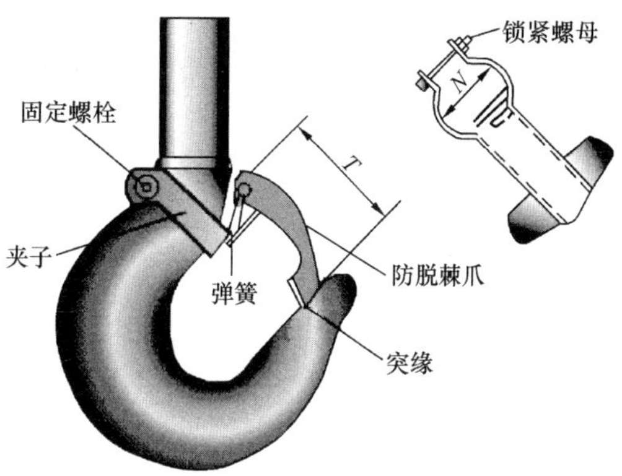

图 2-13　吊钩防脱棘爪

2.3 卷筒

2.3.1 卷筒的作用

卷筒的作用是卷绕钢丝绳，并把原动机的驱动力传递给钢丝绳，将原动机的旋转运动变为直线运动。塔式起重机上的起升机构、变幅机构就是依靠电动机带动卷筒旋转、卷绕钢丝绳来实现吊钩的上下和变幅小车的向前、向后运行。

2.3.2 卷筒的结构

卷筒的制作一般可分为铸造和焊接。铸造卷筒一般采用不低于 HT300 的灰铸铁或球磨铸铁制造，也可采用铸钢，但铸钢卷筒工艺复杂，成本较高。焊接卷筒用钢板焊接而成，可大大减轻重量，在卷筒尺寸较大和单件生产时采用尤为有利。

卷筒的结构形式是由卷筒、连接盘、轴以及轴承支架等构成的，分为长轴卷筒组和短轴卷筒组。长轴卷筒组有齿轮连接盘卷筒组和带大齿轮的卷筒组。短轴卷筒组的结构是，卷筒与减速机输出轴法兰盘刚性连接减速器底座通过钢球或圆柱销与底架连接。这种结构的优点是，结构简单，调整安装方便。

2.3.3 钢丝绳在卷筒上的固定

钢丝绳在卷筒上的固定通常使用压板螺钉或楔块，固定的方法一般有楔块固定法、长板条固定法和压板固定法，如图 2-14 所示。

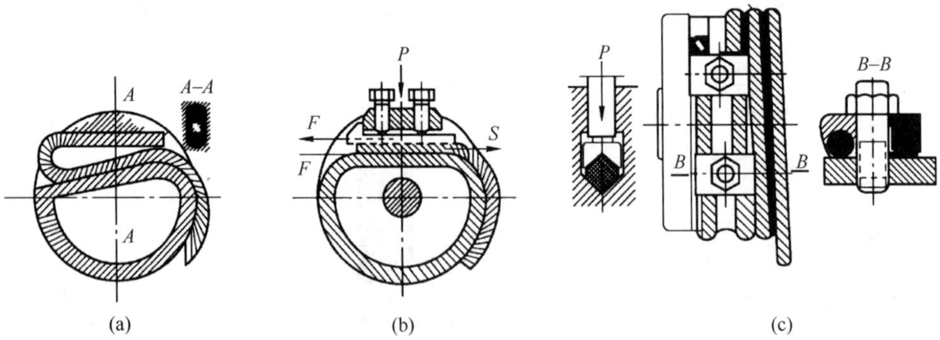

图 2-14 钢丝绳在卷筒上的固定

(a) 楔块固定；(b) 长板条固定；(c) 压板固定

1. 楔块固定法

如图 2-14（a）所示。此法常用于直径较小的钢丝绳，不需要螺栓，适于多层缠绕卷筒。

2. 长板条固定法

如图 2-14（b）所示。通过螺钉的压紧力，将带槽的长板条沿钢丝绳的轴向将绳端固定在卷筒上。

3. 压板固定法

如图 2-14（c）所示。利用压板和螺钉固定钢丝绳，压板数至少为 2 个。此固定方法简单，安全可靠，便于观察和检查，是最常见的固定形式。其缺点是所占空间较大，不宜用于多层卷绕。

2.4 滑轮和滑轮组

滑轮是塔式起重机的重要零部件，它在钢丝绳运动中起着支持、导向、改变其中倍率等功能。

2.4.1 滑轮的类别

在塔式起重机中滑轮按照用途分类，一般可分为定滑轮、动滑轮、滑轮组、导向滑轮、平衡滑轮等。

1. 定滑轮

安装位置固定，主要作导向滑轮和平衡滑轮用。其功能是改变钢丝绳的受力方向，不能改变钢丝绳的运行速度，也不能省力。

2. 动滑轮

随着物体的移动而移动，通过改变绳索倍率减轻绳索的负荷，但不能改变受力方向。

3. 滑轮组

定滑轮与动滑轮组成滑轮组，改变倍率，达到省力及减速的目的。

4. 导向滑轮

改变钢丝绳方向并可延心轴滑动，起到排绳器的作用。

5. 平衡滑轮

运用平衡滑轮，可使各钢丝绳受力相同，受力保持平衡。

2.4.2 滑轮组

用钢丝绳穿绕若干个定滑轮和动滑轮构成滑轮组。滑轮组既可以改变钢丝绳受力方向又可以改变钢丝绳倍率，起到省力作用。

滑轮组按其构造形式可分为单联滑轮组和双联滑轮组。

1. 单联滑轮组

单联滑轮组是指钢丝绳的一端固定在固定物上，另一端穿绕相应的定滑轮和动滑轮后，固定到钢丝绳卷筒上（图 2-15）。塔式起重机起升机构的滑轮组就是采用单联滑轮组。起重钢丝绳的一端固定在起重臂的臂端，另一端穿绕变幅小车和吊钩上的滑轮组，穿绕起重臂根和塔顶上的定滑轮，最后固定到起升机构的钢丝绳卷筒上。

2. 双联滑轮组

双联滑轮组是指钢丝绳由平衡轮两侧引出，分别通过相应的定滑轮和动滑轮后，钢丝绳两端同时穿绕到卷筒上，平衡轮位于整根钢丝绳中部（图 2-16）。其特点是在升降重物时，不会引起吊钩水平方向的位移。

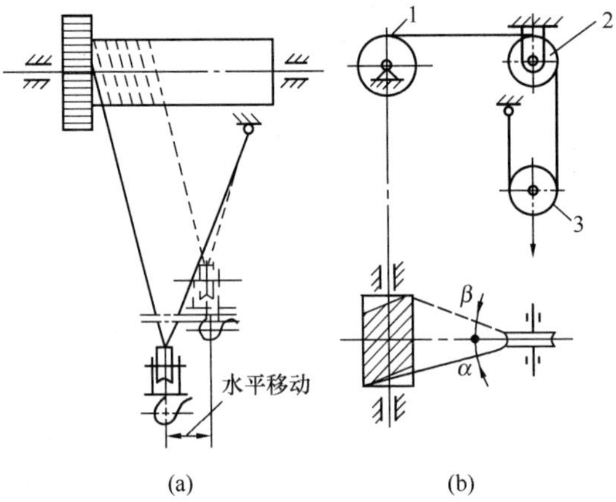

图 2-15　单联滑轮组

（a）绳直接绕上卷筒；（b）绳经导向滑轮后直接绕上卷筒

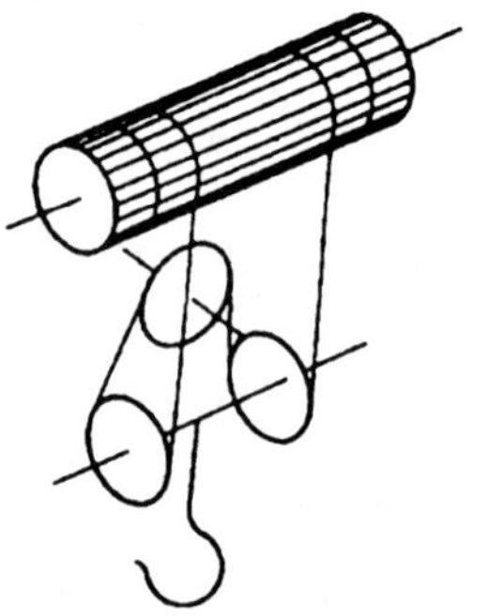

图 2-16　双联滑轮组

2.5　吊具索具

2.5.1　钢丝绳夹

钢丝绳夹主要用于钢丝绳的连接和钢丝绳穿绕滑车组时绳端的固定，以及桅杆上缆风绳绳头的固定等，如图 2-17 所示。钢丝绳夹是起重吊装作业中使用较广的钢丝绳夹具。常用的绳夹为骑马式绳夹和 U 形绳夹。

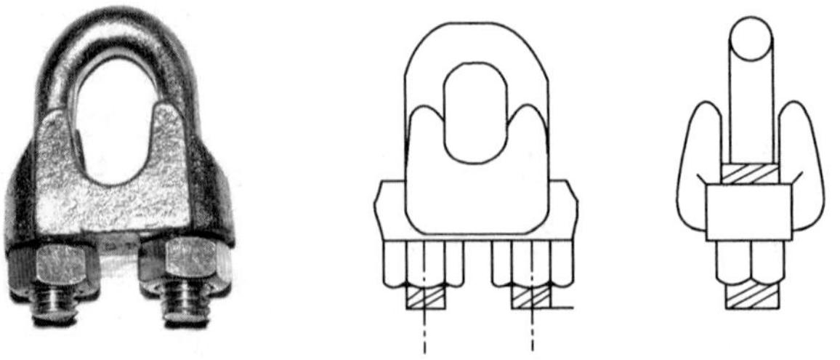

图 2-17　钢丝绳夹

1. 钢丝绳夹布置

钢丝绳夹布置，应把绳夹座扣在钢丝绳的工作段上，U 形螺栓扣在钢丝绳的尾段上，如图 2-18 所示。钢丝绳夹不得在钢丝绳上交替布置。

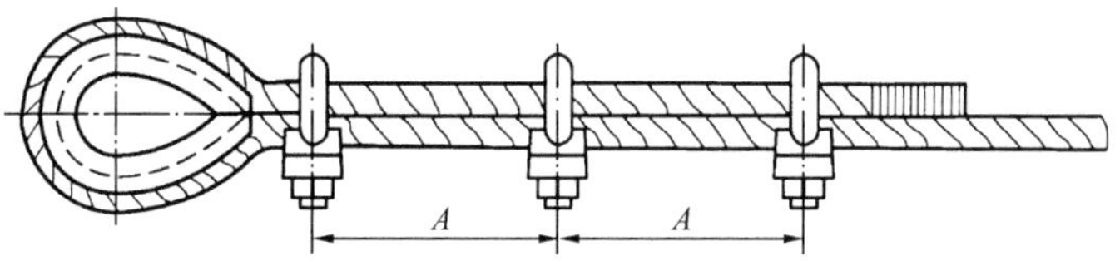

图 2-18 钢丝绳夹的布置

2. 钢丝绳夹数量

钢丝绳夹数量应符合表 2-3 的规定。

钢丝绳夹的数量 **表 2-3**

绳夹规格（钢丝绳直径）(mm)	≤18	18～26	26～36	36～44	44～60
绳夹最少数量（组）	3	4	5	6	7

3. 钢丝绳夹使用注意事项

（1）钢丝绳夹间的距离 A 应等于钢丝绳直径的 6～7 倍。

（2）钢丝绳夹固定处的强度决定于绳夹在钢丝绳上的正确布置，以及绳夹固定和夹紧的谨慎和熟练程度。不恰当地紧固螺母或钢丝绳夹数量不足可能使绳端在承载时，一开始就产生滑动。

（3）在实际使用中，绳夹受载一两次以后应做检查，在多数情况下，螺母需要进一步拧紧。

（4）钢丝绳夹紧固时须考虑每个绳夹的合理受力，离套环最远处的绳夹不得首先单独紧固；离套环最近处的绳夹（第一个绳夹）应尽可能地紧靠套环，但仍须保证绳夹的正确拧紧，不得损坏钢丝绳的强度。

（5）绳夹在使用后要检查螺栓丝扣是否损坏，如暂不使用，要在丝扣部位涂上防锈油并存放在干燥的地方，以防生锈。

2.5.2 吊索

1. 吊索的分类及编制

吊索，又称千斤索或千斤绳，常用来把设备等物体捆绑、连接在吊钩、吊环上或用来固定滑轮、卷扬机等吊装机具，一般用 6×61 和 6×37 钢丝绳制成。

（1）分类

吊索的型式大致可分为可调捆绑式吊索、无接头吊索、压制吊索、编制吊索和钢坯专用吊索五种，如图 2-19 所示。还有一种是一、二、三、四腿钢丝绳钩成套吊索，如图 2-20 所示。

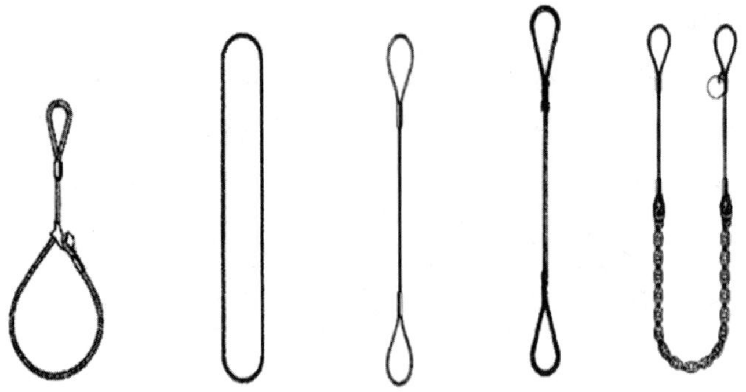

(a) (b) (c) (d) (e)

图 2-19 吊索

(a) 可调捆绑式吊索；(b) 无接头吊索；(c) 压制吊索；(d) 编制吊索；(e) 钢坯专用吊索

图 2-20 一、二、三、四腿钢丝绳钩成套吊索

（2）编制

吊索主要采用挤压插接法进行编结，此办法适用于普通捻六股钢丝绳吊索的制作，办法如下：端头解开长度约为 350mm。如图 2-21 所示，用锥子在甲绳的 1、6 股间穿过，在 3、4 股间穿出，把乙绳上面的第一股子绳插入、拔出，再将锥子从 2、3 股间插入，在 1、6 股间穿出，把乙绳上面的第三股子绳插入。这样，就形成了三股子绳插编在甲绳内，三股子绳在甲绳外。然后，将六股子绳一把抓牢，用锥子的另一头敲打

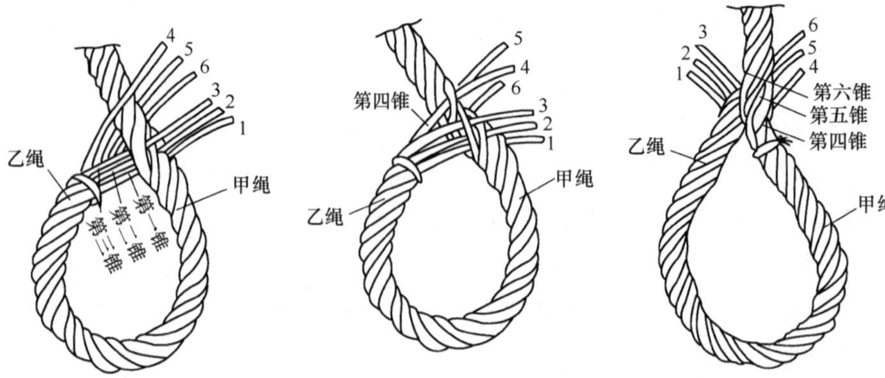

图 2-21 钢丝绳绳索插接

甲绳，使甲绳和乙绳收紧，此时，开始插编。插编时，先将第六股子绳作为第一道编绕，一般为插编五花，当插编第一根子绳时，开头一花一定要收紧，以防止千斤头太松。紧接着即是5、4、3、2、1顺序编结，当六股子绳插编完成，即形成钢丝绳千斤头，把多余的各股钢丝绳头割去，便告完成。

目前插编钢丝绳索具也有采用专业的钢丝绳索具深加工设备，根据钢丝绳的捻股、合绳工艺，单股多次插编而成，如图2-22所示。

图2-22　吊索机械编结

（3）钢丝绳端部的固接应符合下列要求：

1）用钢丝绳夹固接时，固接强度不应小于钢丝绳破断拉力的85%。

2）用编结固接时，编结长度不应小于钢丝绳直径的20倍，且不小于300mm，固接强度不应小于钢丝绳破断拉力的75%。

3）用楔形接头固接时，固接强度不应小于钢丝绳破断拉力的75%。

4）用锥形套浇铸法固接时，固接强度应达到钢丝绳的破断拉力。

5）用铝合金压制接头固接时，固接强度应达到钢丝绳破断拉力的90%。

6）用压板固接时，固接强度应达到钢丝绳的破断拉力。

2. 钢丝绳计算

在施工现场起重作业中，通常会有两种情况，一是已知重物质量选用钢丝绳，二是利用现场钢丝绳起吊一定质量的重物。在允许的拉力范围内使用钢丝绳，是确保钢丝绳使用安全的重要原则。因此，根据现场情况计算钢丝绳的受力，对于选用合适的钢丝绳显得尤为重要。钢丝绳的允许拉力与其最小破断拉力、工作环境下的安全系数相关联。

（1）钢丝绳的最小破断拉力

钢丝绳的最小破断拉力与钢丝绳的直径、结构（几股几丝及芯材）及钢丝的强度有关，是钢丝绳最重要的力学性能参数，其计算公式如下：

$$F_0=\frac{K'\cdot D^2\cdot R_0}{1000} \tag{2-1}$$

式中　F_0——钢丝绳最小破断拉力，kN；

D——钢丝绳公称直径，mm；

R_0——钢丝绳公称抗拉强度，MPa；

K'——指定结构钢丝绳最小破断拉力系数。

可以通过查询钢丝绳质量证明书或力学性能表，得到该钢丝绳的最小破断拉力。建筑施工现场常用的6×19、6×37两种钢丝绳的力学性能见表2-4、表2-5。

6×19 系列钢丝绳力学性能表 **表 2-4**

钢丝绳公称直径 D（mm）	钢丝绳近似质量 [kg·(100m)$^{-1}$]			钢丝绳公称抗拉强度（MPa） 1570		1670		1770		1870		1960	
				钢丝绳最小破断拉力（kN）									
	天然纤维芯钢丝绳	合成纤维芯钢丝绳	钢芯钢丝绳	纤维芯钢丝绳	钢芯钢丝绳	纤维芯钢丝绳	钢芯钢丝绳	纤维芯钢丝绳	钢芯钢丝绳	纤维芯钢丝绳	钢芯钢丝绳	纤维芯钢丝绳	钢芯钢丝绳
12	53.10	51.80	58.40	74.60	80.50	79.40	85.60	84.10	90.70	88.90	95.90	93.10	100.00
13	62.30	60.80	68.50	87.50	94.40	93.10	100.00	98.70	106.00	104.00	113.00	109.00	118.00
14	72.20	70.50	79.50	101.00	109.00	108.00	117.00	114.00	124.00	121.00	130.00	127.00	137.00
16	94.40	92.10	104.00	133.00	143.00	141.00	152.00	149.00	161.00	157.00	170.00	166.00	179.00
18	119.00	117.00	131.00	167.00	181.00	178.00	192.00	189.00	204.00	199.00	215.00	210.00	226.00
20	147.00	144.00	162.00	207.00	223.00	220.00	237.00	233.00	252.00	246.00	266.00	259.00	279.00
22	178.00	174.00	196.00	250.00	270.00	266.00	287.00	282.00	304.00	298.00	322.00	313.00	338.00
24	212.00	207.00	234.00	298.00	321.00	317.00	342.00	336.00	362.00	355.00	383.00	373.00	402.00
26	249.00	243.00	274.00	350.00	377.00	372.00	401.00	394.00	425.00	417.00	450.00	437.00	472.00
28	289.00	282.00	318.00	406.00	438.00	432.00	466.00	457.00	494.00	483.00	521.00	507.00	547.00
30	332.00	324.00	365.00	466.00	503.00	495.00	535.00	525.00	567.00	555.00	599.00	582.00	628.00
32	377.00	369.00	415.00	530.00	572.00	564.00	608.00	598.00	645.00	631.00	681.00	662.00	715.00
34	426.00	416.00	469.00	598.00	646.00	637.00	687.00	675.00	728.00	713.00	769.00	748.00	807.00
36	478.00	466.00	525.00	671.00	724.00	714.00	770.00	756.00	816.00	799.00	862.00	838.00	904.00
38	532.00	520.00	585.00	748.00	807.00	795.00	858.00	843.00	909.00	891.00	961.00	934.00	1010.00
40	590.00	576.00	649.00	828.00	894.00	881.00	951.00	934.00	1000.00	987.00	1060.00	1030.00	1120.00

注：钢丝绳公称直径（D）允许偏差 0～5%。

6×37 系列钢丝绳力学性能表 **表 2-5**

钢丝绳公称直径 D（mm）	钢丝绳近似质量 [kg·(100m)$^{-1}$]			钢丝绳公称抗拉强度（MPa） 1570		1670		1770		1870		1960	
				钢丝绳最小破断拉力（kN）									
	天然纤维芯钢丝绳	合成纤维芯钢丝绳	钢芯钢丝绳	纤维芯钢丝绳	钢芯钢丝绳	纤维芯钢丝绳	钢芯钢丝绳	纤维芯钢丝绳	钢芯钢丝绳	纤维芯钢丝绳	钢芯钢丝绳	纤维芯钢丝绳	钢芯钢丝绳
12	54.70	53.40	60.20	74.60	80.50	79.40	85.60	84.10	90.70	88.90	95.90	93.10	100.00
13	64.20	62.70	70.60	87.50	94.40	93.10	100.00	98.70	106.00	104.00	113.00	109.00	118.00
14	74.50	72.70	81.90	101.00	109.00	108.00	117.00	114.00	124.00	121.00	130.00	127.00	137.00
16	97.30	95.00	107.00	133.00	143.00	141.00	152.00	149.00	161.00	157.00	170.00	166.00	179.00
18	123.00	120.00	135.00	167.00	181.00	178.00	192.00	189.00	204.00	199.00	215.00	210.00	226.00
20	152.00	148.00	167.00	207.00	223.00	220.00	237.00	233.00	252.00	246.00	266.00	259.00	279.00

续表

钢丝绳公称直径 D (mm)	钢丝绳近似质量 [kg·(100m)$^{-1}$]			钢丝绳公称抗拉强度（MPa）									
				1570		1670		1770		1870		1960	
				钢丝绳最小破断拉力（kN）									
	天然纤维芯钢丝绳	合成纤维芯钢丝绳	钢芯钢丝绳	纤维芯钢丝绳	钢芯钢丝绳	纤维芯钢丝绳	钢芯钢丝绳	纤维芯钢丝绳	钢芯钢丝绳	纤维芯钢丝绳	钢芯钢丝绳	纤维芯钢丝绳	钢芯钢丝绳
22	184.00	180.00	202.00	250.00	270.00	266.00	287.00	282.00	304.00	298.00	322.00	313.00	338.00
24	219.00	214.00	241.00	298.00	321.00	317.00	342.00	336.00	362.00	355.00	383.00	373.00	402.00
26	257.00	251.00	283.00	350.00	377.00	372.00	401.00	394.00	425.00	417.00	450.00	437.00	472.00
28	298.00	291.00	328.00	406.00	438.00	432.00	466.00	457.00	494.00	483.00	521.00	507.00	547.00
30	342.00	334.00	376.00	466.00	503.00	495.00	535.00	525.00	567.00	555.00	599.00	582.00	628.00
32	389.00	380.00	428.00	530.00	572.00	564.00	608.00	598.00	645.00	631.00	681.00	662.00	715.00
34	439.00	429.00	483.00	598.00	646.00	637.00	687.00	675.00	728.00	713.00	769.00	748.00	807.00
36	492.00	481.00	542.00	671.00	724.00	714.00	770.00	756.00	816.00	799.00	862.00	838.00	904.00
38	549.00	536.00	604.00	748.00	807.00	795.00	858.00	843.00	909.00	891.00	961.00	934.00	1010.00
40	608.00	594.00	669.00	828.00	894.00	881.00	951.00	934.00	1000.00	987.00	1060.00	1030.00	1120.00
42	670.00	654.00	737.00	913.00	985.00	972.00	1040.00	1030.00	1110.00	1080.00	1170.00	1140.00	1230.00
44	736.00	718.00	809.00	1000.00	1080.00	1060.00	1150.00	1130.00	1210.00	1190.00	1280.00	1250.00	1350.00
46	804.00	785.00	884.00	1090.00	1180.00	1160.00	1250.00	1230.00	1330.00	1300.00	1400.00	1370.00	1480.00
48	876.00	855.00	963.00	1190.00	1280.00	1260.00	1360.00	1340.00	1450.00	1420.00	1530.00	1490.00	1610.00
50	950.00	928.00	1040.00	1290.00	1390.00	1370.00	1480.00	1460.00	1570.00	1540.00	1660.00	1620.00	1740.00
52	1030.00	1000.00	1130.00	1400.00	1510.00	1490.00	1600.00	1570.00	1700.00	1660.00	1800.00	1750.00	1890.00
54	1110.00	1080.00	1220.00	1510.00	1620.00	1600.00	1730.00	1700.00	1830.00	1790.00	1940.00	1890.00	2030.00
56	1190.00	1160.00	1310.00	1620.00	1750.00	1720.00	1860.00	1830.00	1970.00	1930.00	2080.00	2030.00	2190.00
58	1280.00	1250.00	1410.00	1740.00	1880.00	1850.00	1990.00	1960.00	2110.00	2070.00	2240.00	2180.00	2350.00
60	1370.00	1340.00	1500.00	1860.00	2010.00	1980.00	2140.00	2100.00	2260.00	2220.00	2400.00	2330.00	2510.00

注：钢丝绳公称直径（D）允许偏差 0～5%。

（2）钢丝绳的安全系数

钢丝绳的安全系数可按表 2-4 对照现场实际情况进行选择。

（3）钢丝绳的允许拉力

允许拉力是钢丝绳实际工作中所允许的实际载荷，其与钢丝绳的最小破断拉力和安全系数关系式为：

$$[F]=\frac{F_0}{K} \tag{2-2}$$

式中 $[F]$——钢丝绳允许拉力，kN；

F_0——钢丝绳最小破断拉力，kN；

K——钢丝绳的安全系数。

【**例 2-1**】一规格为 6×19S+FC、公称抗拉强度为 1570MPa、直径为 16mm 的钢丝绳，试确定使用单根钢丝绳所允许吊起的重物的最大重量。

【**解**】已知钢丝绳规格为 6×19S+FC，R_0=1570MPa，D=16mm

查表 2-3 知，F_0=133kN

根据题意，该钢丝绳属于用做捆绑吊索，查表 2-2 知，K=8，根据式（2-2）：

$$[F]=\frac{F_0}{K}=\frac{133}{8}=16.625(\mathrm{kN})$$

该钢丝绳作捆绑吊索所允许吊起的重物的最大重量为 16.625kN。

在起重作业中，钢丝绳所受的应力很复杂，虽然可用数学公式进行计算，但因实际使用场合下计算时间有限，且也没有必要算得十分精确，因此人们常用估算法：

1）破断拉力：

$$Q \approx 50D^2 \tag{2-3}$$

式中 Q——公称抗拉强度 1570MPa 时的破断拉力，kg；

D——钢丝绳直径，mm；

2）使用拉力：

$$P \approx \frac{50D^2}{K} \tag{2-4}$$

式中 P——钢丝绳使用近似拉力，kg；

D——钢丝绳直径，mm；

K——钢丝绳的安全系数。

【**例 2-2**】选用一根直径为 16mm 的钢丝绳用于吊索，设定安全系数为 8，试问它的破断力和使用拉力各为多少？

【**解**】已知 D=16mm　K=8

$$Q \approx 50D^2 = 50 \times 16^2 = 12800(\mathrm{kg})$$

$$P \approx \frac{50D^2}{K} = \frac{50 \times 16^2}{8} = 1600(\mathrm{kg})$$

该钢丝绳的破断拉力为 12800kg，允许使用拉力为 1600kg。

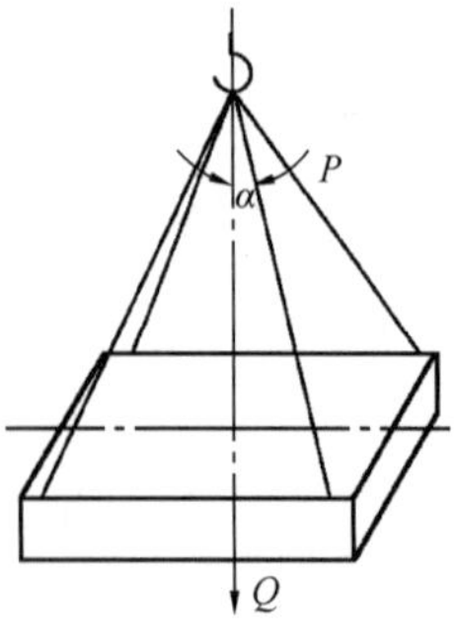

图 2-23　四绳吊装图示

3. 吊索拉力的计算

施工现场常用 2 根、3 根、4 根等多根吊索吊运同一物体，在吊索垂直受力情况下，其安全负荷量原则上是以单根的负荷量分别乘以 2、3 或 4。而实际吊装中，用 2 根以上吊索吊装，其吊绳间是有夹角的，吊同样重的物件，吊绳间夹角不同，单根吊索所受的拉力是不同的。

一般用若干根钢丝绳吊装某一物体，如图 2-23 所示。要计算钢丝绳的承受力，见式（2-5）：

$$P=\frac{Q}{n}\times\frac{1}{\cos\alpha} \tag{2-5}$$

如果以 $K_1=\frac{1}{\cos\alpha}$，公式可以写成：

$$P=K_1\cdot\frac{Q}{n} \tag{2-6}$$

式中 P——钢丝绳的承受力，kN；

Q——吊物重力，kN；

n——钢丝绳的根数；

K_1——随钢丝绳与吊垂线夹角 α 变化的系数，见表 2-6。

随 α 角度变化的 K_1 值 **表 2-6**

α	0°	15°	20°	25°	30°	35°	40°	45°	50°	55°	60°
K_1	1	1.035	1.06	1.10	1.15	1.22	1.31	1.41	1.56	1.75	2

由公式（2-5）和图 2-24 可知：若重力 Q 和钢丝绳数目 n 一定时，系数的 K_1 越大（α 角越大），钢丝绳承受力也越大。因此，在起重吊装作业中，捆绑钢丝绳时，必须掌握下面的专业知识：

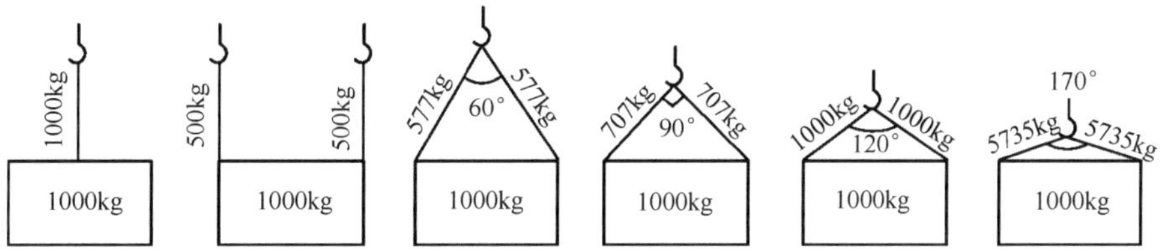

图 2-24 吊索分支拉力计算数据图示

（1）吊绳间的夹角越大，张力越大，单根吊绳的受力也越大；反之，吊绳间的夹角越小，吊绳的受力也越小。所以吊绳间夹角小于 60°为最佳；夹角不允许超过 120°。

（2）捆绑方形物体起吊时，吊绳间的夹角有可能达到 170°左右，此时，钢丝绳受到的拉力会达到所吊物体重力的 5～6 倍，很容易拉断钢丝绳，因此危险性很高。120°可以看作是起重吊运中的极限角度。另外，夹角过大容易造成脱钩。

（3）绑扎时吊索的捆绑方式也影响其安全起重量。因此在进行绑扎吊索的强度计算时，其安全系数应取大一些，在估算钢丝绳直径时，应按图 2-25 所示进行折算。如果吊绳间有夹角，在计算吊绳安全载荷的时候，应

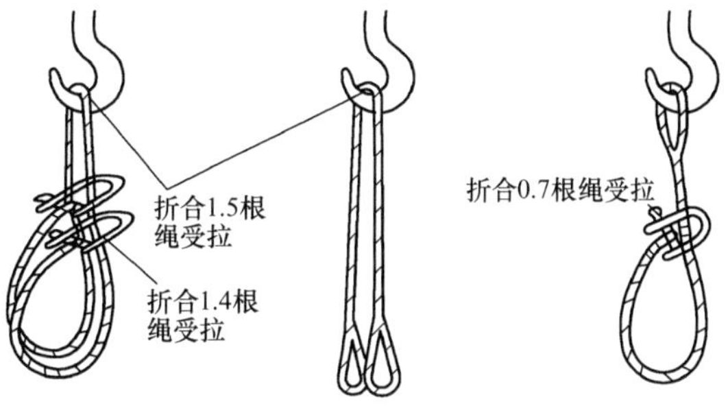

图 2-25 捆绑绳的折算

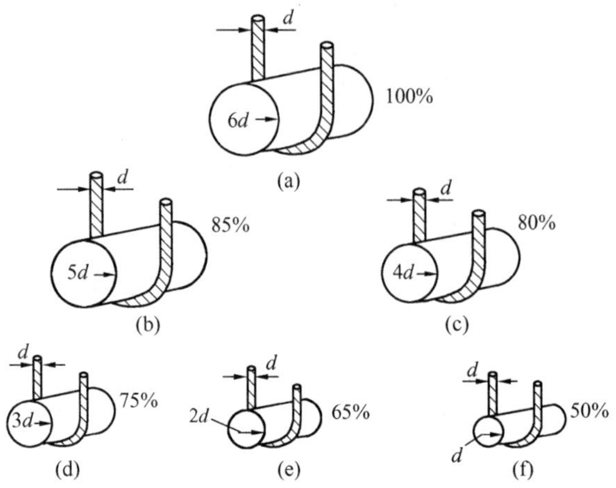

图 2-26　起吊钢丝绳曲率图

根据夹角的不同，分别再乘以折减系数。

（4）钢丝绳的起重能力不仅与起吊钢丝绳之间的夹角有关，而且与捆绑时钢丝绳的曲率半径有关。一般钢丝绳的曲率半径大于绳径 6 倍以上，起重能力不受影响。当曲率半径为绳径的 5 倍时，起重能力降至原起重能力的 85%；当曲率半径为绳径的 4 倍时，降至 80%；3 倍时降至 75%，2 倍时降至 65%，1 倍时降至 50%。如图 2-26 所示。钢丝绳之间的连接应该使用卸扣，钢丝绳直径在 13mm 以下时，一般采用大于钢丝绳直径 3～5mm 的卸扣；钢丝绳直径在 15～26mm 时，采用大于钢丝绳直径 5～6mm 的卸扣；钢丝绳直径在 26mm 以上时，采用大于钢丝绳直径 8～10mm 的卸扣。

钢丝绳之间的连接也可以采用套环来衬垫连接，其目的都是为了保证钢丝绳的曲率半径不至于过小，从而降低钢丝绳的起重能力，甚至产生剪切力。

2.5.3　卸扣

卸扣又称卡环，是起重作业中广泛使用的连接工具，它与钢丝绳等索具配合使用，拆装颇为方便。

1. 卸扣的分类

（1）按其外形分为直形和椭圆形，如图 2-27 所示。

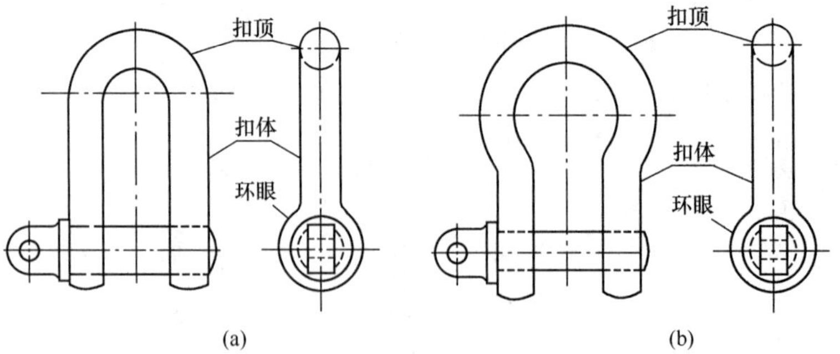

图 2-27　卸扣

（a）直形卸扣；（b）椭圆形卸扣

（2）按活动销轴的形式可分为销子式和螺栓式，如图 2-28 所示。

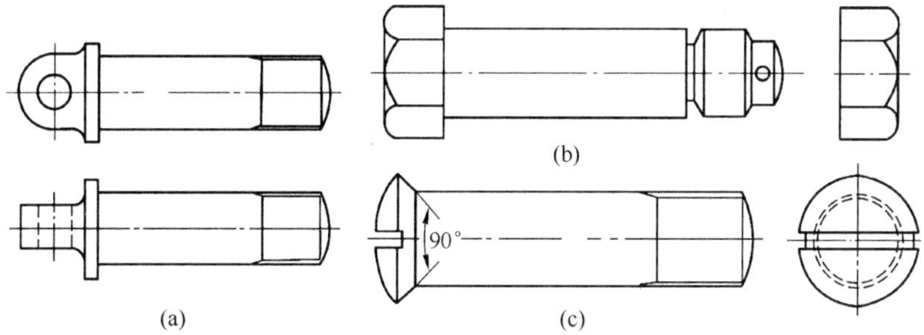

图 2-28 销轴的几种形式

(a) W 形，带有环眼和台肩的螺纹销轴；(b) X 形，六角头螺栓、六角螺母和开口销；(c) Y 形，沉头螺钉

2. 卸扣使用注意事项

(1) 卸扣必须是锻造的，一般是用 20 号钢锻造后经过热处理而制成，以便消除残余应力和增加其韧性。不能使用铸造和补焊的卸扣。

(2) 使用时不得超过规定的荷载，应使销轴与扣顶受力，不能横向受力。横向使用会造成扣体变形。

(3) 吊装时使用卸扣绑扎，在吊物起吊时应使扣顶在上销轴在下，如图 2-29 所示，使绳扣受力后压紧销轴，销轴因受力，在销孔中产生摩擦力，使销轴不易脱出。

(4) 不得从高处往下抛掷卸扣，以防止卸扣落地碰撞而变形和内部产生损伤及裂纹。

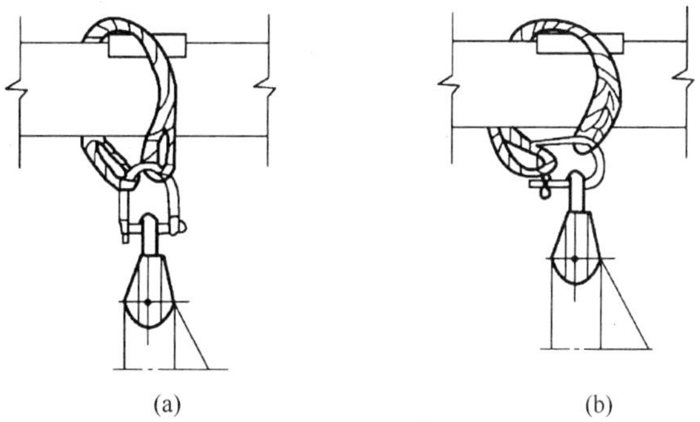

图 2-29 卸扣的使用示意图

(a) 正确的使用方法；(b) 错误的使用方法

3. 卸扣的报废

卸扣出现以下情况之一时，应予以报废：

(1) 可见裂纹。

(2) 磨损达原尺寸的 10%。

(3) 本体变形达原尺寸的 10%。

(4) 销轴变形达原尺寸的 5%。

(5) 螺栓坏丝或滑丝。

(6) 卸扣不能闭锁。

2.5.4 螺旋扣

1. 螺旋扣的型式

螺旋扣又称“花兰螺丝”，如图 2-30 示，其主要用在张紧和松弛拉索、缆风绳等，

故又被称为“伸缩节”。其形式有多种，尺寸大小则随负荷轻重而有所不同。其结构形式如图 2-31 所示。

图 2-30　螺旋扣

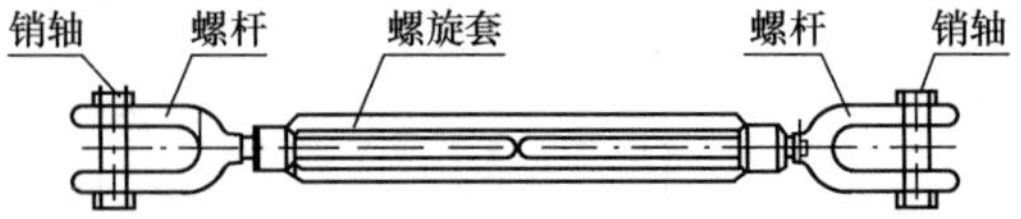

图 2-31　螺旋扣结构示意图

2. 螺旋扣使用注意事项

（1）使用时应钩口向下。

（2）防止螺纹轧坏。

（3）严禁超负荷使用。

（4）长期不用时，应在螺纹上涂好防锈油脂。

2.5.5　其他索具

在起重作业中，常使用绳索绑扎、搬运和提升重物，它与取物装置（如吊钩、吊环、卸扣等）组成各种吊具。

1. 白棕绳

（1）白棕绳的用途和特点

白棕绳是起重作业中常用的轻便绳索，具有质地柔软、携带方便和容易绑扎等优点，但其强度比较低。一般白棕绳的抗拉强度仅为同直径钢丝绳的 10%左右，易磨损。因此，白棕绳主要用于绑扎及起吊较轻的物件和起重量比较小的扒杆缆风绳索。

白棕绳有涂油和不涂油之分。涂油的白棕绳抗潮湿防腐蚀性能较好，其强度比不涂油的一般要低 10%～20%；不涂油的在干燥情况下，强度高、弹性好，但受潮后强度降低约 50%。白棕绳有三股、四股和九股捻制的，特殊情况下有十二股捻制，其中最常用的是三股捻制品。

（2）白棕绳的受力计算

为了保证起重作业的安全，白棕绳在使用中所受的极限工作载荷（最大工作拉力）应比白棕绳试验时的破断拉力小，白棕绳的承载力可采用近似法计算。白棕绳的安全系数见表 2-7。

白棕绳的安全系数　　**表 2-7**

使用情况	地面水平运输设备	高空系挂或吊装设备	用慢速机械操作，环境温度在 40～50℃
安全系数 k	3	5	10

1）近似破断拉力：

$$S_{破断} = 50d^2 \tag{2-7}$$

式中　$S_{破断}$——近似破断拉力，N；

d——白棕绳直径，mm。

2）极限工作拉力：

$$S_{极限}=\frac{S_{破断}}{k}=50\frac{d^2}{k} \tag{2-8}$$

式中 $S_{破断}$——近似破断拉力，N；

$S_{极限}$——极限工作拉力（最大工作拉力），N；

d——白棕绳直径，mm；

k——白棕绳安全系数。

【例 2-3】 假设采用 ϕ16mm 白棕绳吊装设备，试用近似法计算其破断拉力和极限工作拉力。

【解】 已知 d=16mm，查表 2-10，k=5，则

$$S_{破断}=50d^2=50\times 16^2=12800(\mathrm{N})$$

$$S_{极限}=50\frac{d^2}{k}=50\times\frac{16^2}{5}=2560(\mathrm{N})$$

白棕绳的破断拉力和极限工作拉力分别为 12800N 和 2560N。

（3）白棕绳使用注意事项

1）白棕绳一般用于质量较轻物件的捆绑、滑车作业及扒杆用绳索等。起重机械或受力较大的作业不得使用白棕绳。

2）使用前，必须查明允许拉力，严禁超负荷使用。

3）用于滑车组的白棕绳，为了减少其所承受的附加弯曲力，滑轮的直径应比白棕绳直径大 10 倍以上。

4）使用中，如果发现白棕绳连续向一个方向扭转时，应抖直，有绳结的白棕绳不得穿过滑车。

5）在绑扎各类物件时，应避免白棕绳直接和物件的尖锐边缘接触，接触处应加麻袋、帆布或薄铁皮、木片等衬物。

6）不得在尖锐、粗糙的物件上或地上拖拉。

7）穿过滑轮时，不应脱离轮槽。

8）应储存在干燥和通风好的库房内，避免受潮或高温烘烤；不得将白棕绳和有腐蚀作用的化学物品（如碱、酸等）接触。

2. 尼龙绳和涤纶绳

（1）尼龙绳和涤纶绳的特点

尼龙绳和涤纶绳可用来捆绑、吊运表面粗糙、精度要求高的机械零部件及有色金属制品。

尼龙绳和涤纶绳具有质量轻、质地柔软、弹性好、强度高、耐腐蚀、耐油、不生蛀虫及霉菌、抗水性能好等优点。其缺点是不耐高温，使用中应避免高温及锐角损伤。

（2）尼龙绳的受力计算

尼龙绳、涤纶绳计算公式：

1）近似破断拉力：

$$S_{破断}=110d^2 \tag{2-9}$$

式中　$S_{破断}$——近似破断拉力，N；

d——尼龙绳、涤纶绳直径，mm。

2）极限工作拉力：

$$S_{极限}=\frac{S_{破断}}{k}=110\frac{d^2}{k} \tag{2-10}$$

式中　$S_{极限}$——极限工作拉力（最大工作拉力），N；

d——尼龙绳、涤纶绳直径，mm；

k——尼龙绳、涤纶绳安全系数。

尼龙绳、涤纶绳安全系数可根据工作使用状况和重要程度选取，但不得小于 6。

3. 常用绳索打结方法

绳索在使用过程中打成各式各样的绳结，常用的结绳法参见表 2-8。

钢丝绳及白棕绳的结绳法　　**表 2-8**

序号	结绳名称	简图	用途及特点
1	直结（又称平结、交叉结、果子口）	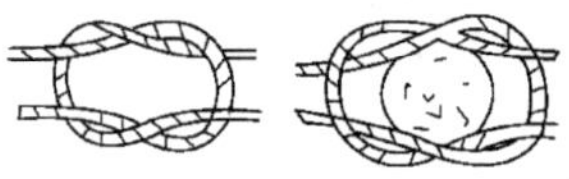	用于白棕绳两端的连接，连接牢固，中间放一段木棒易解
2	活结		用于白棕绳迅速解开时
3	组合结（又称单帆索结、三角扣及单绕式双插法）		用于钢丝绳或白棕绳的连接。比较易结易解，也可用于不同粗细绳索两端的连接
4	双重组合结（又称双帆结、多绕式双插结）	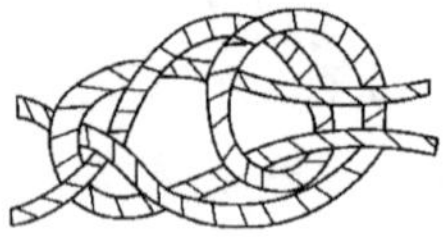	用于白棕绳或钢丝绳两端有拉力时的连接及钢丝绳端与套环相连接。绳结牢靠
5	套连环结		将钢丝绳或白棕绳与吊环连接在一起时用
6	海员结（又称琵琶结、航海结、滑子扣）	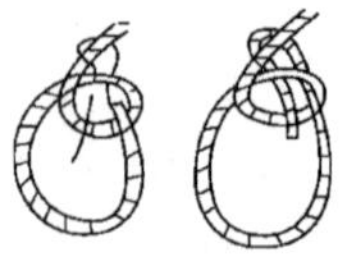	用于白棕绳绳头的固定，系结杆件或是拖拉物件。绳结牢靠，易解，拉紧后不出死结

续表

序号	结绳名称	简图	用途及特点
7	双套扣（又称锁圈结）		用途同上，也可做吊索用。结绳牢固、可靠、迅速，解开方便，可用于钢丝绳中段打结
8	梯形结（又称八字扣、猪蹄扣、环扣）	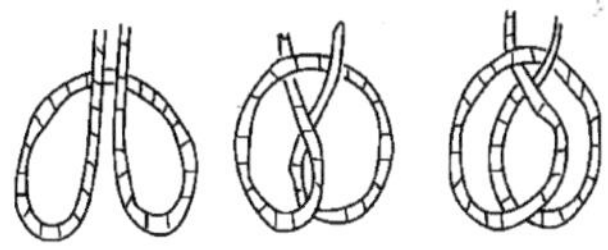	在人字及三角桅杆拴拖拉绳，可在绳中间打结，也可抬吊重物。绳圈易扩大或缩小。绳结牢靠又易解
9	拴住结（又称锚固结）	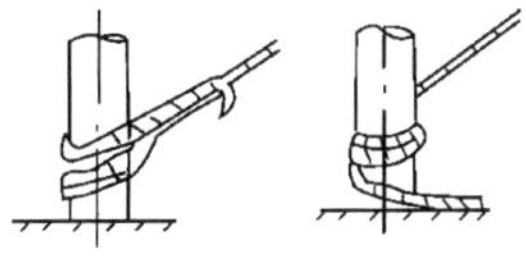	（1）用于缆风绳固定端绳结。 （2）用于松溜绳结，可以在受力后慢慢放松，活头应该在下面
10	双梯形结（又称鲁班结）	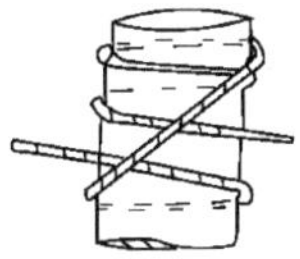	主要用于拔桩及桅杆绑扎缆风绳等。绳结紧不易松脱
11	单套结（又称十字结）	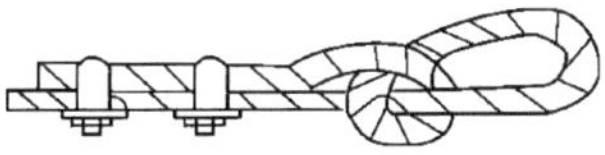	用于连接吊索或钢丝绳的两端或固定绳索用
12	双套结（又称双十字结、对结）	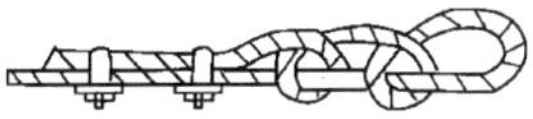	用于连接吊索或钢丝绳的两端，固定绳端
13	抬扣（又称杠棒扣）		以白棕绳搬运轻量物体时用，抬起重物时自然收紧。结绳、解绳迅速
14	死结（又称死圈扣）	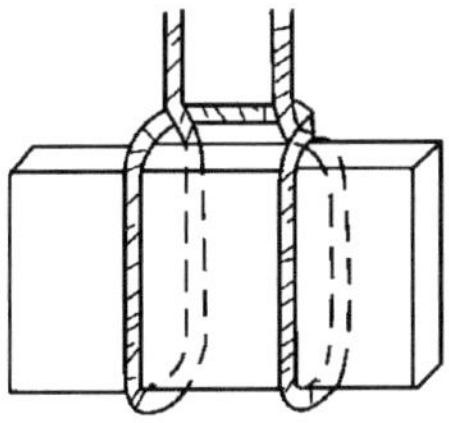	用于重物吊装捆绑，方便、牢固、可靠
15	水手结	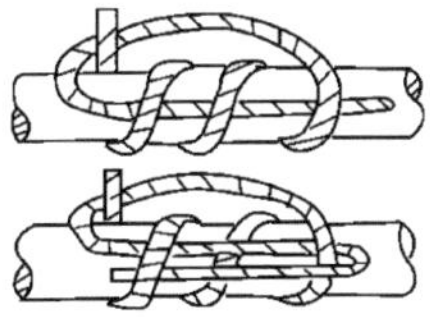	用于吊索直接系结杆件起吊，可自动勒紧，容易解开绳索

续表

序号	结绳名称	简图	用途及特点
16	瓶口结	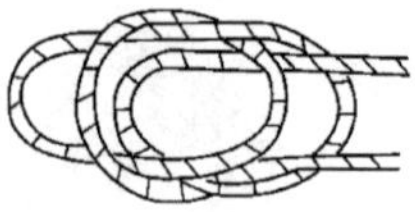	用于拴绑起吊圆柱形杆件。特点是愈拉愈紧
17	桅杆结	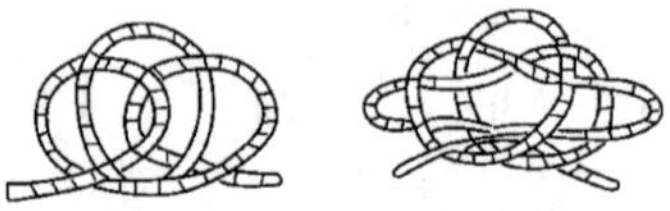	用于树立桅杆，牢固、可靠
18	挂钩结		用于起重吊钩上，特点是结实方便，不易脱钩
19	抬杠结	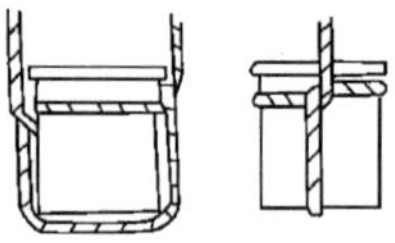	用于抬杠或吊运圆桶物体

3 塔式起重机基本构造

3.1 塔机的分类

最新颁布的国家标准《塔式起重机》GB/T 5031—2019 条款 4 中明确规定了塔式起重机的分类要求。塔式起重机以下简称塔机。

1. 按组装方式

塔机按组装方式分为自行架设塔机和组装式塔机。

2. 按回转部位

塔机按回转部位分为上回转塔机和下回转塔机。

3. 组装式塔机按上部结构特征

组装式塔机按上部结构特征分为水平臂（含平头式）小车变幅塔机、倾斜臂小车变幅塔机、动臂变幅塔机、伸缩臂小车变幅塔机和折臂小车变幅塔机。

动臂变幅塔机按臂架结构型式分为定长臂动臂变幅塔机与铰接臂动臂变幅塔机。

4. 组装式塔机按中部结构特征

组装式塔机按中部结构特征分为爬升式塔机和定置式塔机。

5. 爬升式塔机按爬升特征

爬升式塔机按爬升特征分为内爬式塔机和外爬式塔机。

6. 按基础特征

组装式塔机按基础特征分为轨道运行式塔机和固定式塔机，固定式塔机又分为固定底架压重塔机和固定基础塔机。

自行架设塔机按基础特征分为轨道运行式塔机和固定式塔机。

7. 自行架设塔机按上部结构特征

自行架设塔机按上部结构特征分为水平臂小车变幅塔机、倾斜臂小车变幅塔机、动臂变幅塔机。

8. 自行架设塔机按转场运输方式

自行架设塔机按转场运输方式分为车载式和拖行式。

图 3-1 中，(a) 为组装式、上回转、铰接动臂变幅、定置式、固定基础、车载式塔机；(b) 为组装式、上回转、平头式小车变幅、定置式、外爬式、固定底架压重、车载式塔机；(c) 为组装式、上回转、水平臂小车变幅、定置式、外爬式、轨道行走式、车载式塔机；(d) 为组装式、上回转、水平臂小车变幅、附着式、外爬式、固定基础、

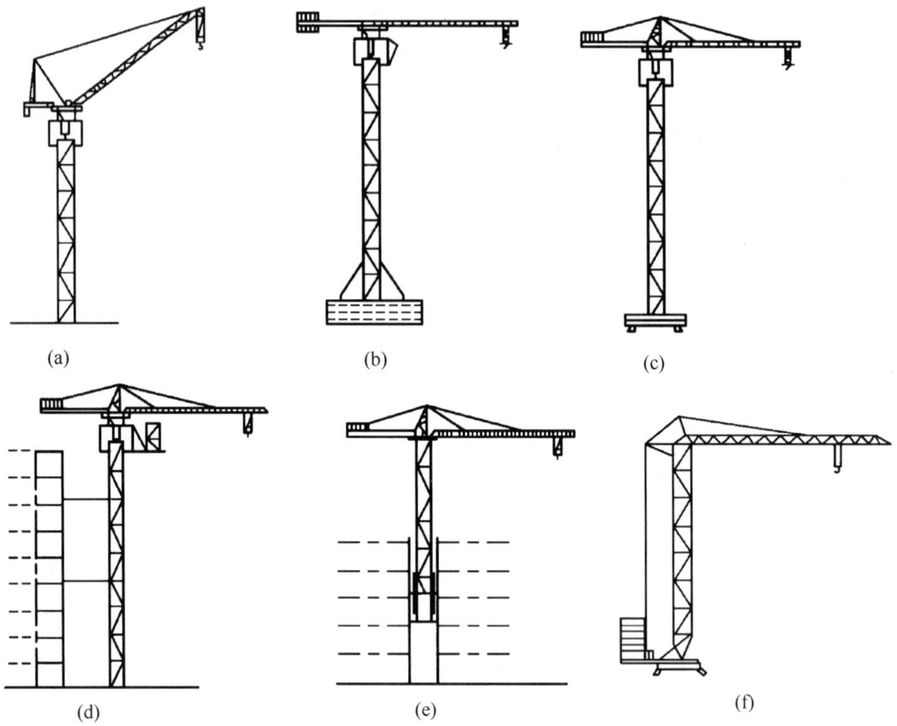

图 3-1　塔机常见型式图

车载式塔机；（e）为组装式、上回转、水平臂小车变幅、内爬式、车载式塔机；（f）为自行架设、下回转、水平臂小车变幅、拖行式塔机。

3.2　塔机的基本技术参数

塔机的基本技术参数包括主参数和基本参数。

3.2.1　塔机的主参数

塔机的主参数是额定起重力矩。

1. 定义

额定起重力矩：与基本臂最大幅度相同或相近臂长组合状态，基本臂最大幅度与相应额定起重量的乘积（t·m）。

2. 意义

额定起重力矩是塔机工作能力的最重要参数，它是塔机工作时保持塔机稳定性的控制值。

额定起重力矩相对于塔身而言是一恒值，其公式可表达为：

$$M = (R - r) \times (G_1 + G) \tag{3-1}$$

式中 M——额定起重力矩，t·m；

R——工作幅度，m；

r——塔机中心至起重臂根部铰点的距离，m；

G_1——包括小车、吊钩、吊具等在内的重量，t；

G——相应工作幅度处的额定载重量，t。

根据上式，塔机可以绘制成起重特性曲线图或制定起重特定的性能表，使操作人员明白在不同幅度下的额定起重量，防止超载。因此安装不同的臂长，都有其特定的起重曲线和起重性能表格。TC5013 塔机工作幅度为 50m，该幅度额定起重量 1.3t，最大吊重 6t，其起重特定的性能表格如表 3-1 所示。

5013 型塔机起重特性表 **表 3-1**

<table>
<tr><td colspan="2">幅度（m）</td><td colspan="2">2～13.72</td><td>14</td><td>14.48</td><td>16</td><td>17</td><td>18</td><td>19</td></tr>
<tr><td rowspan="2">吊重（t）</td><td>2 绳</td><td colspan="2">3</td><td>3</td><td>3</td><td>3</td><td>3</td><td>3</td><td>3</td></tr>
<tr><td>4 绳</td><td colspan="2">6</td><td>5.865</td><td>5.646</td><td>5.046</td><td>4.712</td><td>4.417</td><td>4154</td></tr>
<tr><td colspan="2">幅度（m）</td><td>20</td><td>21</td><td>22</td><td>23</td><td>25</td><td>25.23</td><td>26</td><td>26.67</td></tr>
<tr><td rowspan="2">吊重（t）</td><td>2 绳</td><td>3</td><td>3</td><td>3</td><td>3</td><td>3</td><td rowspan="2">3</td><td rowspan="2">2.897</td><td rowspan="2">2.812</td></tr>
<tr><td>4 绳</td><td>3.918</td><td>3.706</td><td>3.514</td><td>3.339</td><td>3.032</td></tr>
<tr><td colspan="2">幅度（m）</td><td>27</td><td>28</td><td>29</td><td>30</td><td>32</td><td>33</td><td>34</td><td>35</td></tr>
<tr><td rowspan="2">吊重（t）</td><td>2 绳</td><td rowspan="2">2.772</td><td rowspan="2">2.656</td><td rowspan="2">2.549</td><td rowspan="2">2.449</td><td rowspan="2">2.268</td><td rowspan="2">2.186</td><td rowspan="2">2.108</td><td rowspan="2">2.036</td></tr>
<tr><td>4 绳</td></tr>
<tr><td colspan="2">幅度（m）</td><td>36</td><td>37</td><td>38</td><td>39</td><td>41</td><td>42</td><td>43</td><td>44</td></tr>
<tr><td rowspan="2">吊重（t）</td><td>2 绳</td><td rowspan="2">1.967</td><td rowspan="2">1.902</td><td rowspan="2">1.841</td><td rowspan="2">1.783</td><td rowspan="2">1.676</td><td rowspan="2">1.626</td><td rowspan="2">1.578</td><td rowspan="2">1.533</td></tr>
<tr><td>4 绳</td></tr>
<tr><td colspan="2">幅度（m）</td><td>45</td><td>46</td><td>47</td><td>48</td><td>50</td><td></td><td></td><td></td></tr>
<tr><td rowspan="2">吊重（t）</td><td>2 绳</td><td rowspan="2">1.490</td><td rowspan="2">1.449</td><td rowspan="2">1.409</td><td rowspan="2">1.371</td><td rowspan="2">1.300</td><td rowspan="2"></td><td rowspan="2"></td><td rowspan="2"></td></tr>
<tr><td>4 绳</td></tr>
</table>

3.2.2 塔机的其他参数

塔机的其他参数包括最大起重力矩、起升高度、独立高度、工作速度、幅度、起重机重量、轨距、轴距及尾部尺寸等，这些参数应与供需双方提供的资料中规定的内容相符。如表 3-2 所示。

塔机参数及定义　　　　表 3-2

技术参数	定　　义
最大起重力矩	最大额定起重量重力与其在设计确定的各种组合臂长中所能达到的最大工作幅度的乘积（t·m）
独立起升高度	塔机运行或固定独立状态时，空载、塔身处于最大高度、吊钩处于最小幅度外，吊钩支承面对塔机基准面的允许最大垂直距离
起升高度	起重机支承面至取物装置最高工作位置之间的垂直距离：对于吊钩和货叉，量至其支承面；对于其他取物装置，量至其最低点（闭合状态）
起升速度	在稳定运动状态下，工作载荷的垂直位移速度
小车变幅速度	对小车变幅塔机，吊载最大幅度时的额定起重量，小车稳定运行的速度
全程变幅时间	对动臂变幅塔机，吊载最大幅度时的额定起重量，臂架仰角从最小角度到最大角度所需要的时间
回转速度	额定起重力矩载荷状态、吊钩位于最大高度时的稳定回转速度
慢降速度	当起升滑轮组为最小倍率，吊有该倍率允许的最大额定起重量时，吊钩稳定下降时的最低速度
运行速度	空载，起重臂平行于轨道方向时塔机稳定运行的速度
幅度	起重机置于水平场地时，从其回转平台的回转中心线至取物装置（空载时）垂直中心线的水平距离
轨距（基距）	（流动式起重机或行走式起重机）沿平行于起重机纵向运行方向测定的起重机支承中心线之间的距离
起重机轮距	（臂架起重机）钢轨轨道中心线或起重机运行车轮踏面中心线之间的水平距离
尾部回转半径	与臂架相反方向的起重机回转部分的最大回转半径
总质量	包括压重和平衡重以及按规定量加足的燃料、油品、润滑剂和水在内的起重机质量

3.2.3　塔机的规格型号

国家标准《塔式起重机》GB/T 5031—2019 条款 4.2.1 中规定：制造商应在产品技术资料、样本和产品显著部位标识产品型号，型号中至少应包含塔机的额定起重力矩，单位为吨·米（t·m）。

额定起重力矩　　　　表 3-3

<table>
<tr><th>额定起重力矩（t·m）</th><th>基本臂最大幅度（m）</th><th>相应额定起重量（t）</th></tr>
<tr><td>16</td><td>16</td><td rowspan="3">1</td></tr>
<tr><td>20</td><td>20</td></tr>
<tr><td>25</td><td rowspan="2">25</td></tr>
<tr><td>31.5</td><td>1.26</td></tr>
<tr><td>40</td><td rowspan="2">30</td><td>1.34</td></tr>
<tr><td>50</td><td>1.67</td></tr>
<tr><td>63</td><td rowspan="2">35</td><td>1.8</td></tr>
<tr><td>80</td><td>2.29</td></tr>
<tr><td>100</td><td rowspan="2">40</td><td>2.5</td></tr>
<tr><td>125</td><td>3.13</td></tr>
</table>

续表

额定起重力矩（t·m）	基本臂最大幅度（m）	相应额定起重量（t）
160	45	3.56
200		4.4
250		5.6
315	50	6.3
400		8
500		10
630	55	11.46
>630		

注：塔机最大幅度小于上表基本臂最大幅度时，额度起重力矩为设计最大幅度与相应额定起重量重力的乘积。

目前大部分塔机生产厂家，根据国外标准，用塔机最大臂长（m）与臂端（最大幅度）处所能吊起的额定重量（kN）两个主参数来标记塔机的型号。

例如，某厂家生产的 TC5510 其含义：

TC，塔机的英文首字母（Tower Crane）；55，最大臂长 55m；10，臂端额定起重量 10kN（1.0t）。

塔机的型号主要体现塔机的实际工作能力，包括最大的载重量、最大的工作幅度、最大工作幅度处的额定载重量和最大的独立起升高度等。

3.3　塔机的金属结构

塔机的金属结构，如图 3-2 所示上回转塔机为例，主要由底架与基础、塔身及套

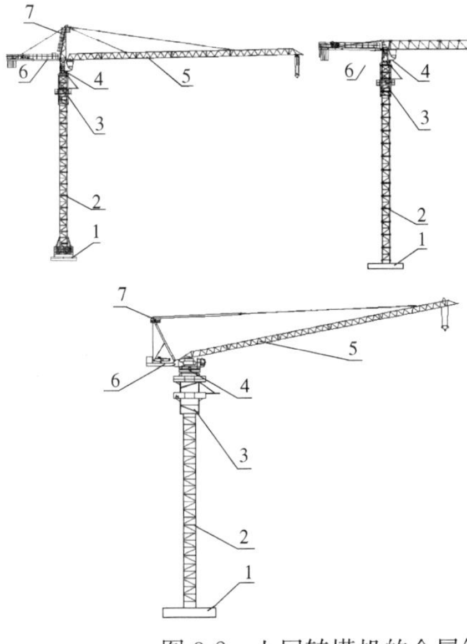

图 3-2　上回转塔机的金属结构
1—底架与基础；2—塔身；3—套架；4—回转总成；5—起重臂；6—平衡臂；7—塔帽

架、回转总成、起重臂、平衡臂、塔帽等主要部件组成。金属结构承受整机的自重以及作业时各种外载荷，是塔机的关键组成部分。金属结构的设计是否合理，对于塔机运行是否安全、安装拆卸是否方便、起重性能是否先进、能耗是否降低等等至关重要。

3.3.1 塔机底架与基础

塔机的底架结构根据塔机的基础形式来确定。

1. 轨道式基础

具有运行轨道的基础，其底架为压重式运行底架，底架上有行走机构和电缆卷筒，行走机构的行走速度一般为 10～30m/min，行走机构电机带制动器，通过减速机驱动行走轮，驱动整机在轨道上运行；电缆卷筒根据行走机构的运行方向收卷和放松电缆，为行走机构提供动力，根据电缆卷筒型号最大可供塔机行走 300m 左右。轨道运行的塔机在专设的轨道上运行，稳定性好，能带负荷行走，工作效率比较高，其缺点是铺设轨道施工难度大，占地面积大，运行成本高，塔机的起升高度受限。

目前，建筑施工现场轨道运行塔机较为少见，此处不再赘述。

2. 固定基础

固定基础常采用混凝土现浇或预制式分体基础。根据基础的形状常称为，X 型固定基础（也称十字梁固定基础）和方形固定基础。

X 型固定基础，其底架又分为十字梁基础和十字底梁压重基础，前者需要在基础内设计足够的预埋地脚螺栓；方形固定基础，塔机为无底架设计。

（1）X 型固定基础

十字梁基础其形状为了与塔机十字型底架相适应，塔机底架的十字梁通过预埋地脚螺栓和压板与混凝土基础相连，使基础与塔机成为一体，将塔机的自重及各种外部载荷传递给塔机基础，起到固定塔机和克服塔机倾覆力矩的作用，保证塔机的整体稳定性（图 3-3）。中小型塔机多采用这种基础。

十字底梁压重基础的结构形式与十字底梁固定基础的结构形式基本一样，由于在十字梁上放置压重块，满足塔机的整体稳定性，所以十字底梁的混凝土结构较小。塔机再次安装时，压重块可以重复利用，节能环保，但是混凝土压重块的运输成本也比较高。十字底梁压重基础及压重块的放置如图 3-4 所示。

（2）方形固定基础

无底梁的方形固定基础，结构原理是将塔身直接与固定基础相连，主要有预埋支腿、预埋标准节和预埋地脚螺栓后采用支脚或底梁与塔身相连（图 3-5）。

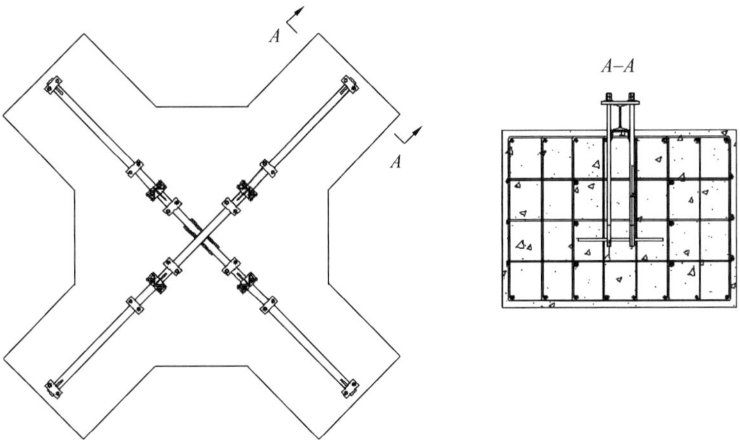

图 3-3 十字梁基础

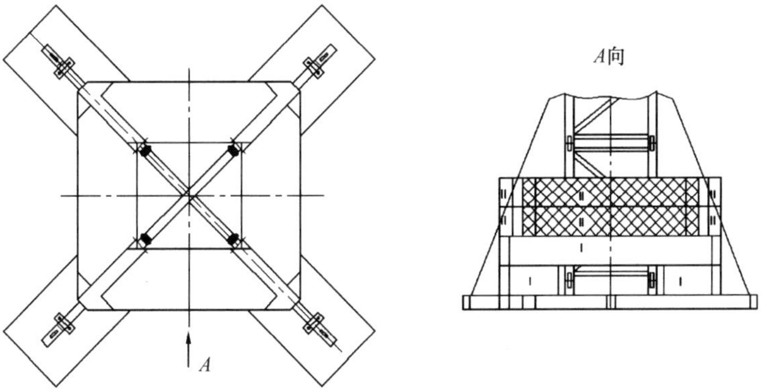

图 3-4 十字底梁压重基础

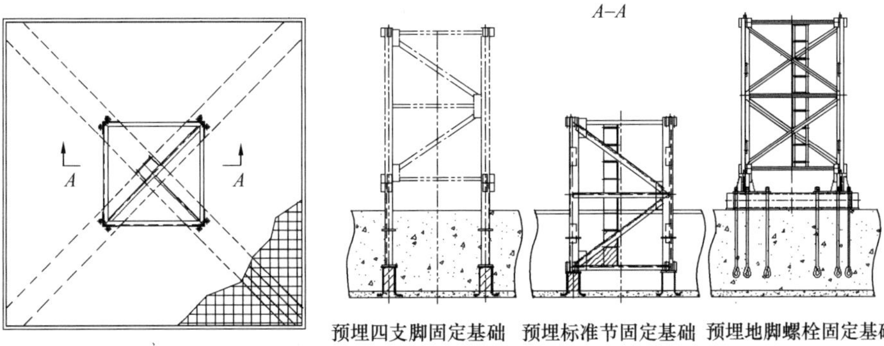

预埋四支脚固定基础 预埋标准节固定基础 预埋地脚螺栓固定基础

图 3-5 方形固定基础

3.3.2 塔身

塔身是塔式起重机的主要金属结构，支撑着塔机上部的重量及各类外部荷载，主要承受弯矩、垂直载荷、水平载荷和扭矩。

1. 标准节的组装形式

标准节本身可以做成整体式和组装式两种。整体式标准节结构加工简单，便于控制焊接变形，中小型塔机的标准节一般都采用整体式；组装式标准节一般为其中一根主肢与一侧腹杆焊接成 L 形桁架结构，每节由 4 片组成，也有焊接成两片结构或 4 个主肢加腹杆结构的，组装式标准节的工艺要求高、加工精度高，组装难度大，但是其优越性也比较明显：堆放储存占地小，装卸容易，运输占用空间小，特别适合长途陆运和远洋海运，节省运费。

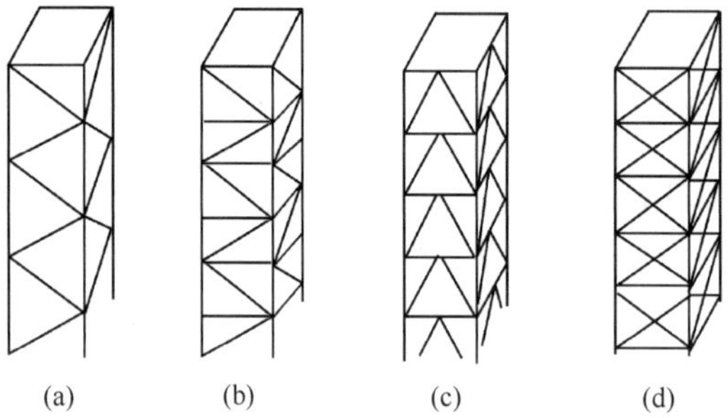

图 3-6 塔身的腹杆形式

(a)(b)K 字形；(c) 三角形；(d) 交叉腹杆

2. 标准节腹杆形式

为了方便塔身制作、运输和安装，塔身结构一般由若干个标准节连接而成，国内外塔机的标准节均为方形断面结构，多采用各类型钢的焊接结构，腹杆的布置形式也有多种，如图 3-6 所示有 K 字形、三角形、交叉腹杆等。

3. 标准节主肢型钢

标准节的主肢型钢主要有角钢、方管、圆管、圆钢、H 型钢和其他拼接型钢结构，根据结构需要腹杆也相应地选用角钢、圆管、方管等。当选用方管、圆管等腔体结构时，防腐、防水要求较高。

4. 标准节与标准节的连接方式

标准节之间的连接市场上普遍采用螺栓连接和销轴连接两种方式，标准节之间的连接螺栓为高强度螺栓，安装时要施加足够的预紧力矩，使用过程中要经常检查是否松动。采用销轴连接时，使用过程中避免了松动的问题，但是销轴和销孔之间的配合要求较高，配合过松时，销轴孔容易变形，修复较为困难或导致标准节报废。如图3-7、图 3-8 所示。

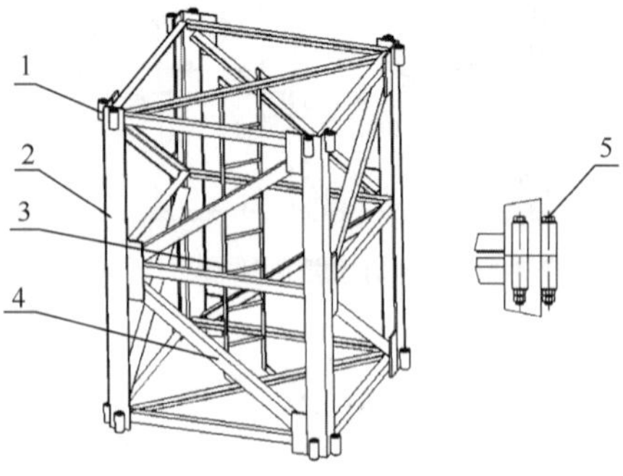

图 3-7 整体式标准节

1—标准节连接套；2—标准节主肢；3—爬梯；4—标准节腹杆；5—高强螺栓组

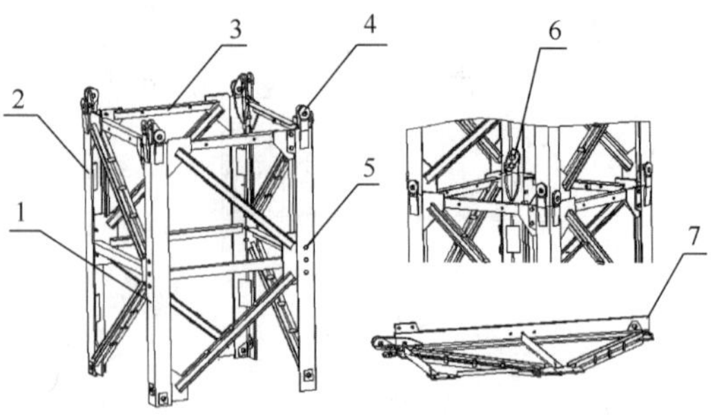

图 3-8 片式组装标准节

1—标准节 A 片；2—标准节 B 片；3—标准节 C 片；4—标准节 D 片；5—铰制孔螺栓；6—连接销轴；7—标准节 A 片

3.3.3 爬升套架

爬升套架也叫顶升套架，可结合液压油缸、顶升横梁等实现塔机的顶升加节。根据爬升特征，可分外爬式塔机套架和内爬式塔机套架。外爬套架是在塔机顶升时油缸受力固定点在塔身上，套架结构往上移动；内爬套架是在塔机顶升时，油缸受力固定点在套架横梁上，塔身结构往上移动。

1. 外爬式套架

外爬式套架的前侧设计有引入标准节的开口结构，有时候也称为开口套架，顶升横梁及液压油缸装在开口的结构的对面。引入标准节时有的采用引进平台和托轮的方式，引进平台在开口结构的下方；有的采用引进梁和引进小车的方式，引进梁在开口结构的上方，如图 3-9 所示。

2. 内爬式套架

内爬式套架并不是一个整体的结构，而是由上、中、下三道框架梁、加强型标准节、顶升横梁、液压油缸、液压站、短标准节、可调梯子等多个部件组成的顶升系统。塔机需要安装在电梯井等建筑物内，通过框架等结构将载荷传给建筑物，建筑结构须加强设计。顶升时，通过交替使用三道框架、油缸、液压站等实现塔机头部的升高。顶升作业时间与施工进度要互相协调，一般在施工间歇进行；顶升过程较为烦琐，也不直观；工程结束后，需要用屋面起重机或其他设备辅助塔吊分布拆除，建筑屋顶需要加强设计。因为塔机底部不需要标准节支撑，所以超高层建筑施工中常见应用，如图 3-10 所示。

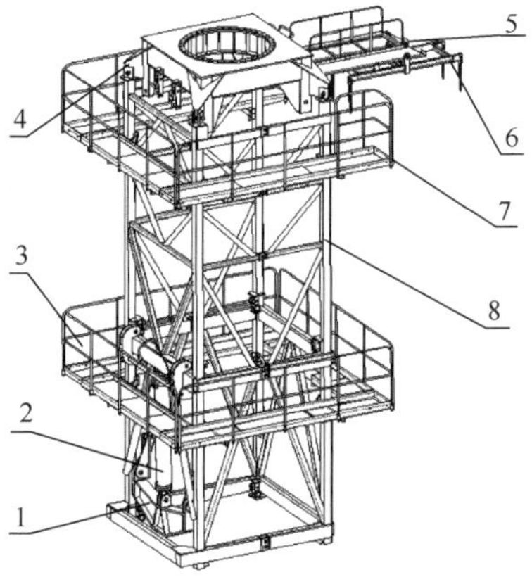

图 3-9 外爬式套架示意图

1—顶升横梁；2—油缸；3—液压站；

4—下支座；5—引进梁；6—引进小车；

7—套架平台；8—套架结构

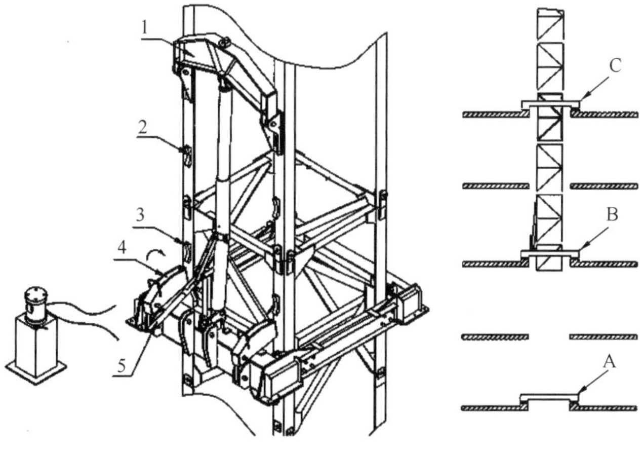

图 3-10 内爬式套架示意图

1—顶升横梁；2，3—标准节踏步口；

4—顶升支承靴；5—操纵杆；

A—下框架梁；B—中框架梁；C—上框架梁

3.3.4 回转总成

回转总成由塔机的上转台、回转支承、下支座及回转机构等组成，如图3-11所示。回转总成上部连接回转塔身、起重臂、平衡臂和塔帽结构，下部与塔身、套架结构相连接，是塔机的关键部位。

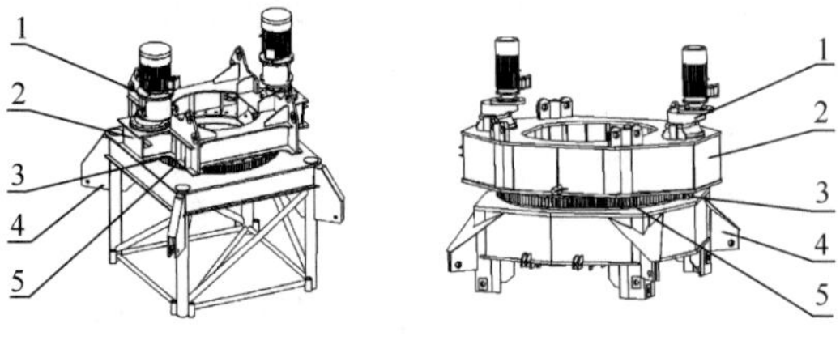

图3-11 塔机回转总成
1—回转机构；2—上转台；3—回转小齿轮；4—下支座；5—回转支承

回转机构固定在上转台上，通过回转支承驱动上转台以上的起重臂、平衡臂架绕塔机中心做360°回转，实现了物品吊运到回转圆所及的范围。

回转支承分内齿啮合与外齿啮合两种，中小型塔机常采用外齿啮合的回转支承，回转机构布置空间自由，维修方便。

3.3.5 起重臂

起重臂的结构形式有动臂式臂架、水平臂式臂架和折臂式臂架。折臂式塔机较为少见，主要以动臂式臂架和水平臂式臂架为主，水平臂式臂架又分为塔帽式水平臂架和平头式水平臂架两种。

1. 动臂式臂架

动臂式臂架如图3-12所示，臂架主要承受轴向压力，通过改变臂架的倾角实现塔机工作幅度的变化。臂架中间部分采用等截面平行弦杆，两端为梯形或三角形结构。为了便于运输、安装和拆卸，臂架中间部分可以制成若干段标准节，用销轴或螺栓将它们连接起来。

2. 塔帽式塔机水平臂架

水平臂式臂架工作时臂架主要承受轴向力及弯矩作用，通过载重小车的移动来实现塔机工作幅度的变化，又称小车变幅式臂架，臂架根部通过销轴与塔机回转塔身或上支座连接，在起升平面内起重臂根部铰接。塔帽式塔机的起重臂上设有一个或两个吊点耳环，通过拉杆（或钢丝绳）与塔帽顶部连接，如图3-13所示。

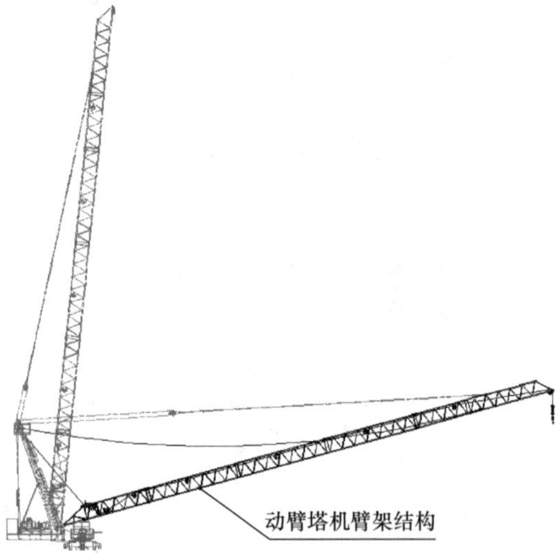

图3-12 动臂式臂架

3. 平头式塔机水平臂架

平头式塔机为无塔帽结构，臂架根部

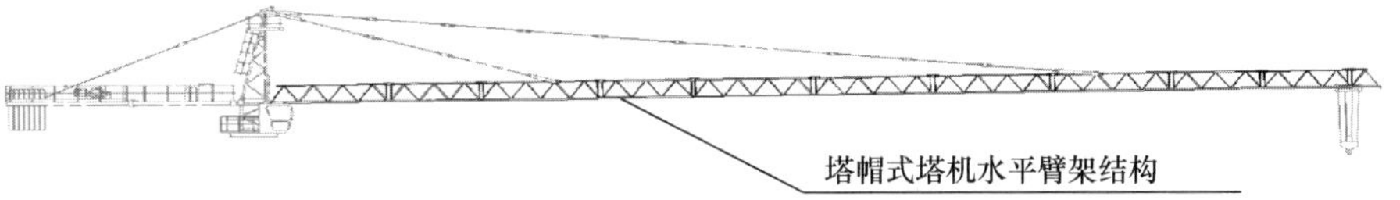

图 3-13 塔帽式起重臂架及变截面节

上、下弦杆的销轴与回转塔身或上支座连接，在起升平面内起重臂根部为固接结构。工作时起重臂主要承受弯矩，起重臂通常采用变截面形式，由不同尺寸的矩形截面或三角形截面组成，安装方式比较灵活，可以在地面上整体组装后吊装，也可分段吊装。分段吊装时要考虑塔机的前后不平衡力矩，须严格按照说明书的要求安装，如图 3-14 所示。

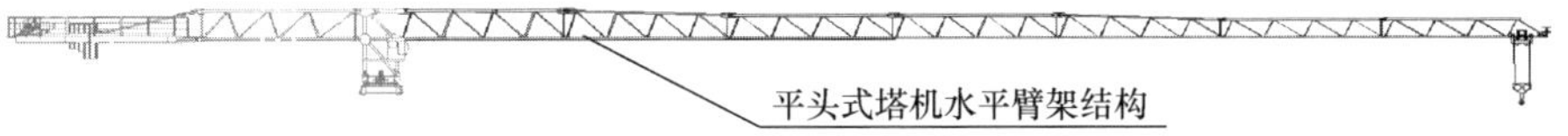

图 3-14 平头式起重臂架及变截面节

3.3.6 平衡臂

上回转塔机均须设置平衡臂。平衡臂的主要作用是平衡塔机前后的起重力矩。在平衡臂上，其尾部一般设置起升机构。起升机构的重量、平衡臂自重和平衡重块都是为了平衡起重臂的重量，控制塔机塔身的前倾力矩和后倾力矩，使塔机的塔身受力最为合理。锥形塔帽塔机的平衡臂设置平衡臂拉杆，与塔帽头部相连，平衡臂根部与上转台或回转塔身铰接；平头式塔机的平衡臂根部与上转台或回转塔身固接，无平衡臂拉杆。

3.3.7 塔帽

塔帽式塔机回转总成头部一般设置塔帽结构，其功能是承受起重臂拉杆与平衡臂拉杆传来的载荷，塔帽结构的高度主要与起重臂、平衡臂形成的夹角有关，夹角大小决定了起重臂、平衡臂及其拉杆的受力情况。在塔帽上还设置了起升钢丝绳导向滑轮、风速仪、障碍灯及避雷针。塔帽结构形式有截锥柱式、人字架式及斜撑架式等，不同结构形式的塔帽结构所设计的平衡臂、起重臂连接方式均不一样。

3.3.8 司机室

驾驶室一般设在塔帽或回转塔身一侧平台上，内部设置司机室座椅、联动控制台、安全监控管理系统、力矩显示仪、风速仪显示仪和灭火器，有的控制柜也放在驾驶室内。国家标准中规定，司机室的最小内部尺寸不应小于长宽高的 1.2m×1m×2m，噪声、防护等均有相关具体要求。

3.3.9 附着装置

当塔机独立起升高度超过说明书所要求的设计值时，需要架设附着装置来增加其稳定性，塔机附着的设置间距、数量及自由端高度等应符合产品使用说明书的规定。在工程施工中，常用由附着框、附着杆、连接支座、预埋件等组成的刚性附着装置，附着的框架与建筑物之间的附着杆均为刚性，水平布置。常见的有三杆式、四杆单侧式与四杆两侧式三种。

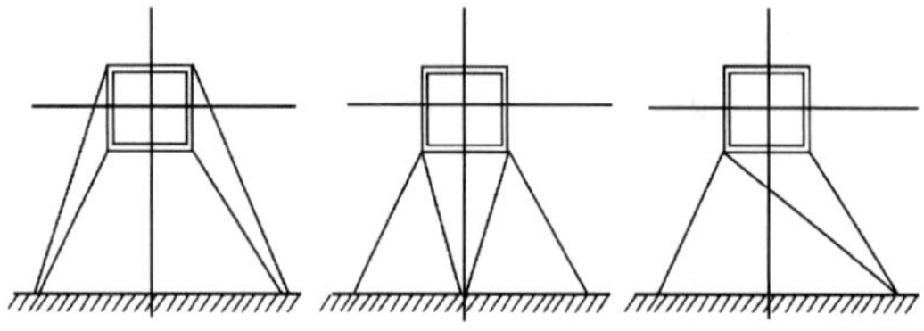

(a)　　(b)　　(c)

图 3-15　塔机附着装置形式
（a）四杆两侧两点固定；（b）四杆单侧三点固定；
（c）三杆式两点固定

塔机附着有多种形式，如图 3-15 所示。

塔机附着装置安装注意事项：

当塔机需要安装附着装置时，参照基础图预先确定塔机基础与相对应建筑物的距离与方向，确定塔机中心距建筑物的距离，确保顶升时起重臂和平衡臂的纵轴线方向与建筑物平行，相互不干涉；对建筑物附着点的位置和附着点的建筑结构强度予以确定和计算，且施工进度对应强度的影响也应予以充分考虑；

附着装置的锚固点的受力情况，包括穿墙螺栓或抱箍螺栓的紧固、预埋构件及其连接的可靠性。预埋构件支腿尾部应局部布置钢筋网和竖向钢筋加强，并与上层钢筋网绑扎成一个整体。预埋点的受力点方向可参考表 3-4 的格式。

附着点受力载荷表　　**表 3-4**

建筑物附着点	X1	Y1	X2	Y2	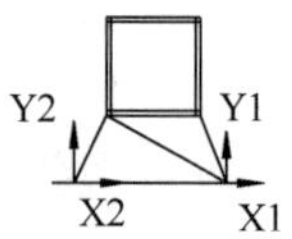
载荷（kN）	58.3	241.3	53.0	177.0	

3.4 塔机的工作机构

塔机的工作机构有起升机构、变幅机构、回转机构、行走机构和液压顶升机构等。有的动臂变幅机构兼有架设和变幅两种功能。

3.4.1 起升机构

塔机的起升机构的功能是实现物品的上升或下降，主要由驱动装置、传动装置、制动装置和工作装置四个部件组成，如图 3-16 所示。

电动机通过联轴器和减速器相连，减速器输出轴上装有卷筒，卷筒端部安装有高度限制器。卷筒通过钢丝绳和安装在回转塔身或塔顶上的导向滑轮、起重滑轮组与吊钩相连。电动机工作时，卷筒将缠绕在其上钢丝绳卷进或放出，通过滑轮组使悬挂于吊钩上的物品起升或下降。当电动机停止工作时，制动器将制动轮刹住。

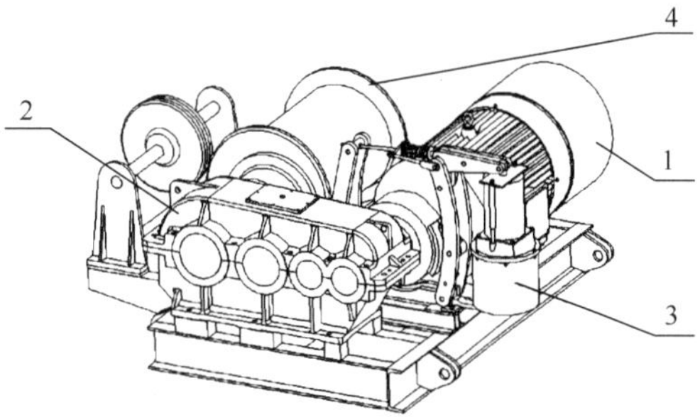

图 3-16 起升机构示意图
1—驱动装置；2—传动装置；3—制动装置；4—工作装置

起升机构可以通过改变吊钩滑轮组倍率来改变起升速度和起重量。塔机吊钩滑轮组倍率多采用 2 倍率或 4 倍率，如图 3-17 所示。当使用 4 倍率时，可获得较大的起重量，但降低了起升速度；当使用 2 倍率时，可获得较快的起升速度，但降低了起重量。

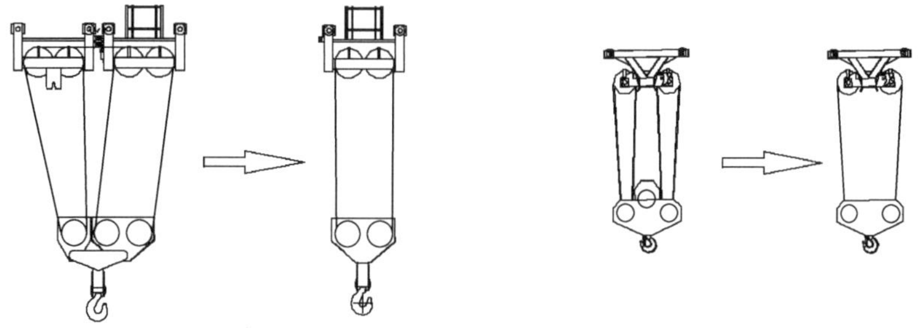

图 3-17 钢丝绳倍率变换示意图
(a) 双小车双吊钩变倍率；(b) 单小车单吊钩变倍率

3.4.2 变幅机构

塔机的变幅方式基本有两类：一类是起重臂为水平臂架形式，通过载重小车沿起重臂上的轨道移动而改变幅度，称为运行小车式变幅机构；另一类是利用起重臂俯仰运动而改变臂端吊钩的幅度，称为动臂式（也称臂架式变幅）变幅机构。

1. 水平臂塔机的变幅机构是电动机通过输入轴与减速机联接，减速机外壳输出运动带动卷筒旋转。变幅机构的牵引钢丝绳有两根，其中一根钢丝绳一端固定在变幅卷筒一侧的侧端板上，绕过起重臂根部滑轮后，另一端固定在变幅小车的后端；另一根钢丝绳一端固定在变幅卷筒对面侧端板上，绕过起重臂端部的滑轮后，另一端固定在变幅小车的前端；随着卷筒的转动两根钢丝绳一放一卷，从而完成小车沿起重臂水平运动（图 3-18）。在变幅机构卷筒的一边安装有幅度限位器。

2. 动臂式变幅是通过钢丝绳滑轮组使吊臂俯仰摆动来实现的，动臂式变幅机构与

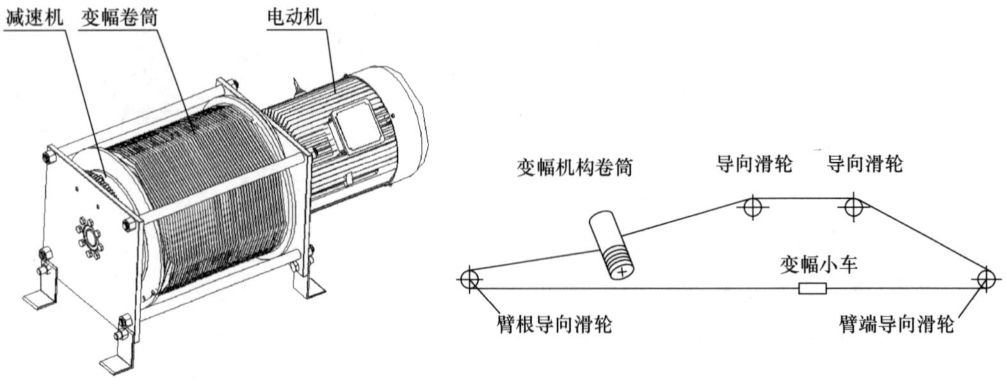

图 3-18　水平臂变幅机构示意图

起升机构的结构差不多，由于整个吊臂结构自重及载荷都是由变幅绳承担，因而变幅机构的安全性要求更高。动臂变幅机构一般采用双制动器——轮式制动器和钳式制动器，因钳式制动器直接作用在卷筒侧板上，制动更直接、更安全、更可靠。

3.4.3　回转机构

塔机回转机构由驱动电动机、减速机、回转小齿轮和液力耦合器、制动器等组成。回转机构是塔机的主要承力机构，通过小齿轮与回转支撑的大齿圈啮合传动，驱动塔机回转以上部分作回转运动，如图 3-19 所示。

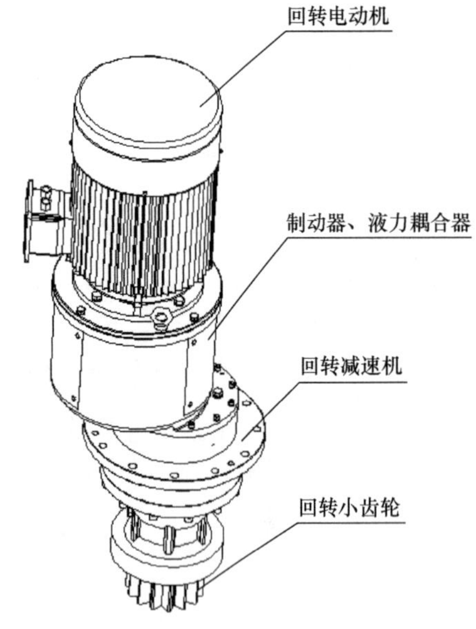

图 3-19　回转机构示意图

3.4.4　行走机构

塔机的大车运行机构使整台塔机移动位置，改变其作业地点，一般情况下其大车运行机构只适合塔高在 40m～60m 以下使用，行走式塔机超过规定的行走高度使用时，必须将改装为固定附着式塔机。

3.4.5　液压顶升机构

顶升机构的功能是使塔机的上部塔身和回转部分升降，从而改变塔机的工作高度。液压顶升机构主要是靠安装在顶升套架一侧的液压油缸、液压泵站、高压油管和顶升横梁等来完成。

塔机液压顶升系统主要元件有液压泵站、液压油缸、平衡阀、换向阀、高压油管、液压接头等。

液压泵站上部安装电动机，通过泵架结构与液压泵相连。系统压力较小的液压泵站常选用齿轮泵，系统压力较大的液压泵站常选用柱塞泵。手动换向阀常结合三位四通换向阀和溢流阀两个控制元件，其具有结构紧凑，工作平稳的特点。

液压油缸是塔机液压顶升系统的执行元件，主要有缸体、杆体、活塞、接头等组成，基本结构如图3-20所示。

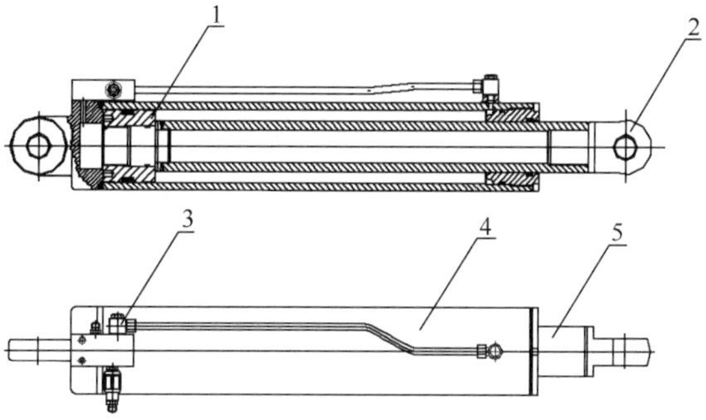

图 3-20 液压油缸基本结构

1—活塞；2—油缸接头；3—油管接头；4—缸体；5—杆体

塔机顶升前应检查液压油缸与塔机连接是否正确可靠，两端销子是否紧固；检查液压泵站及液压油缸的高压油管连接是否紧固，接头是否松动；检查液压油缸安装是否垂直，液压油缸两端是否按有自动定心装置（如关节轴承），是否灵活调节，接头与杆体采用螺纹连接时，是否拧紧、固定；液压油缸在顶升过程中不允许有径向力的存在。顶升作业是塔机安装、拆卸过程中的关键步骤，因而顶升前充分做好准备，检验液压顶升机构的运转状况、天气状况、前后臂的配平等。顶升过程中应严格按照说明书要求逐步进行，如遇顶升机构运转故障，即刻停机，并将液压油缸设置在安全状态，保证塔机安装、拆卸过程安全。

3.5 塔机的电气控制系统

电气系统的特点是：短期工作制，启动频繁，有正反向运动；有较好的高速性能；三大机构负载特点不同；在建筑工地户外使用；经常转移、拆卸、安装。

电气控制系统是整个塔机的驱动控制核心，主要安放在驾驶室内。通过这个系统，把电源的电能输给电动机，并根据操作人员的指令和安全保护装置的信号，通过操作台和控制箱中各控制元件的动作，驱动各机构启动、调速、制动和换向。电气系统的性能决定了塔机的可靠性、安全性和使用性能。

3.5.1 塔机电气控制线路系统的分类

塔机的电气控制线路可分为动力线路和控制线路两个部分，动力线路是指塔机的电动机如何与电力供电系统相连接，也称为主回路；控制线路是发出控制指令，实现对主回路的控制。

控制线路可分为以下三种：

1. 传统继电器控制电路

传统的控制电路最基本的元件包括接触器、中间继电器、时间继电器、限位开关等电气元件，通过联动台或限位开关发出的指令信号控制接触器线圈的通断，来达到控制塔机机构工作的目的，这种控制电路比较普及，适合基层维修人员的维护管理。

2. PLC 控制系统

PLC 控制系统（Programmable Logic Controller），称为可编程逻辑控制器，是专为工业生产设计的一种数字运算操作的电子装置。它采用一类可编程的存储器，用于其内部存储程序。PLC 模块分为输入端和输出端，塔机的各种工作参数和指令均接入 PLC 的输入端，输出端通过数字或模拟式输入/输出控制各机构的工作过程。PLC 系统结合变频器的使用逐渐成为塔机控制系统的主流技术，通过严格的系统调试、检查运行，保证了逻辑控制与时间参数的精确调整，能够很好地满足各机构各项安全装置的设计要求，提高了系统的安全性、可靠性，能够极大地提高工作效率。如图 3-21 所示为起升机构应用 PLC＋变频器组合调速控制系统。

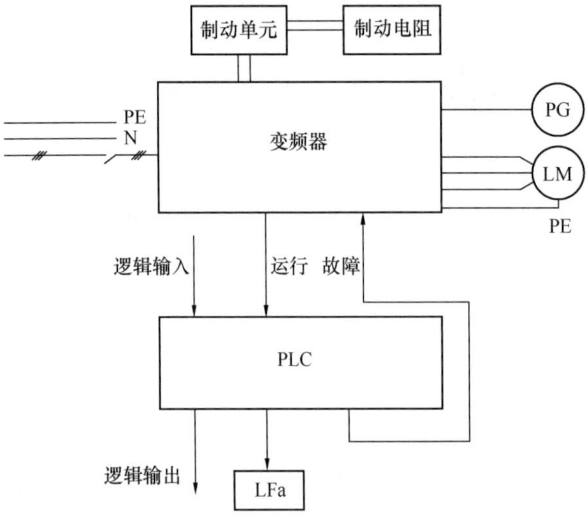

图 3-21 起升机构 PLC＋变频器组合调速控制系统

3. 辅助线路

电气系统线路中，除主回路，控制线路之外，还有一部分辅助线路衍生于主回路或控制回路，其主要应用于司机室的照明、冷暖、电铃电笛及风速仪和障碍灯的使用。辅助线路的供电电压为交流 220V，其可直接选用塔机供电的相线和工作零线设置，也可采用单独的变压器进行设置。驾驶室内的照明、冷暖设备、电铃电笛、风速仪等装置可直接接入其线路，因为功率不大，并不影响塔机供电的三相平衡。

3.5.2 各机构的电气系统

1. 起升机构

在塔机装机容量中，起升机构电动机功率是最大的，因此衡量其耗能系数中，起升电机功率和起升速度影响最大，也是电气控制中的主要部分。

2. 回转机构

回转机构主要承受和传递水平载荷，如风力、惯性力、摩擦力等形成的载荷。这些载荷的数值随机性较大，不易估计其方向和大小变化，最好采用能适应载荷变化的柔性传动。现代塔机吊臂越来越长，故回转机构电气控制系统也越来越重要。

3. 变幅机构

工作幅度不大时，往往只用一种速度即可，但工作幅度较大时，则必须采用两种或三种速度。为防止过载，小车变幅机构的运动必须有起重力矩限制器中的定码变幅限制开关控制。多速的变幅机构，在向外高速变幅至一定的距离时，还要设有能够自动减速的功能，小车变幅行程限制开关也控制变幅机构的运动。

4. 运行机构

为了防止运动出轨，运行机构的运动必须受终端限位开关的控制。如果制动器是常闭的，控制电路中应设时间延时继电器或逐级制动装置，以防止制动时产生过大的冲击。

5. 架设机构

大部分快速安装塔机不单独设架设机构，而用离合器与起升机构串联一个架设卷筒，即与起升电机联用。但架设操作与起升运动不同，它不应受起重力矩限制器、起重量限制器、起升高度限制器的限制，而应受架设行程的顺序控制，如伸缩位置、臂架角度、变幅小车安放起升绳固定装置的限位等。这就要求在操作台上设一转换开关，将原来的起升机构控制电路变为架设机构控制电路。

架设机构的控制按钮、手柄不能设在塔顶司机室内，必须设在地面能够操作的位置。一般用可移动的联动操作台，满足架设和工作两方面的要求。

3.5.3　塔机的调速方式

1. 机构的特点

起升机构电动机功率较大，并且要求高速运行、缓慢启动制动，因而调速性能要求高，调速范围广，是电气控制中的主要部分。

回转机构回转时风力、惯性力、摩擦力等形成的载荷都较大，回转的启动载荷和制动载荷都比较大，并且起重臂越长，回转载荷的数值也越大。实现回转的平缓启制动是回转机构电气控制系统的重要问题。

水平臂塔机的变幅机构运行速度没有很高的要求，为防止变幅小车最大和最小工作幅度时碰到幅度限位块，当变幅至一定的距离时，则通过限位开关设置自动减速功能，小车变幅机构也需要多种速度。

动臂变幅的变幅机构与起升机构相差不大，但是运行速度较慢，速度变化也少。

大车运行机构运动必须受终端限位开关的控制，如果制动器是常闭的，控制电路中应设时间延时继电器或逐级制动装置，防止制动时产生过大的冲击。

2. 调速方式

各机构均由电动机通过减速机驱动卷筒或齿轮进行工作，因而改变电机的转速即为机构的调速。

（1）异步电机的转速计算公式如式 3-2。

$$n=(1-s)\frac{60f}{p} \tag{3-2}$$

式中　s——电机转差率；

f——供电频率，Hz；

p——电机磁极对数（注意是磁极对数而非磁极的个数，如 2 极电极 $n=1$）；

n——为电机转速，r/min。

由上式可以看出改变电机的转速，则需要改变 p 和 f；前者为变极调速，后者为变频调速。

（2）变极调速。鼠笼式电机通过改变极对数的方法可以获得高低两挡工作速度和一挡慢就位速度，基本上可满足塔机的调速要求，使机构简化，但换挡时冲击较大，调速范围为 1∶8 左右，不能较长时间低速运行。主要用于 40t·m 以下的轻小型塔机。

（3）变频调速。通过变频器改变输入电动机的电源频率，从而改变定子绕组中旋转磁场的转速来达到无级调速的目的。变频调速在启动或制动过程中安全、平稳，使工作机构在任意负载情况下均能平稳准确定位。变频调速电机工作在 0～100Hz 速度范围内：0～50Hz 工作时，电机是恒扭矩方式，重载工作；50～100Hz 工作是恒功率方式，轻载工作。电机带有旋转编码器时，PLC 实时监控电机的转速，将得到更好的调速性能，此为闭环控制。

（4）绕线电机转子串可变电阻调速。由于绕线式电机本身具有较好的启动特性，通过在转子绕组中串接可变电阻，用操作手柄发出主令信号控制接触器切换电阻改变电机的转速，从而可实现平稳启动和均匀调速的要求。在负载不变的情况下，电机转速随串接电阻的减少而加快，反之则速度降低。这种调速方式不仅可以用于起升机构中，还可以用于变幅机构、回转机构和大车运行机构中。这种调速方式的优点在于串电阻调速时，电机的启动转矩增大，调速特性较好。

3.5.4 塔机的联动控制台

1. 联动台的组成

司机室内设有座椅，在座椅两侧固定有左操纵台和右操纵台（也称为联动台）。

联动台可分为分体式和整体式两种。联动台由左、右两部分组成，每一部分又包括联动操纵杆总成和若干按钮主令开关。如图 3-22。

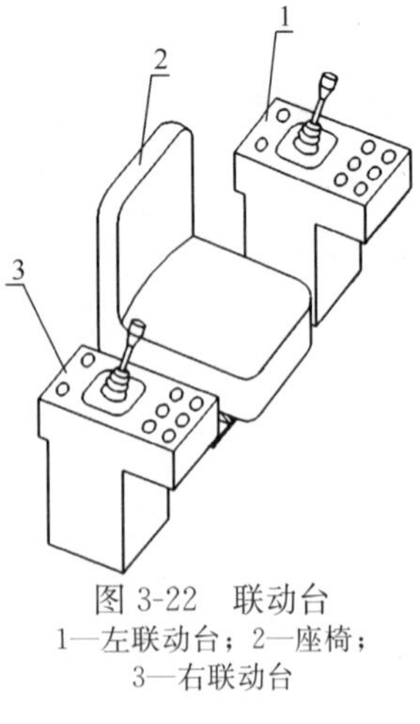

图 3-22　联动台
1—左联动台；2—座椅；3—右联动台

2. 联动台操纵杆及开关的作用

（1）右联动操作杆，控制起升机构和大车行走机构

1）右联动操纵杆前推或后拉，可控制吊钩上升或下降。

2）右联动操纵杆向两侧左右摆动，可控制大车前进或后退。

（2）左联动操纵杆控制变幅机构和回转机构

1）右联动操纵杆前推或后拉，可控制小车前行或后退。

2）左联动操纵杆两侧左右摆动，可控制臂架左右转动。

（3）左右联动操纵杆可单独或同时控制不同工作机构动作。

（4）随着联动操纵杆移动量的增大或减小，相应工作机构电动机的转速也相应地加快或减慢。

（5）右联动操纵杆的联动台面上一般都附装一个紧急安全按钮，压下该按钮，便可将电源切断。

（6）左联动操纵杆的联动台面上还附装一个回转制动器控制按钮，通过该按钮可对回转机构进行制动。

（7）新生产的塔机联动控制台均具有自动复位功能，老旧塔机则没有自动复位功能。

（8）在任何情况下不能突然逆操纵（打反车），或在吊臂运行中按下制动器按钮强行制动。

（9）新生产的塔机联动控制台均有旁路按钮，针对加节顶升或者是特殊操作中遇到升限位或者小车后限位，起升与变幅向后不能工作。按下旁路按钮，可以短接升限位，变幅后限位。

3.5.5 塔机的电气保护

塔机的电气系统中包含了一些电气保护元件，它们对整个塔机的主回路、控制回路进行相应地控制，使得塔机各机构在安全状态下正常使用。以下介绍一些常见的电气保护项目。

1. 电机过载保护

三大机构所使用的电动机如因外界因素导致超载运行，电机会产生比较大的过载电流，此时在电机的电源供电输入侧接入电机保护器（也称热继电器）是一种限流保护装置，当其通过的电流超过其额定电流一定时间，就会自动切断线路，起到保护电动机的作用。

2. 断错相保护

塔机的供电如果断相（缺相），使得三相供电不平衡，会导致各电气系统不能正常工作。缺相操作也会引起电机过载烧损；如果错相（U \ V \ W 变成 U \ W \ V），使得三相供电相序相反，将导致各机构运转方向相反，给使用操作带来安全隐患。此时可在塔机的总电源输入侧接入断错相保护器（也称相序继电器），当塔机供电电源相序发生断错相时，其会限制总接触器的吸合接通，保护塔机的供电安全。

3. 失欠压保护、零位保护

塔机供电电压过低（欠压）会导致电机烧毁及其他电气元件故障，此时塔机的总接触器在欠压状态下不会吸合，从而从源头上保护了塔机的电气系统；突然断电的失压，重新恢复供电时，也要预防塔机的误动作，此时塔机的启动按钮、联动台的零位互锁保护就起到了失压保护的作用，需要人为按触操纵后，才能给塔机重新供电，机构才能重新启动。

4. 线路保护

为了防止塔机主、控线路的短路或接地，在塔机的电源侧开关箱内设置相应规格的空气开关和漏电保护器。在塔机的电控箱内，为每套工作机构及线路均设置空气开关，在其过载时能够及时切断电路进行保护。

3.5.6 塔机的电气系统图

塔机的电气系统图可分为三类：结构图、原理图和接线图。

1. 结构图

电气系统结构图又称布线图，是用来表示塔机各重要电气装置的部位和功能，目的在于让人们对整个起重机电气系统有一个概念。各部分电气装置常用矩形框表示，相互间用线条联系起来，有时还在线条上标注剪头以表示电气设备作用过程的方向。

2. 原理图

电气系统原理图也称电路原理图或电气原理图。在电气系统原理图上可以看到主电路（又称主回路、一次电路或动力回路）、控制电路（又称二次电路或副电路）以及照明电路、信号电路等辅助电路。

3. 接线图

电气系统接线图又称安装图，用以满足安装施工和检修的需要。接线图中的各项电气元件、线路接点均用数码标注。接线图中对各导线型号、截面、芯数、导线长度及走线方式也都有明确标注。

4 塔机的安全装置

4.1 塔机安全装置的分类

4.1.1 安全装置作用

安全装置是塔式起重机（以下简称“塔机”）的重要组成部分，其作用是保障塔机在允许的工作空间中安全运行。

4.1.2 安全装置分类

塔机安全防护装置可分三类：载荷限制器类、行程限位器类及其他类。

1. 载荷限制器类

载荷限制器类有起起重量限制器、重力矩限制器。

2. 行程限位器类

行程限位器类有：起升高度限位器、幅度限位器、回转限位器、行走限位器。

3. 其他类

塔机其他类安全装置有：小车断绳保护装置、小车防坠落装置（断轴保护装置）、夹轨器（抗风防滑装置）、缓冲器及止挡装置、钢丝绳防脱装置、爬升（顶升）装置防脱装置、风速仪、塔机工作空间限制器、塔机安全监控管理系统、塔机运行安全评估系统等。

4.2 载荷限制器类安全装置

4.2.1 起重量限制器

1. 功能作用

（1）起重量限制器用于限制塔机的最大起重量以及各起升挡位的相应额定起重量，防止塔机作业时起升载荷超出塔机起重能力。

（2）当起重量大于最大额定起重量并小于额定起重量的110%时，起重量限制器装置能够停止塔机上升方向动作，塔机可做下降方向的动作；具有多挡变速的起升机构，起重量限制器对各挡位具有防止超载的作用。

2. 类型

起重量限制器类型有机械式和电子式。

（1）机械式起重量限制器

常用机械式起重量限制器为测力环式重量限制器（又称“拉力环式重量限制器”），根据使用的拉力环数量又分为双环式、单环式。

1）双测力环式重量限制器

如图 4-1 所示，为一双环式起重量限制器安装、外形及工作原理图。它是由 2 个测力环、1 个导向滑轮及限位开关等部件组成。其特点是体积紧凑，性能良好，便于调整。

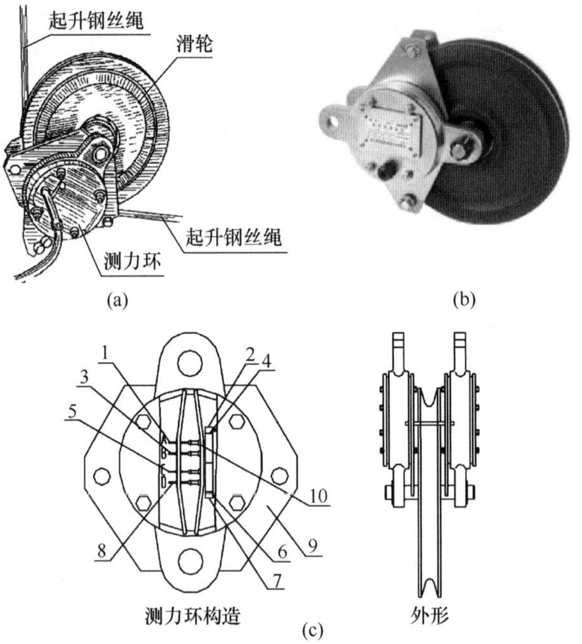

图 4-1　测力环式起重量限制器安装、外形及工作原理图

（a）安装；（b）外形；（c）工作原理

1，3，5，8—调节螺栓；2，4，6，7—微动开关；9—测力环体；

10—弹性钢片

测力环的一端固定于塔机钢结构上，另一端则固定在导向滑轮轴上。当塔机吊载重物时，滑轮受到钢丝绳合力作用，并将合力传给测力环，测力环外壳产生弹性变形；测力环内的弹性钢片与测力环壳体固接，随壳体受力变形而延伸；由于受力大小不同，测力环产生的弹性变形量也不同，通过调节固定于环内弹性钢片上的调整螺钉可以获得额定载荷对应的变形量。当载荷超过额定载荷时，测力环内的弹性钢片压迫限位开关，使限位开关动作，从而切断起升回路电源，达到对起重量超载进行限制的目的。

2）单测力环式重量限制器

单环式重量限制器由 1 个测力环、限位开关等部件组成，与双环式的结构区别为单个测力环、无滑轮（图 4-2）。

塔机上设计一杠杆装置，杠杆装置一端连接单环式重量限制器，另一端连接塔机主弦杆，杠杆中间固定起升钢丝绳导向滑轮。起升钢丝绳拉力作用在导向滑轮上，通过杠杆将载荷减小后传递给测力环，测力环发生弹性变性，测力环内的弹簧钢片随壳体受力变形而延伸；内部限位开关的工作原理同双环式。

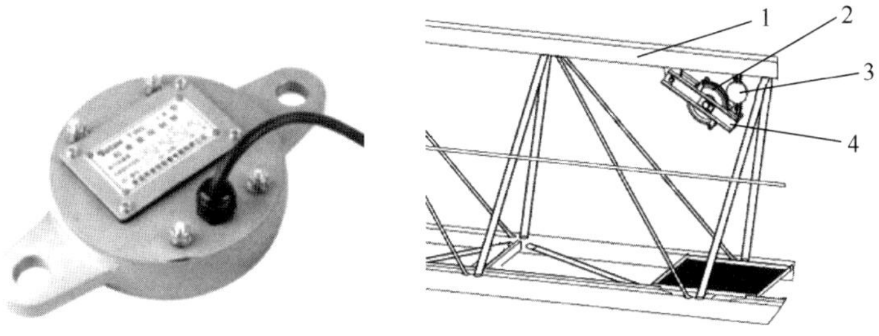

外形　　安装及原理

图 4-2　单环式起重量限制器外形及工作原理图

1—起重臂上弦杆；2—起升导向滑轮；3—单环式重量限制器；4—杠杆装置

单环式较双环式具有通用性强、成本低、环体受力小的优点，单环式的测力环不直接承受钢丝绳合力，通过杠杆装置将钢丝绳合力降低后传递给环体，通过调整杠杆装置的尺寸即可满足不同起重量的塔机使用。双环式直接承受钢丝绳合力，需要根据起重量的增加而增大自身尺寸。但双环式较单环式也有受力结构简单、设计难度低的优点，单环式需要精确计算杠杆装置。

（2）电子式重量限制器

1）构成与原理

电子式起重量限制器一般由两大部分组成：传感器和控制器（控制仪表）。传感器用于检测起吊重量，目前多采用轴销式，安装于起升滑轮位置。当塔机起吊重物时，重量传输到传感器使传感器产生微量电压变化，经仪表放大器放大后经高分辨率的 A/D 转换器变成数字信号。数字信号直接由单片计算机读取，经处理后换算成重量值。控制仪表根据重量值进行判别，输出相应的状态控制信号。当重量值与额定起重量比较达到 110％额定值时切断起升电机控制回路。另外控制器具有显示额定起重量、实际起吊重量及起重量预报警和报警声响功能。

2）传感器种类

常用重量传感器有轴销式传感器、板环式传感器、S 型传感器等。

3）应用情况

近年来，随着电子技术的发展，电子式重量限制器已应用于塔机的超载控制。它可以根据事先调节好的重量来报警。电子式重量限制器体积小、重量轻、精度高，并且可随时显示起吊物品重量。但目前电子式起重量限制器单独使用的较少，多为集成在塔机安全监控管理系统内使用。

4.2.2 起重力矩限制器

1. 功能作用

(1) 起重力矩限制器用于限制塔机不同幅度位置的相应额定起重量，防止塔机作业时起升载荷超出相应幅度的额定起重能力（额定起重力矩）。

(2) 当起重力矩达到幅度额定起重力矩的 90%以上时，起重力矩限制器能够向司机发出断续的声光报警。在塔机达到额定起重力矩的 100%以上时，起重力矩限制器能够发出连续清晰的声光报警，直到降低到额定工作能力 100%以内时报警才能停止。

(3) 当起重力矩大于相应幅度额定值并小于额定值 110%时，起重力矩限制器能够停止上升和向外变幅动作，塔机可做下降及向内变幅方向的动作。

(4) 对小车变幅的塔机，如最大变幅速度超过 40m/min，在小车向外运行，且起重力矩达到额定值的 80%时，起重力矩限制器可将变幅速度自动转换为不大于 40m/min 的速度运行。

(5) 起重力矩限制器可对控制定码变幅的触点和控制定幅变码的触点分别设置，且能分别调整。

2. 类型

起重力矩限制器有机械式和电子式。

(1) 机械式起重力矩限制器

机械式中常见有弓板式和拉环式等形式，其中弓板式起重力矩限制器因结构简单目前应用比较广泛。

1) 弓板式起重力矩限制器

弓板式力矩限制器由调节螺栓、弓形钢板、限位开关等部件组成，其外形、构造如图 4-3 所示。弓板式力矩限制器一般安装在塔帽或起重臂的主弦杆上。

其工作原理如下：塔机吊载重物时，由于载荷的作用，安装部位的主弦杆产生弹性变形，载荷越大变形越大。这时力矩限制器上的弓形钢板也随之变形，并将弦杆的变形放大，使弓板上的调节螺栓与限位开关的距离随载荷的增加而逐渐缩小。当载荷达到额定载荷时，通过调整调节螺栓触动限位开关，从而切断上升和向外变幅的动作，防止塔机起升载荷超出相应幅度的额定起重能力（额定起重力矩）。

2) 拉环式起重力矩限制器

拉环式力矩限制器由调节螺栓、环形拉环、限位开关等部件组成，其外形、构造如图 4-4 所示。拉环式力矩限制器一般安装在塔帽或起重臂主弦杆上。

其工作原理与弓板式基本相同，变形体由弓形板改成了环形拉环。塔机吊载重物时，由于载荷的作用，安装部位的主弦杆产生弹性变形，载荷越大变形越大。这时力

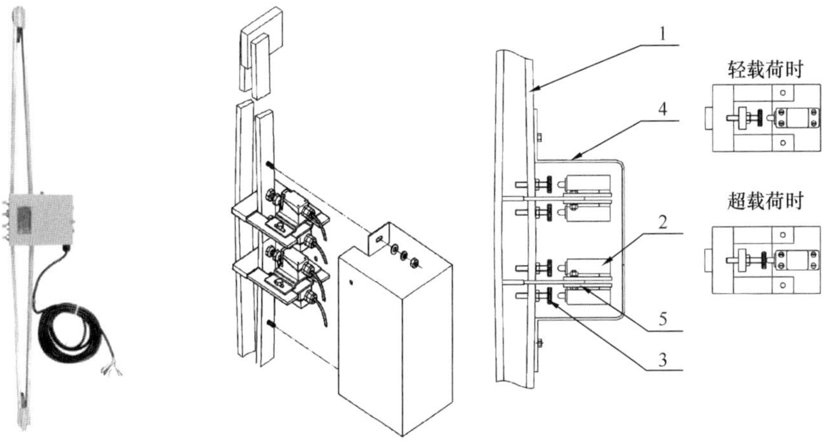

外形　　构造

图 4-3　弓板式力矩限制器的外形、构造

1—弹性钢板；2—限位开关；3—调整螺栓；4—力矩外罩；5—安装支架

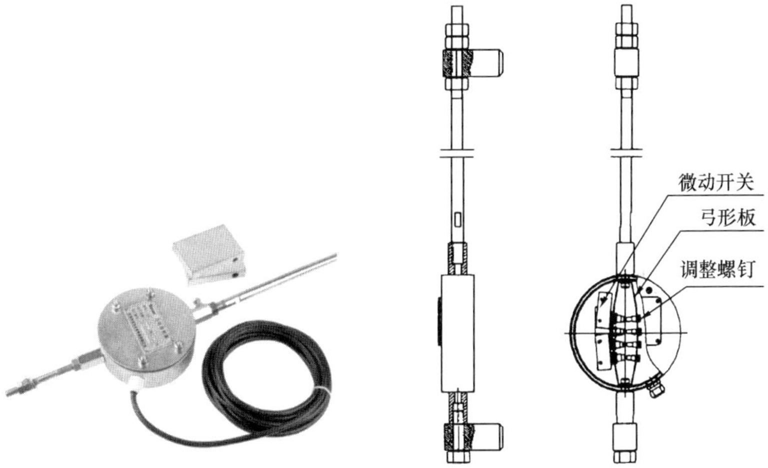

外形　　构造

图 4-4　拉环式力矩限制器的外形、构造

矩限制器上的环形拉环也随之变形，并将弦杆的变形放大，使环形拉环内部的弹性钢片上的调节螺栓与限位开关的距离随载荷的增加而逐渐缩小。当载荷达到额定载荷时，通过调整调节螺栓触动限位开关，从而切断上升和向外变幅的动作，防止塔机起升载荷超出相应幅度的额定起重能力（额定起重力矩）。

（2）电子式起重力矩限制器

电子式起重力矩限制器类型：常见有直接获取型和重量幅度换算型。

1）直接获取型

直接获取是直接测量塔机某主弦杆的弹性变形值。传感器安装位置同机械式起重力矩限制器，通过传感器采集塔机某一主弦杆的弹性变形，控制仪表对信号进行解析后与设定力矩值进行比较，若超载，继电器就会自动切断工作机构电源，从而实现对起重力矩的限制，起到保护作用。

该类型成本低，功能简单，增加仪表后较机械式有显示实时力矩值的功能。

2）重量幅度换算型

由起重量传感器、起重臂仰角传感器或小车幅度传感器分别监测相关数据，经过系统运算转换为起重力矩，再与设定的额定起重力矩进行比较，若超载，继电器就会自动切断工作机构电源，从而实现起重力矩的限制，起到保护作用。

该类型较直接获取型成本较高。但具有幅度、重量、力矩的是实时显示功能，让塔机工作数据更为直观。

3）应用情况

电子式起重力矩限制器较机械式有数据直观显示、数据精度高的优点，目前已在部分塔机应用。但随着塔机安全监控系统的推广应用，塔机安全监控管理系统内已集成力矩限制功能，单独的电子式力矩限制器应用会越来越少。

4.3 行程限位器类安全装置

4.3.1 起升高度限位器

1. 功能作用

（1）起升高度限位器用于限制塔机吊钩运行的最高位置，防止吊钩与小车（起重臂）碰撞、拉断起升钢丝绳。

对小车变幅的塔机，吊钩上升顶部至小车架下端的最小距离为 800mm 处时，应能立即停止起升运动，但应有下降运动。

对动臂变幅的塔机，当吊钩顶部升至起重臂下端的最小距离为 800mm 处时，应能立即停止起升运动，对没有变幅重物平移功能的动臂变幅的塔机，还应同时切断向外变幅控制回路电源。

（2）起升高度限位器用于限制塔机吊钩运行的最低位置，防止塔机吊钩下降超过最低位置后导致起升卷筒的钢丝绳松脱、乱绳，甚至反方向缠绕。

所有型式塔机，当钢丝绳松弛可能造成卷筒乱绳或反卷时应设置下限位器，在吊钩不能再下降或卷筒上钢丝绳只剩 3 圈时应能立即停止下降运动。当塔机顶升后须重新调整起升高度限位器。

（3）当塔机有接近上升、下降限位点的减速功能要求时，起升高度限位器可分别设置上升下降的减速触点，以实现起升机构减速。

2. 类型

起升高度限位器类型：有多功能式杠杆式、重锤式等。

(1) 多功能式起升高度限位器

1) 用途

多功能式起升高度限位器多用于小车变幅式塔机，常见为DXZ型。

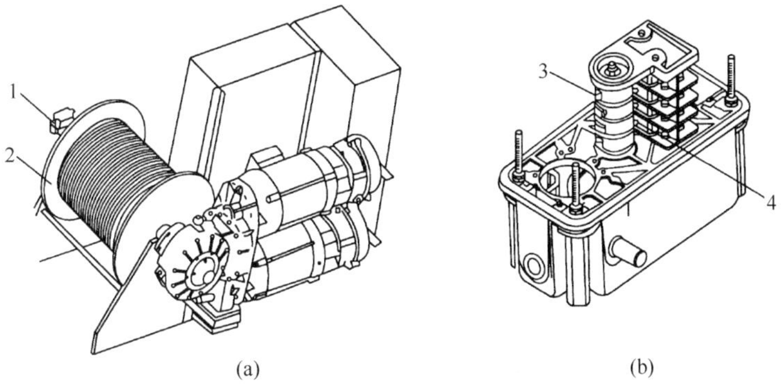

图4-5 DXZ型起升高度限位器的构造及工作原理图

(a) DXZ型起升高度限位器的工作原理图；(b) DXZ型起升高度限位器的构造图

1—限位器；2—卷筒；3—凸轮块；4—触点开关

2) DXZ型构造及原理

多功能型限位器由传动系统（减速装置）和行程开关组成，限位器装在卷筒一端直接由卷筒带动，也可由固定于卷筒上的齿圈与小齿轮啮合来驱动。如图4-5所示，当卷筒2旋转时驱动限位器1的减速装置，减速装置驱动若干个凸轮块3转动，凸轮块作用于触点开关4，从而切断起升机构的相应运动，使吊钩停止运行。

(2) 杠杆式起升高度限位器

1) 用途

杠杆式起升高度限位器一般用于动臂变幅式塔机，一般由碰杆、杠杆、弹簧及行程开关组成，多固定于起重臂端头。该类型仅用于限制吊钩上升限位。

2) 构造及原理

如图4-6所示，为一杠杆式起升高度限位器。当吊钩上升到极限位置时，固定于吊钩滑轮上的托板1便触到撞杆2，使撞杆转动一个角度，撞杆的另一端压下行程开关的推杆，使行程开关3断开，从而切断起升机构上升控制回路电源，使吊钩停止上升运动。

(3) 重锤式起升高度限位器

1) 作用

重锤式起升高度限位器一般也用于动臂变幅式塔机，一般由重锤、限位钢丝绳、钩环及行程开关组成，多固定于起重臂端头。该类型仅用于限制吊钩上升限位。

2）构造及原理

如图 4-7 所示为一重锤式起升高度限位器。图中重锤 4 通过钩环 3 和限位器钢丝绳 2 与行程开关 1 的杠杆相连接。在重锤处于正常位置时，终点开关触头闭合。如吊钩上升，托住重锤并继续略微上升以解脱重锤的重力作用，则行程开关 1 的杠杆便在弹簧作用下转动一个角度，使起升机构控制回路触头断开，从而停止吊钩上升。

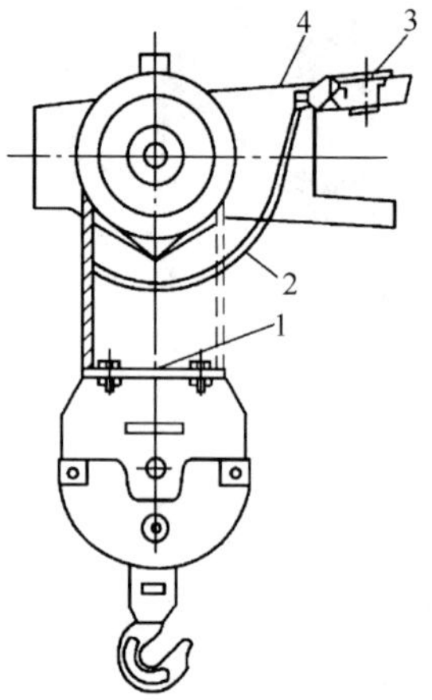

图 4-6　杠杆式起升高度限位器的构造简图

1—托板；2—撞杆；3—行程开关；4—臂头

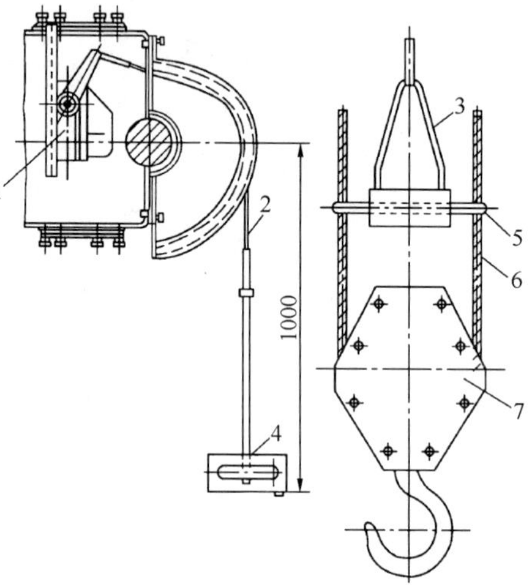

图 4-7　重锤式起升高度限位器构造简图

1—行程开关；2—限位器钢丝绳；3—钩环；4—重锤；5—导向夹圈；6—起重钢丝绳；7—吊钩滑轮

4.3.2　幅度限位器

1. 小车变幅塔机幅度限位器

（1）作用

小车变幅的塔机，幅度限位器的作用是使变幅小车行驶到最小幅度或最大幅度时，断开变幅机构的单向工作电源，防止小车发生越位事故，以保证小车的安全运行。幅度限位器动作后，小车停车时其端部距离缓冲装置最小距离为 200mm。

（2）构造及原理

小车变幅塔机幅度限位器多为多功能式（DXZ 型）限位器。一般安装在小车变幅机构的卷筒一侧，利用卷筒轴伸出端带动凸轮块压下触点开关动作，如图 4-8 所示。

幅度限位器包括壳体 1、限位开关组 2 和减速装置。当变幅机构工作时，根据记录的卷筒旋转圈数即可知道放出的绳长，卷筒驱动减速装置，减速装置带动若干个凸轮组转动，这些凸轮作用于触点开关，从而切断变幅相应的控制回路，此时变幅小车只

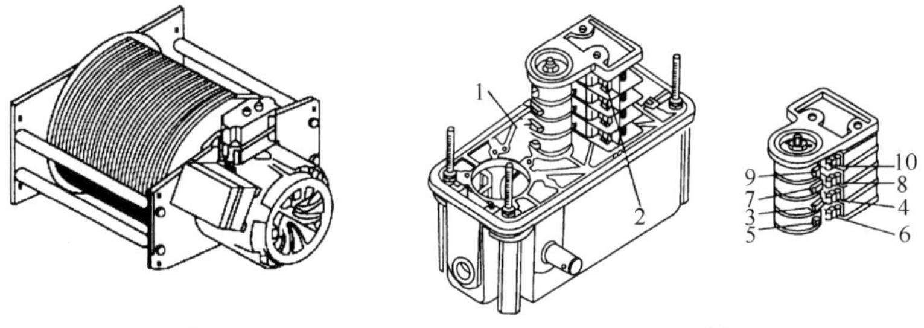

(a)　　　　(b)

图 4-8　水平变幅塔机幅度限位器安装位置及构造

(a) 安装位置；(b) 构造

1—壳体；2—限位开关组；3，5，7，9—凸轮；4，6，8，10—触点开关

能向反方向运行。

2. 动臂变幅塔机幅度限位器

(1) 作用

动臂变幅塔机幅度限位器的作用是在臂架到达相应的极限位置（上极限、下极限）前动作，停止臂架继续往极限方向变幅。限制起重臂低位和起重臂高位，以及防止臂架反弹后翻的装置。

动臂式塔机还应安装仰角指示器，以便司机能及时掌握臂架仰角变化情况并防止臂架仰翻造成重大安全事故。

(2) 构造及原理

如图 4-9 所示为动臂式塔机的一种幅度限制指示器，具有指明俯仰变幅动臂工作幅度及防止臂架向前后翻仰两种功能，装设于塔顶右前侧臂根铰点处。

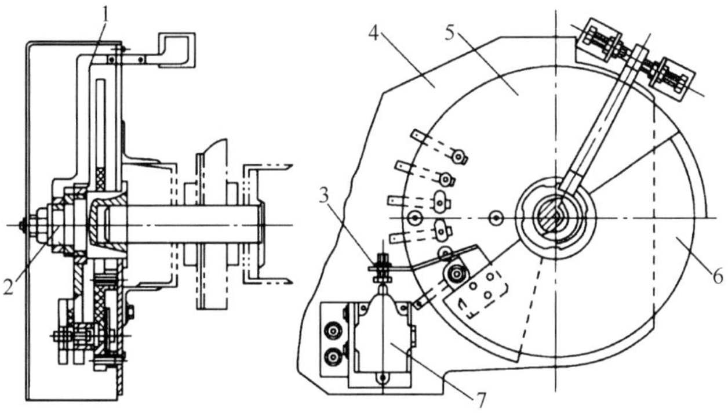

图 4-9　动臂式塔机幅度限制指示器

1—拨杆；2—心轴；3—弯铁；4—座板；5—刷托；

6—半圆形活动转盘；7—限位开关

图示中的幅度指示及限位装置由一半圆形活动转盘 6、刷托 5、座板 4、拨杆 1、限位开关 7 等组成。拨杆随起重臂俯仰而转动，电刷根据不同角度分别接通指示灯触点，

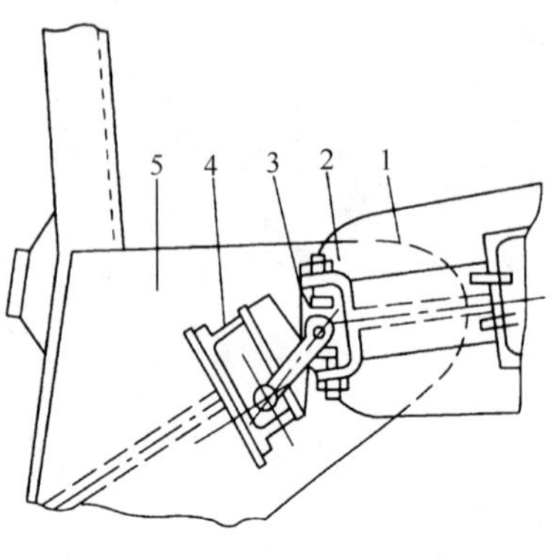

图 4-10　动臂式塔机幅度限制器

1—起重臂；2—夹板；3—挡块；4—限位开关；5—臂根支座

将起重臂的不同仰角通过灯光亮熄信号传递到上下司机室的幅度指示盘上。当起重臂与水平夹角小于极限角度时，电刷接通蜂鸣器发出警告信号，表示此时并非正常工作幅度，不得进行吊装作业。当起重臂仰角达到极限角度时，上限位开关动作，变幅电路被切断电源，从而起到保护作用。从幅度指示盘的灯光信号的指示，塔机司机可知起重臂架的仰角以及此时的工作幅度和允许的最大起重量。

如图 4-10 所示，为机械式动臂式塔机幅度限制器。

当起重臂接近最大仰角和最小仰角时，夹板 2 中的挡块 3 便推动安装于臂根铰点处的限位开关 4 杠杆传动，从而切断变幅机构的电源，停止起重臂的变幅动作，还可通过改变挡块 3 的长度来调节限制器的作用过程。

4.3.3　动臂变幅塔机幅度限制装置（防后倾装置）

1. 作用

动臂变幅塔机幅度限制装置又叫“臂架防后倾装置”，作用是限制臂架运行上极限位置，防止臂架向后倾翻造成安全事故。

2. 构造及原理

动臂变幅塔机使用钢丝绳等柔性拉索实现臂架变幅。当臂架在小幅度突然卸载时，在柔性拉索弹性作用影响下臂架产生后仰趋势，防后倾装置具有良好缓冲能力，在臂架和装置碰撞时能有效地进行臂架动能的吸收，达到减震的效果，阻止臂架出现后倾。

如图 4-11 所示为动臂变幅塔机幅度限制装置示意图。

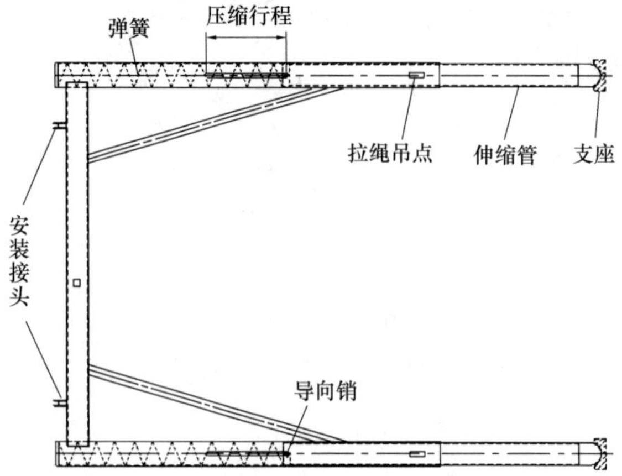

图 4-11　动臂变幅塔机幅度限制装置示意图

4.3.4 回转限位器

1. 作用

（1）塔机回转限位器的作用是限制塔机的回转角度，以免扭断或损坏电缆。

（2）凡是不装设中央集电环的塔机，均应配置正反两个方向回转限位开关，开关动作时臂架旋转角度应不大于±540°。

2. 构造与原理

（1）最常用的回转限位器是由带有减速装置的限位开关（较多使用 DXZ 型限位器）和小齿轮组成，内部结构详见起升高度限位器。回转限位器固定在塔机回转上支座结构上，小齿轮与回转支承的大齿圈啮合。

（2）如图 4-12 所示，为回转限位器的安装位置图。当回转机构电动机驱动塔机上部转动时，通过回转支承带动回转限位器的小齿轮转动，塔机的回转圈数即被记录下来，限位器的减速装置带动凸轮，凸轮上的凸块压下微动开关，从而断开相应的回转控制回路，停止回转运动。

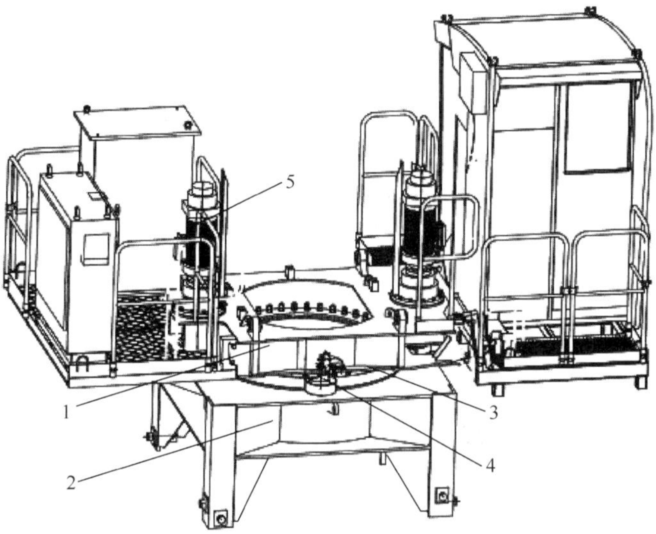

图 4-12 塔机回转限位器的安装位置

1—上转台；2—下转台；3—回转支承；4—回转限位器；5—回转机构

4.3.5 运行（行走）限位器

1. 作用

（1）运行（行走）限位器的作用是：用于轨道运行式塔机限制大车行走范围，防止超出轨道范围。

（2）轨道运行的塔机每个运行方向均设置限位装置，其中包括限位开关、缓冲器和终端止挡。运行限位器开关动作后塔机停车时，其端部距缓冲器最小距离为1000mm，缓冲器距终端止挡最小距离为1000mm。

2. 构造与原理

如图4-13所示，为轨道运行式塔机运行限位器，通常装设于行走台车的端部，前后台车各设一套，可使塔机在运行到轨道基础端部缓冲止挡装置之前完全停车。限位器由限位开关、摇臂、滚轮和碰杆等组成，限位器的摇臂居中位时呈通电状态，滚轮有左右两个极限工作位置。铺设在轨道基础两端的位于钢轨近侧的坡道碰杆起着推动滚轮的作用。根据坡道斜度方向，滚轮分别向左或向右运动到极限位置，切断大车行走机构的电源。

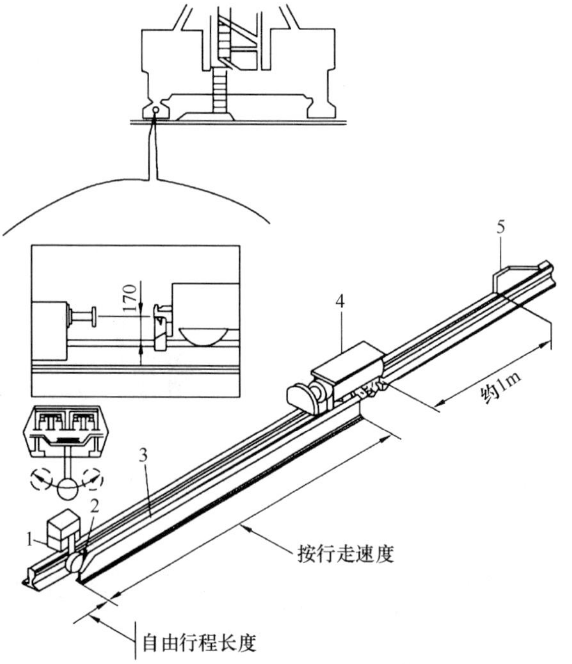

图4-13 轨道运行式塔机运行限位器

1—限位开关；2—摇臂滚轮；3—坡道；4—缓冲器；5—止挡块

4.4 其他类安全装置

4.4.1 缓冲器及止挡装置

（1）轨道运行塔机及小车变幅的轨道行程末端均应设有止挡装置。

（2）缓冲器安装在止挡装置或塔机（变幅小车）上，当塔机（变幅小车）与止挡装置撞击时，缓冲器应使塔机（变幅小车）较平稳地停车而不产生猛烈的冲击。

4.4.2　抗风防滑装置

1. 作用

抗风防滑装置作用是防止轨道运行式塔机在非工作状态时自行滑行，造成倾翻等安全事故。

2. 构造与原理

(1) 抗风防滑装置一般为夹轨器。图 4-14 所示为手动机械式夹轨器。

(2) 夹轨器安装在每个行走台车的车架两端，非工作状态时，把夹轨器放下来，转动螺母 2，使夹钳 1 在起重机的轨道 3 上夹紧，工作状态时，把夹轨器上翻固定。

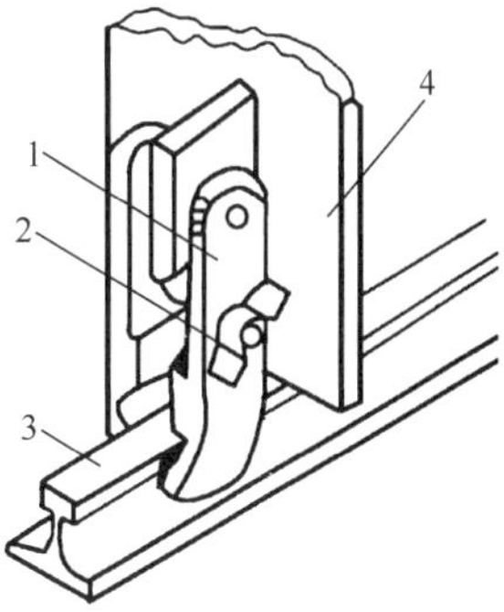

图 4-14　夹轨器结构简图

1—夹钳；2—螺母；3—轨道；4—台车架

4.4.3　小车断绳保护装置

1. 作用

小车断绳保护装置的作用为防止小车变幅式塔机的小车牵引钢丝绳断裂导致小车失控。变幅的双向均设置有小车断绳保护装置。

2. 构造与原理

目前应用较多的并且简单实用的小车断绳保护装置为重锤式偏心挡杆，如图 4-15 所示。塔机小车正常运行时挡杆 2 平卧，张紧的牵引钢丝绳从导向环 3 穿过。当小车牵引绳断裂时，挡杆 2 在偏心重锤 6 的作用下翻转直立，遇到臂架的水平腹杆时，就会挡住小车的溜行。每个小车均备有两个小车断绳保护装置，分别设于小车的两头牵引绳端固定处。当采用双小车系统时，设有外小车或主小车。

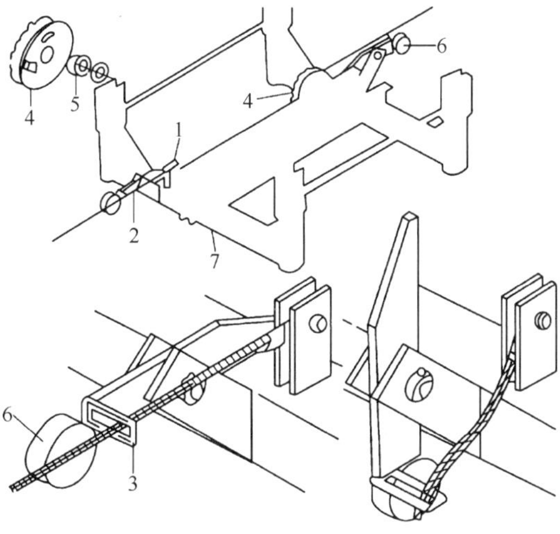

图 4-15　小车断绳保护装置

(a) 小车钢丝绳完好；(b) 小车钢丝绳断裂、断绳装置起作用

1—牵引绳固定绳环；2—挡杆；3—导向环；4—牵引绳棘轮张紧装置；5—挡圈；6—偏心重锤；7—小车支架

4.4.4　小车防坠落装置

1. 作用

(1) 小车防坠落装置的作用：用以防止变幅小车车轮失效（如断轴、车轮脱落等）脱离臂架而坠落，防坠落装置应在失效点下坠 10mm 前作用，能够承

受小车及吊物重量。

（2）小车轮还应有轮缘或设有水平导向轮以防止小车脱离臂架，当变幅牵引力使小车有偏转趋势时，小车轮应无轮缘并设有水平导向轮。

2. 构造与原理

（1）如图 4-16 所示，为小车断轴保护装置结构示意图。

（2）小车断轴保护装置即是在小车架左右两根横梁上各固定两块挡板，当小车滚轮轴断裂时，挡板即落在起重臂的弦杆上，挂住小车，使小车不致脱落，从而避免造成重大安全事故。

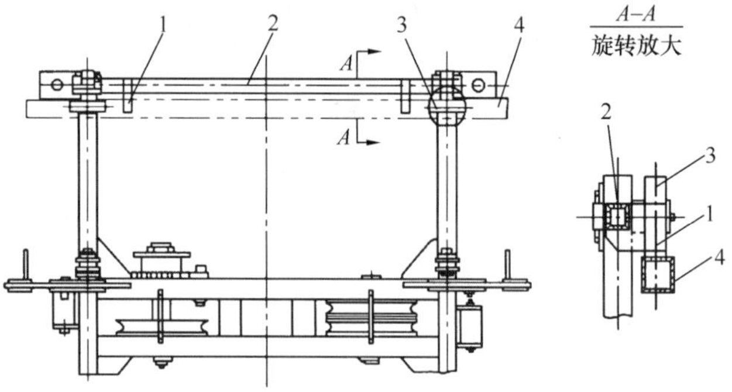

图 4-16　小车断轴保护装置结构示意图

1—挡板；2—小车上横梁；3—滚轮；4—起重臂下弦杆

4.4.5　钢丝绳防脱装置

（1）钢丝绳防脱装置作用：防止钢丝绳从滑轮、卷筒脱出，造成安全事故。

（2）具体要求：起升与变幅滑轮的入绳和出绳切点附近、起升卷筒及动臂变幅卷筒均应设有钢丝绳防脱装置。该装置表面与滑轮或卷筒侧板外缘间的间隙不应超过钢丝绳直径的 20％。装置应有足够的刚度，可能与钢丝绳接触的表面不应有棱角。

（3）另外，吊钩应设有防止钢丝绳（或其他吊绳）脱钩的装置。

4.4.6　爬升（顶升）装置防脱装置

1. 作用

（1）爬升（顶升）支撑装置是爬升式塔机爬升（顶升）时连接爬升液压缸与塔身踏步或爬梯的传力装置，如顶升横梁、顶升挂板等。爬升支撑装置应配有直接作用于其上的预定工作位置锁定装置，如顶升横梁的安全销、顶升挂板的安全销等。在加节、降节作业中，塔机未达到稳定支撑状态（塔机回落到安全状态或被换步装置安全支撑）被人工解除锁定前，即使爬升装置有意外卡阻，爬升支撑装置也不应从支撑处（如踏步、爬梯）脱出。

（2）爬升（顶升）换步装置是爬升式塔机用于实现爬升（顶升）液压缸卸载、爬升（顶升）支撑装置换步的支撑装置，如：换步爬爪、换步销轴、爬升耳板等。爬升换步装置工作承载时，应有预定工作位置保持功能或锁定装置。

2. 构造及原理

图 4-17 所示为塔机的爬升支撑及换步装置示意。

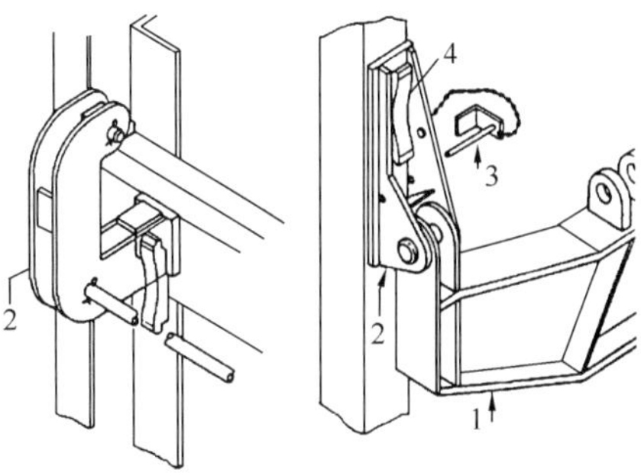

图 4-17 爬升支撑装置及换步装置示意图
1—爬升支撑装置（顶升横梁）；2—爬升换步装置（爬升耳板）；3—爬升支撑装置防脱销轴 ；4—爬升支撑（踏步）

爬升支撑装置 1 在踏步 4 就位后，将爬升支撑装置防脱销轴 3 插入爬升支撑装置 1，防止爬升过程中爬升支撑装置 1 从踏步 4 上脱出，造成安全事故。

4.4.7 风速仪

1. 作用

（1）风速仪的作用：监测风速，保障塔机在安全风力环境下工作，当风速大于工作允许风速时，发出停止作业的警报，提醒塔机司机及时采取安全措施。

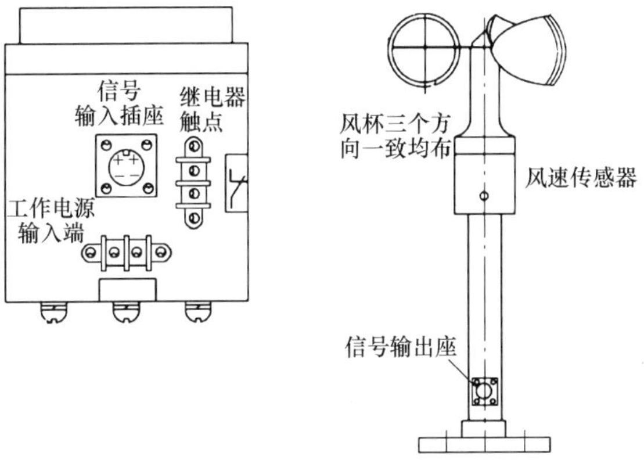

图 4-18 风速仪组成示意图
风速仪仪表、风速传感器

（2）除起升高度低于 30m 的自行架设塔机外，塔机均应安装风速仪，风速仪应安装在塔机顶部不挡风处。

2. 构造及原理

（1）如图 4-18 所示为风速仪组成示意图。

（2）风速仪由风速传感器和仪表组成，当风速大于工作极限风速时，仪表能发出停止作业的声光报警信号，其内控制继电器动作、常闭触点断开。该触点串接在塔机电控回路中，保障塔机安全可靠工作。

4.4.8 塔机安全监控管理系统

1. 系统简介及功能

（1）系统简介

近年来，随着电子信息技术的发展，塔机安全监控管理系统已全面普及。功能集

成了显示记录报警 、空间限制、视频可视化、风速监测、司机身份识别、远程监控等功能，上述功能让司机对塔机的工作数据一目了然（仪表盘），同时实现了数据可存储，工作记录可追溯；通过远程传输技术也实现了数据“上云端”，给塔机操作人员带来了工作便利和安全保障。

（2）系统作用

塔机安全监控管理系统是基于传感器技术、嵌入式技术，数据采集技术、数据处理技术、视频采集技术、无线传感网络与远程通信技术相融合的安全监控系统平台。它可以对塔机安全工作状况实时显示并存储，随时将塔机违规操作进行科学监控，可有效预防和控制违章操作。

（3）系统功能

1）实时显示：以图形和数值实时显示当前工作参数，包括起重量、力矩、幅度、回转角度及起升高度等相关工作参数。

2）临界报警：当起重量、起重力矩超过 90%额定值时自动发出声光报警，对塔机司机进行预警提示。

3）安全保护：当起重量、力矩、幅度、回转角度及起升高度等超过额定工作状态时，系统自动切断危险方向动作的工作电源，强迫终止危险动作。

4）数据记录：记录塔机工作全程，可以通过网络进行远程数据的保存，也能够自身存储一定量的工作循环。

5）空间限位：含区域保护功能和群塔防碰撞功能。

① 对单台塔机，工作空间限制器用于限制塔机进入某些特定的区域或进入该区域后不允许吊载，实现“区域保护”功能。

② 对群塔（两台以上），限制塔机的回转、变幅和整机运行区域以防止塔机相互间结构、起升绳或吊重发生碰撞，实现“群塔防碰撞”功能。

③ 塔机工作空间限制器可根据用户需求进行装设，用于提醒塔机安装人员/司机以避免下列危险：

A. 移动的塔机与固定障碍物之间发生碰撞。

B. 进入禁止区域或危险空域。

C. 由下列情况引起的不同塔机运行中发生碰撞：

两塔机交迭工作时，高位塔机的起升绳与低位塔机的平衡臂之间的碰撞。

高位塔机的起升绳与低位塔机的臂架之间的碰撞。

当两塔机在相同的轨道或在非常接近的轨道上运行时，低位塔机的臂架和/或平衡臂与高位塔机的塔身之间的碰撞。

6）视频可视——吊钩可视化功能

① 施工现场塔机司机存在视觉死角、远距离视觉模糊、隔山吊，语音引导易出差

错等行业难题，司机通过塔机智能可视化系统实现了吊钩到哪司机就能“看到哪”，视频显示器中实时显示的吊钩运行视频，让司机对吊钩的运行情况、吊钩周围场景情况、司索人员对绳索的紧固及拆装情况等通过视频显示屏实时观看、一目了然，实现了360°无死角自动追踪吊钩、自动对焦。

② 系统可配置多路摄像头，如起升机构摄像头、变幅机构摄像头、司机室摄像头等。司机通过起升机构处摄像头可实时查看起升机构卷筒排绳，避免乱绳，提高钢丝绳使用寿命，避免排绳不畅导致安全事故；通过司机室摄像头，管理人员可实时远程监管司机行为，提高安全性。

7）远程监控：能够以无线方式与远程监控管理平台联网，通过远程监控管理平台对塔机运行安全的工况参数实现远程实时动态监控和存储。

2. 构成及安装位置

（1）构成

以某一塔机安全监控系统为例，系统主要由信息采集、视频采集、数据处理、远程传输等模块构成。主要有主控单元、显示屏、控制单元、视频显示屏、幅度传感器、回转传感器、高度传感器、起重量传感器、风速传感器、吊钩摄像头、起升机构摄像头、司机室摄像头等部件组成。如图 4-19 所示。

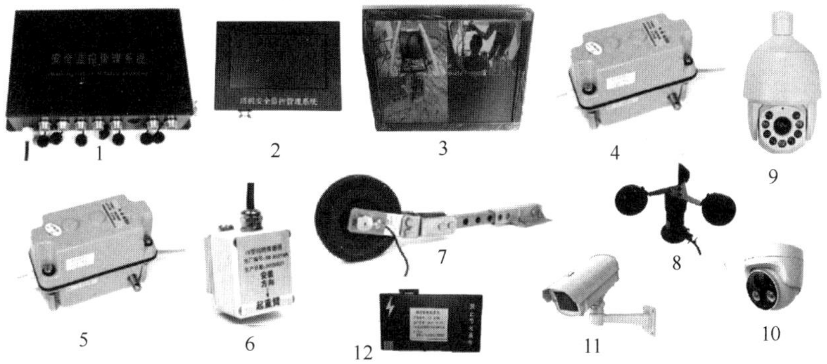

图 4-19　塔机安全监控构成示例

1—主控单元；2—显示屏；3—视频显示屏；4—高度传感器；5—幅度传感器；6—回转传感器；7—起重量传感器；8—风速传感器；9—吊钩摄像头；10—起升机构摄像头；11—司机室摄像头；12—控制单元

司机在驾驶室可直观看到塔机工作数据、视频；管理者使用远程管理平台，通过手机 APP、电脑端可以随时随地查看塔机运行情况。

（2）安装位置

各组成部分的安装位置，如图 4-20 所示。

1）主控单元安装于司机室，用于解析各传感器采集的数据并分析，发出相应的显示及控制指令。

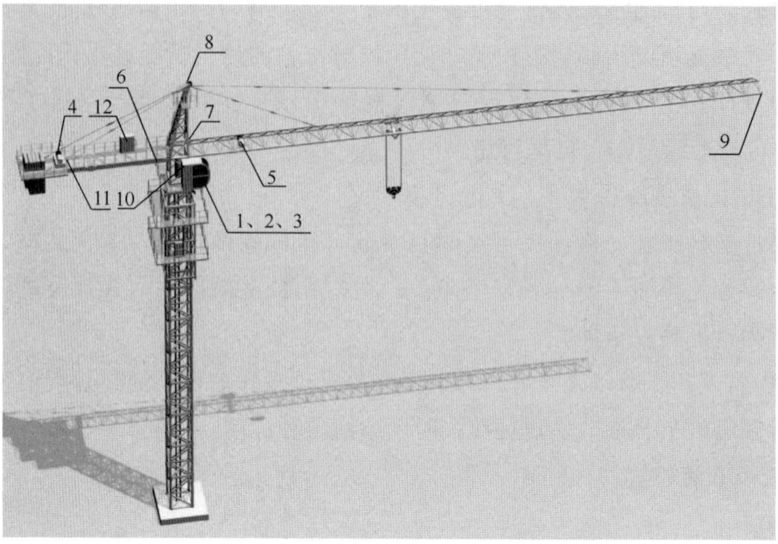

图 4-20 塔机安全监控构安装位置示例

1—主控单元；2—显示屏；3—视频显示屏；4—高度传感器；5—幅度传感器；6—回转传感器；7—起重量传感器；8—风速传感器；9—吊钩摄像头；10—起升机构摄像头；11—司机室摄像头；12—控制单元

2）显示屏安装于司机便于观察的位置，显示各塔机的运行数据及位置。

3）视频显示屏安装于司机便于观察的位置，显示塔机的工作视频。

4）高度传感器安装于起升机构，与起升机构卷筒联动，以采集塔机吊钩实时位置。

5）幅度传感器安装于变幅机构，与变幅机构卷筒联动，以采集塔机小车实时运行位置。

6）回转传感器安装于回转支承或平衡臂，采集起重臂回转方位。

7）起重量传感器安装于起升钢丝绳经过且便于固定的位置。

8）风速传感器安装于塔机上部无遮挡处，采集风速。

9）吊钩摄像头安装于起重臂端部，根据主控单元指令跟踪吊钩运行。

10）起升机构摄像头安装于起升机构旁，实时监控起升机构运行状态。

11）司机室摄像头安装于司机室，实时监控司机室动态。

12）控制单元安装于电控柜内，与电控系统联动，控制塔机安全使用。

3. 系统原理

(1) 信息采集（传感器）

主要由起重量传感器、高度传感器、幅度传感器、回转传感器、风速传感器等组成，用于塔机工作信息的检测采集。

1）起重量采集

利用力传感器采集起重量信号，直接或间接测量起升钢丝绳的张力。主要有以下几种类型：

① 单轴销式起重量传感器

原理：直接检测作用在销轴上的剪力，用其代替塔机原有滑轮的滑轮轴。通过轴销传感器上作用力的大小计算出钢丝绳的张力，转化为起重量。

② 三轴式起重量传感器

原理：利用钢丝绳经过呈三角形分布的三个轴，由钢丝绳的张力在中间的轴上产生压力计算出钢丝绳的张力，并转化为起重量。

③ S型式起重量传感器

原理：利用S型传感器的结构特性，通过S型传感器的拉压变形计算出钢丝绳的张力，并转化为起重量。

2）位移检测

位移传感器用来检测高度、幅度、回转角度的旋转量信号，通过钢丝绳卷筒、回转支承等运动转换为易于检测的旋转运动，从而计算出相应的位移信号。主要有以下四种类型：

① 电位器

该类传感器核心元件由旋转电位器构成，电位器是一种可调的电子元件。它是由一个电阻体和一个转动的系统组成。当电阻体的两个固定触点之间外加一个电压时，通过转动系统改变触点在电阻体上的位置，在动触点与固定触点之间便可得到一个与动触点位置成一定关系的电压，通过对电压变量的实时采集，就起到了实时检测的作用。其抗干扰能力好，但是其数据测量的精度略低，所采集数据的误差范围略大一些。

② 增量式光电编码器

增量式光电编码器转动时输出脉冲，通过计数设备来知道其位置，当编码器不动或停电时，依靠计数设备的内部记忆来记住位置。当停电后，编码器不能有任何的移动，当来电工作时，编码器输出脉冲过程中也不能有干扰而丢失脉冲，否则将导致设备记忆的零点就会偏移。

增量式光电编码器特点是精度高；缺点是准确性差，需要增加校准功能或定期校准。

③ 绝对式光电编码器

绝对式光电编码器通过读取光电码盘每道刻线的通、暗，获得一组从2的零次方到2的n－1次方的唯一二进制编码。编码器数值是由码盘的机械位置决定的，它不受停电、干扰的影响。绝对式光电编码器由机械结构决定每个位置的唯一性，它无须记忆，无须找参考点，而且不用一直计数，什么时候需要知道位置，什么时候就去读取它的位置，数据的可靠性大大提高了。

绝对式光电编码器具有抗干扰性强、精度高，可靠性强的特点。

④ 霍尔电磁传感器

该类传感器是以霍尔效应为其工作基础，由霍尔元件和附属电路组成的集成式非接触式传感器。霍尔效应是磁电效应的一种，通过感应磁场变化转化为数据。

霍尔电磁传感器缺点是用于多圈旋转时需要增加校准功能或定期校准。

以上传感器一般均封装在多功能限位器内部，与限位器输出轴直接联动采集检测信号。

（2）信号处理系统（主控单元）

主控单元是系统的“大脑”，由MCU（或CPU）外加信号解析电路、抗干扰电路、存储模块、电源模块等构成，对各个传感器采集到的数据、视频等信息进行解析、分析，根据系统内设定的逻辑程序分别发送到显示屏进行显示、控制单元进行控制等。

（3）空间限制功能工作机制——群塔防碰撞

塔机群共同作业时，当塔机间运行接近碰撞安全距离时，系统向司机发出断续声光报警；当塔机间运行小于碰撞安全距离时，系统向司机发出连续声光报警，并自动切断塔机碰撞方向的动力，不允许向有碰撞危险的方向运行、只允许向安全方向运行。系统同时具有对变幅的向内、向外的报警限位功能，当塔机运行接近设定的最小（或最大）幅度时，系统发出预警信号，并切断变幅的高速运行，转至低速运行。当塔机运行至设定的最小（或最大）幅度时，系统发出报警信号、并切断变幅的向内（或向外）变幅动力，保障塔机运行安全。

群塔防碰撞逻辑关系如图4-21所示。

群塔防碰撞预警、报警、减速及切断如图4-22所示。

（4）空间限制功能工作机制——静态区域保护

当塔机起重臂作业覆盖范围内有建筑物、输电线路、道路、学校等特定危险区域时，系统将根据设定的角度、高度、距离，对特定静态区域进行保护，不允许塔机吊钩或起重臂从任何方向进入该保护区域。当塔机吊钩或起重臂运行接近保护区域时，系统向司机发出断续声光报警；当塔机吊钩或起重臂运行至保护区域边沿时，系统向司机发出连续声光报警，并自动切断进入保护区域方向的运行动作，只允许向安全方向运行。

（5）视频可视功能工作机制

1）以某一塔机智能可视化系统为例，系统包含“吊钩可视化（吊钩智能视频跟踪）”“起升机构可视化”“司机操纵可视化”等几大功能。司机可直观看到塔机工作视频，使用管理平台，通过手机APP、电脑端可以随时随地查看塔机运行情况。

2）吊钩可视化（吊钩跟踪视频监控）功能

在塔机起重臂最前端安装高清球机，通过变幅传感器和高度传感器采集幅度和高

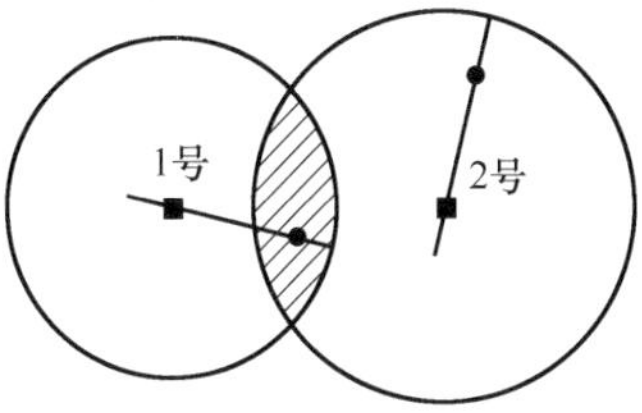

1号起重臂进入碰撞区，2号起重臂在碰撞区外。

可安全作业

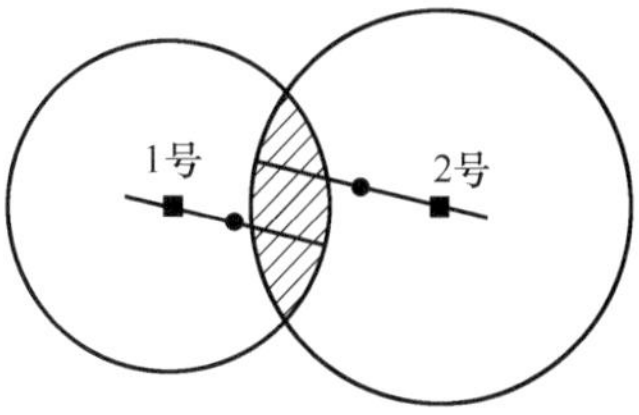

1号、2号起重臂进入碰撞区、小车都在碰撞区外。

可安全作业

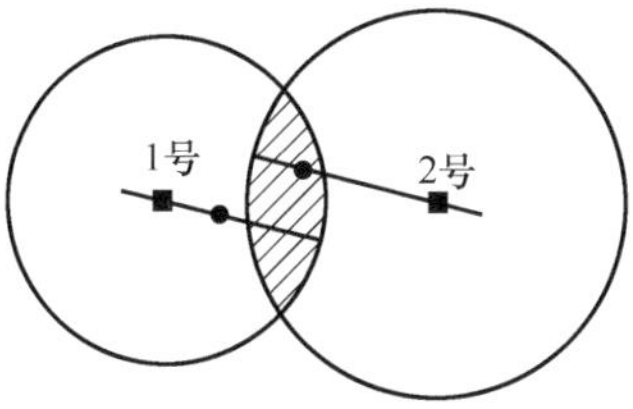

1号、2号起重臂同时进入碰撞区，但1号是高位塔机，小车未进入碰撞区；2号是低位塔机，小车进入碰撞区。

可安全作业

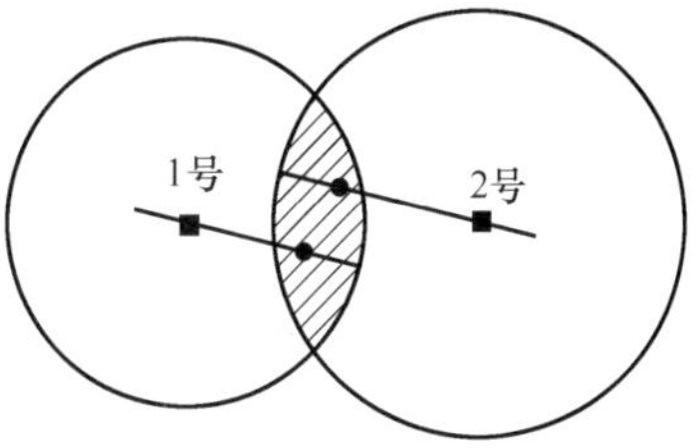

1号、2号起重臂、小车同时进入碰撞区

有碰撞危险

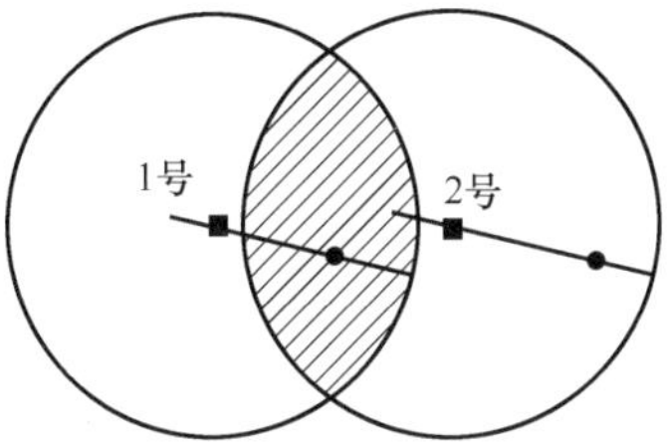

1号高位塔机，起重臂、小车进入碰撞区；
2号低位塔机，平衡臂进入碰撞区。
1号小车未接近2号平衡臂后端

可安全作业

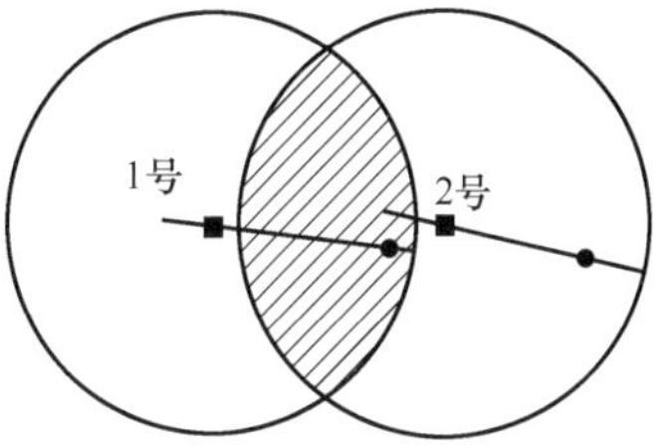

1号高位塔机，起重臂、小车进入碰撞区
2号低位塔机，平衡臂进入碰撞区。
1号小车位置靠近2号平衡臂

有碰撞危险

图 4-21 群塔防碰撞逻辑关系

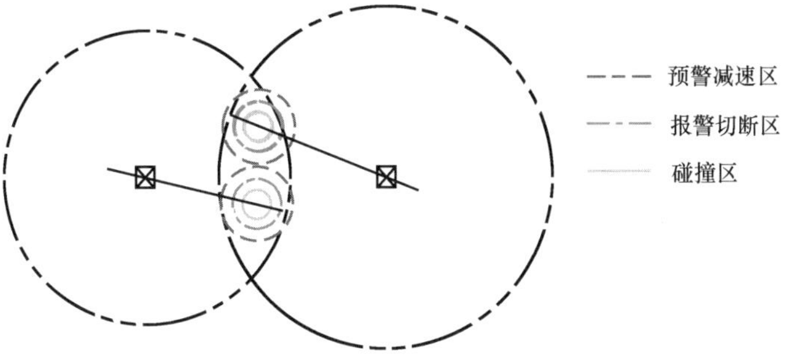

图 4-22 群塔防碰撞预报警减速及切断示意图

度的实际位置，并与主控单元连接实现对吊钩位置的智能追踪，智能控制高清摄像头自动对焦，360°无死角追踪拍摄，危险状况随时可见，同时降低了司机因看不见吊物而产生的安全隐患。通过远程对接，管理人员可对施工现场的环境进行远端可视化监控，全方位保障了塔机在施工作业中的安全监管，如图 4-23 所示。

3）起升机构视频监控功能

司机工作时可通过实时显示的视频图像，随时掌握起升机构的运行情况、卷筒的排绳状态以及安全装置的运行状态等。如图 4-24、图 4-25 所示为乱绳状态。

4）司机室视频监控功能

实现了对司机室的监控。监管人员通过远程监控功能可有效监督司机身份及操作情况，如图 4-26 所示。

图 4-23　电脑端及 APP 显示的吊钩跟踪实时图像

图 4-24　电脑端及 APP 显示的起升机构实时图像

图 4-25　电脑端及 APP 显示的实时图像—采集到的卷筒乱绳

图 4-26　电脑端及 APP 显示的司机室实时图像

（6）数据传输系统

在远程监控的软件端，借助通信网络数据传输，实现了远程查看塔机的工作参数，并实时针对各类违章信息进行预警显示的。通过前端监控装置和后台管理系统无缝融合，可实时动态远程监控、远程报警。

4. 远程管理平台

使用远程监控平台可对塔机的工作状态进行实时监测、安全管控，平台基本功能有：

（1）实时监控塔机的五限位参数（高度、幅度、重量、力矩、回转），并对超过报警极限的情况给予报警记录。

（2）实时监控塔机的空间限位参数，包括单塔机作业的区域保护和群塔作业的防碰撞保护。

（3）显示塔机相关工作视频，监督运行安全状态。

（4）监测塔机作业区域的风速，并对超过规定风级仍然作业的情况给予报警记录。

（5）监控塔机当前的驾驶员，并判断其是否具备特种作业人员资格。

（6）监控塔机的超载、违章使用等行为。

（7）实时数据展示和历史数据查询功能、统计分析功能。

5. 塔机运行安全评估技术（系统）

塔机运行安全评估技术（系统）系统通过“大数据技术”和“塔机动态安全图谱”对现场设备采集到的数据进行处理，分析塔机的安全状态、查找安全隐患，并将隐患第一时间通过信息推送给相关管理人员。系统可对塔机自身的健康状态、安全状态及司机的操作进行评估，排查隐患、保障安全。

（1）系统功能

评估系统的设备终端是在塔机安全监控系统基础上增加刚度仪（图 4-27）并安装于塔身顶端。其用于实时监测塔身顶部的移动轨迹，结合损伤图谱确定钢结构损伤程度，对塔身标准节连接松动状况、塔身与转台等连接环节（螺栓）松动状况、附着连接松动及损伤状况、塔身部分和转台部分损伤状况、塔机配重重量是否合适状况、基础沉降状况、侧向垂直度状况等进行塔机自身状态监测。同时，监测司机违章操作（斜拉斜吊、猛起猛放），对司机的操作规范性也进行管控（图 4-28）。

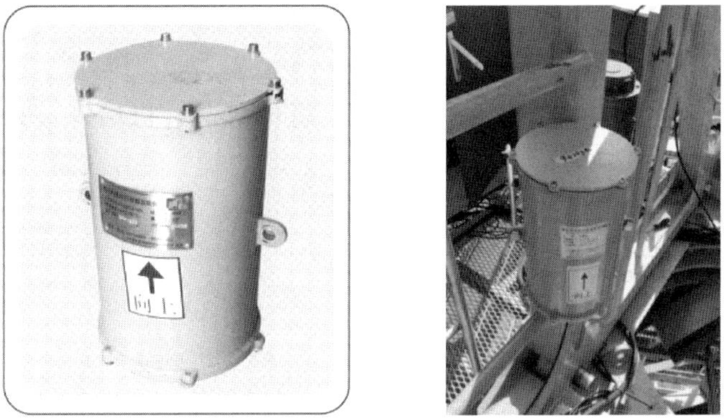

图 4-27　刚度仪

（2）评估数据展现

1）通过 PC 端或手机 APP 可实时查询塔机安全状态、《塔机运行安全评估报告》

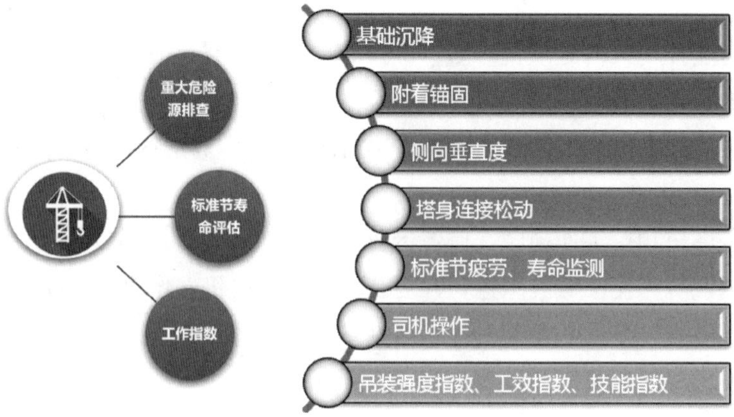

图 4-28　运行评估系统功能

等，真正实现事前预防功能。

2）使用 PC 端和手机 APP 即可对塔机的安全隐患点进行排查，确保塔机安全使用。

（3）案例

某工地塔机安装评估系统设备后，“云平台”频繁收到该塔机的异常报警信息，有大量的异常前倾、后倾、侧向倾斜信号，经“大数据技术”和“塔机动态安全图谱”分析，判定该塔机附墙受损。经现场排查发现：该附墙底座与建筑物连接处松动后用户根据“经验”进行了简单地加固处理，该处理方式造成该附墙底座在承受拉力时强度不足，导致塔机在背离建筑物方向进行吊运时顶部的倾斜位姿超出安全线。出具整改方案整改后塔机恢复正常使用，确保了塔机安全使用。

塔机运行状态安全评估系统通过现场数据采集、系统远传功能，对塔机提供专业、实时的安全评估。通过塔机运行状态安全评估及时发现塔机机体存在的重大危险源、规范司机的操作；将安全隐患及时处理，对塔机进行“视情维护”。“塔机运行状态安全评估”能够进一步降低塔机事故风险，可以将现有的塔机出现重大安全事故的概率下降 70%以上。

4.5　多功能限位器的调整

4.5.1　调整基本方法

（1）多功能能限位器多用于起升高度限位器、变幅限位器、回转限位器。

（2）以 DXZ 型为例（如图 4-29）调整程序如下：

1）拆开限位器上罩壳，检查并拧紧 2-M3×55 螺钉。

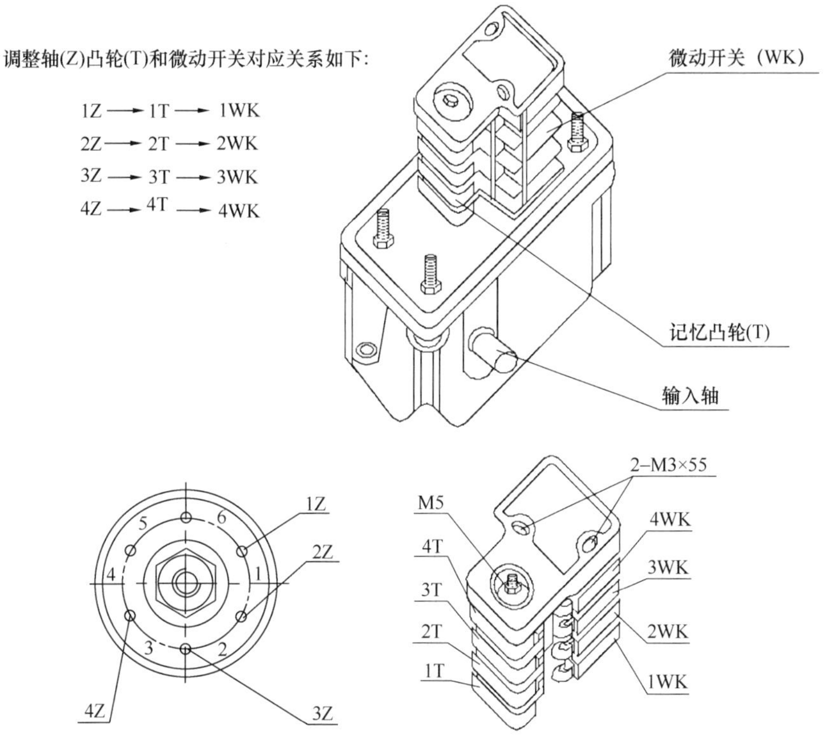

图 4-29 多功能限位器的调试

1WK、2WK、3WK、4WK——微动开关；1Z、2Z、3Z、4Z——调整轴；1T、2T、3T、4T——记忆凸轮

2）松开 M5 螺母。

3）将被控机构开至指定位置（空载），调整对应的调整轴（Z）使记忆凸轮（T）压下微动开关（WK）触点。

4）拧紧 M5 螺母。

5）机构反复空载运行数次，验证记忆位置是否准确（有误时重复上述调整）。

6）确认位置符合要求，紧固 M5 螺母，装上罩壳。

7）机构正常工作后，应经常核对记忆控制位置是否变动，以便及时修正。

4.5.2 起升高度限位器调整

1. 调整步骤

（1）调整起升高度限位器应在塔机空载下进行。

（2）起升高度限位器有 4 个功能点需要现场标定：

1）上停止限位——上极限

2）上减速限位——上升减速

3）下停止限位——下极限

4）下减速限位——下降减速

2. 调节“上升减速”限位开关

（1）松开螺母 M5。

（2）如图 4-30，当吊钩滑轮与变幅小车的距离 L_1 到达相应减速位置时，调动（3Z）轴使长凸轮（3T）压下微动开关（3WK）。

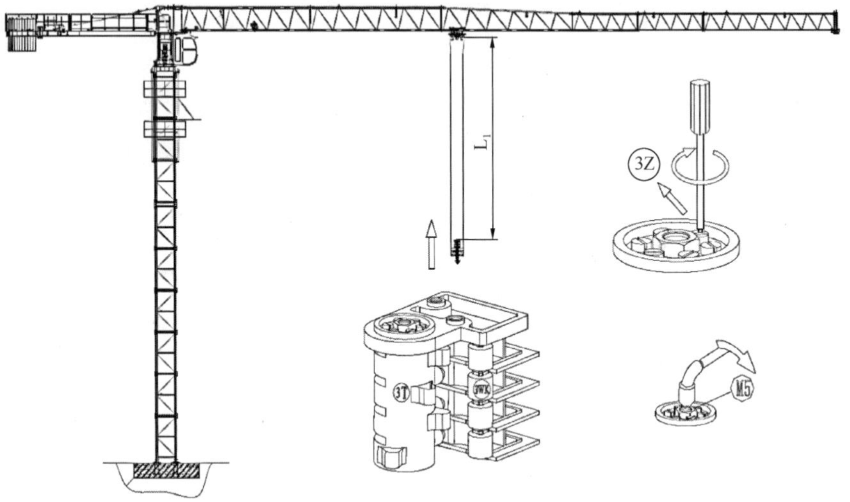

图 4-30 起升限位调整——起升上升减速

（3）拧紧螺母 M5，使吊钩低速上升。

3. 调节“上升极限限位”限位开关

（1）松开螺母 M5。

（2）如图 4-31，当变幅小车与吊钩滑轮的距离 L_2 到达规定停止位置时，调动（4Z）轴使长凸轮（4T）压下微动开关（4WK）。

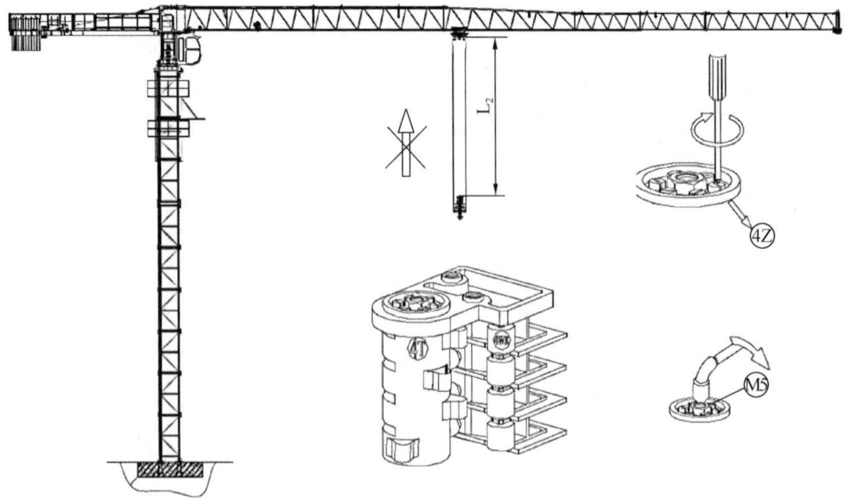

图 4-31 起升限位调整——起升上极限

(3) 拧紧螺母 M5，使吊钩停止向上运动。

4. 调节“下降减速”限位

(1) 松开螺母 M5。

(2) 如图 4-32，当吊钩与地面（或指定下极限位置）的距离 L_3，到达相应减速位置时，调动（2Z）轴使长凸轮（2T）压下微动开关（2WK）。

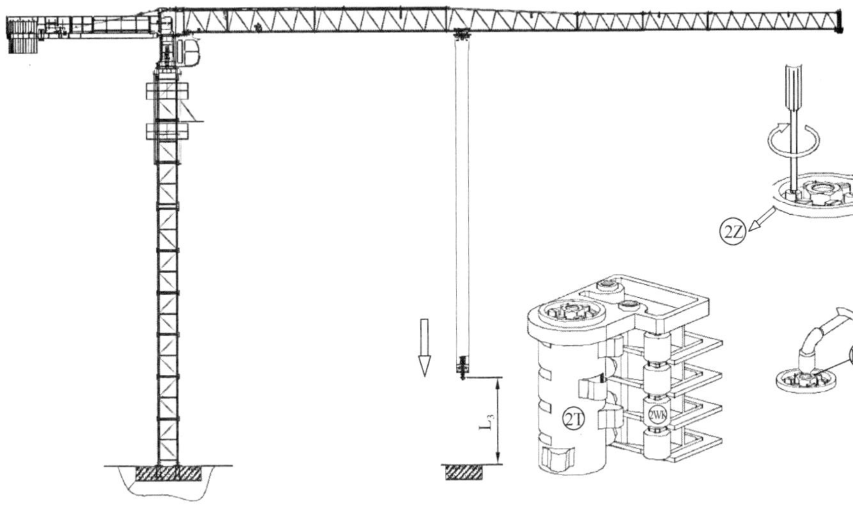

图 4-32 起升限位调整——下降减速

(3) 拧紧螺母 M5，使吊钩低速下降。

5. 调节“下降极限限位”限位开关

(1) 松开螺母 M5。

(2) 如图 4-33，当吊钩与地面（或指定下极限位置）的距离 L_4 到达规定停止位置时，调动（1Z）轴使长凸轮（1T）压下微动开关（1WK）。

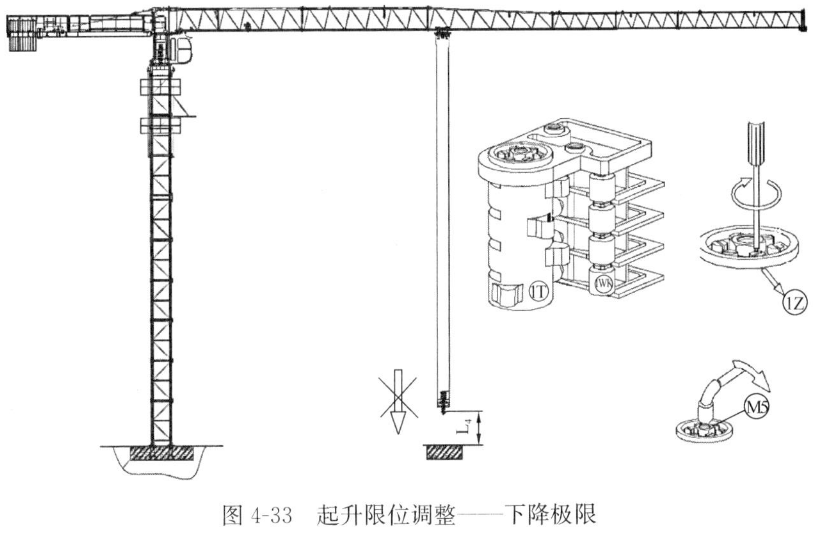

图 4-33 起升限位调整——下降极限

（3）拧紧螺母 M5，使吊钩停止向下运动。

6. 注意事项

（1）调试完成后，调节限位器，空载做起升、下降动作，检查各限位动作是否正常。

（2）在更换钢丝绳或变换吊钩组倍率后，吊钩的极限位置将发生变化，必须重新调整起升高度限位器，否则可能导致吊钩冲顶、钢丝绳断裂、钢丝绳乱绳等，造成机毁人亡的严重后果。

（3）下极限限位调整应使吊钩能在接触地面前停下来，（不能使吊钩触及地面，以免钢丝绳在卷筒上松脱），（在吊钩最低状态下）应保存卷筒上有三圈钢丝绳。

4.5.3 幅度限位器调整

1. 调整步骤

（1）调整幅度限位器应在塔机空载下进行。

（2）变幅限位器有 4 个功能点需要现场标定：

1）向外变幅停止限位——外极限。

2）向外变幅减速限位——外极限减速。

3）向内变幅停止限位——内极限。

4）向内变幅减速限位——内极限减速。

2. 调节“向外变幅减速”限位开关

（1）松开螺母 M5。

（2）如图 4-34，变幅小车开到距离起重臂臂尖缓冲器一定位置（根据塔机要求）

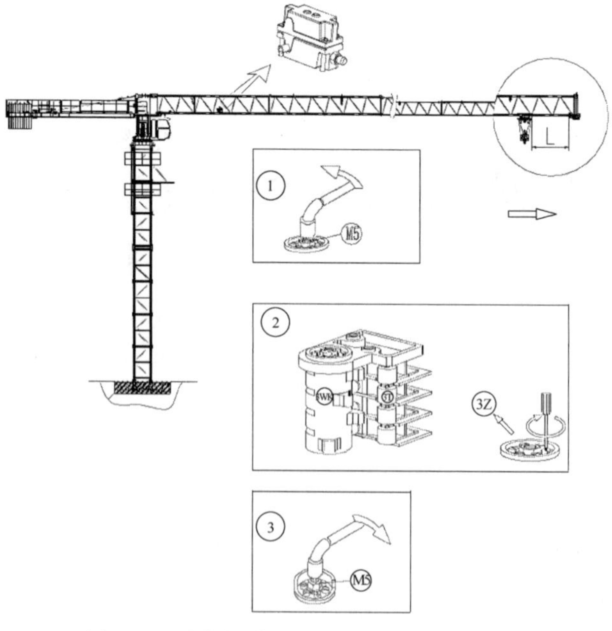

图 4-34　变幅限位器——向外变幅减速限位

处，调动（3Z）轴，使长凸轮（3T）压下微动开关（3WK）。

（3）拧紧螺母 M5，使小车只能以低速向外运行。

3. 调节“向外变幅极限限位”限位开关

（1）松开螺母 M5。

（2）如图 4-35，变幅小车以低速开至距离起重臂臂尖缓冲器 $L \geqslant 200$mm 处，按程序调整（4Z）轴，使凸轮（4T）压下微动开关（4WK）。

（3）拧紧螺母 M5，使小车停止向外移动。

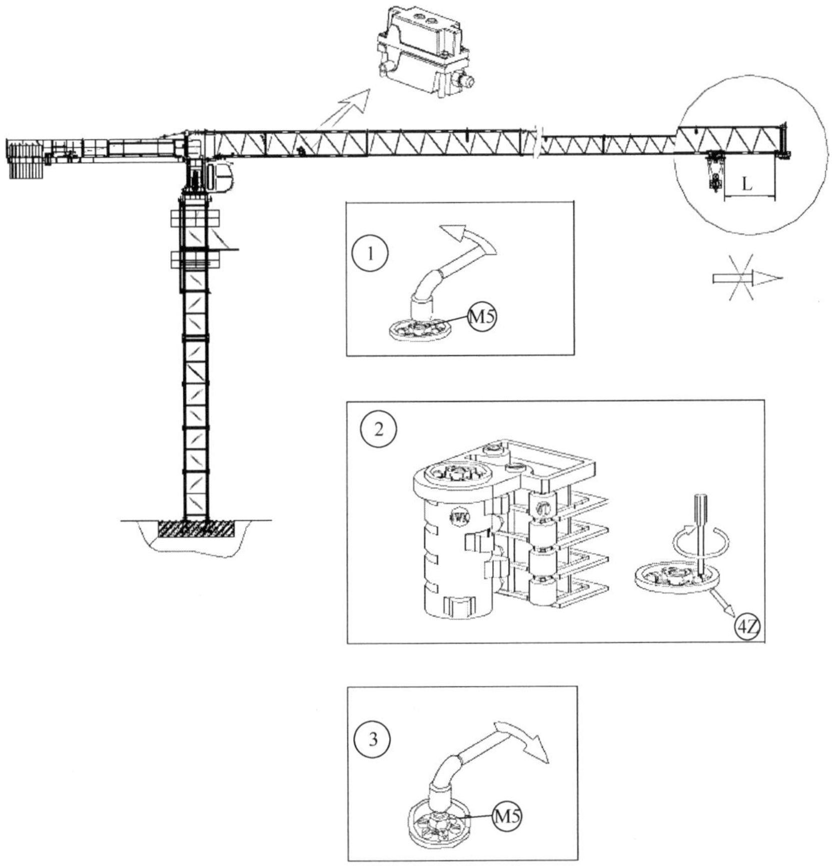

图 4-35 变幅限位器——向外变幅极限限位

4. 调节“向内变幅减速”限位开关

（1）松开螺母 M5。

（2）如图 4-36，变幅小车开到距起重臂根部缓冲器一定距离处，调动（1Z）轴，使长凸轮（1T）压下微动开关（1WK）。

（3）拧紧螺母 M5，使小车只能以低速向内运行。

5. 调节“向内变幅极限限位”限位开关

（1）松开螺母 M5。

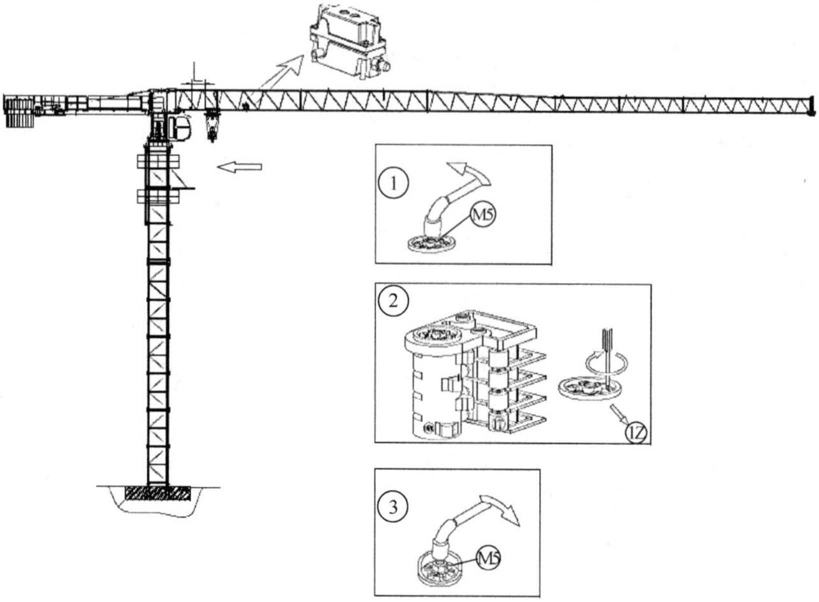

图 4-36　变幅限位器——向内变幅减速

（2）如图 4-37，变幅小车以低速开至距离起重臂臂根缓冲器 $L \geqslant 200$mm 处，按程序调整（2Z）轴，使凸轮（2T）压下微动开关（2WK）。

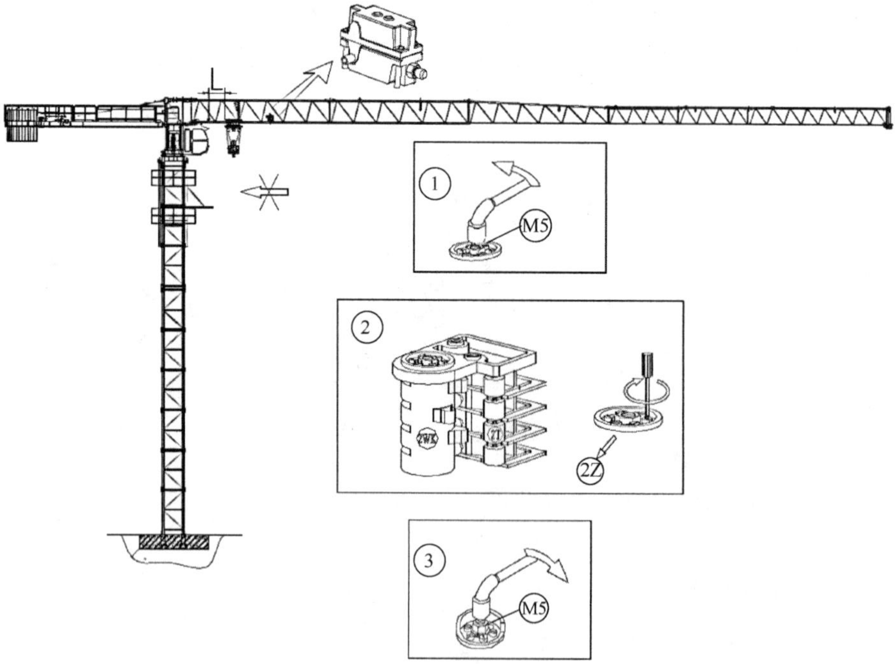

图 4-37　变幅限位器——向内变幅极限限位

（3）拧紧螺母 M5，使小车停止向内移动。

4.5.4 回转限位器调整

1. 调整步骤

（1）应在塔机主电缆处于自由状态时调整回转限位器。

（2）回转限位器有 2 个功能点需要现场标定：回转左停止（极限）限位、回转右停止（极限）限位。

2. 回转左限位的调整

（1）松开螺母 M5。

（2）如图 4-38，向左回转 540°（1.5 圈），调动调整轴（4Z）使长凸轮（4T）动作致使微动开关（4WK）瞬时换接。

（3）然后拧紧 M5 螺母。

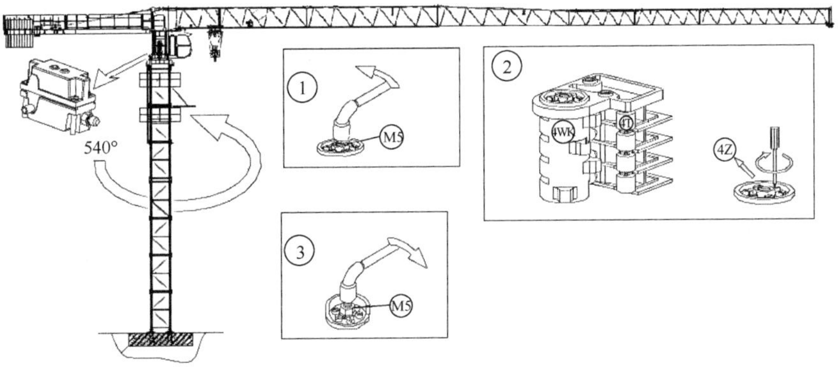

图 4-38 回转限位器——左限位

3. 回转右限位的调整

（1）松开螺母 M5。

（2）如图 4-39，完成回转左限位调整后，塔机向右回转 1080°（3 圈），调动调整轴（2Z），使长凸轮（2T）触发微动开关（2WK）。

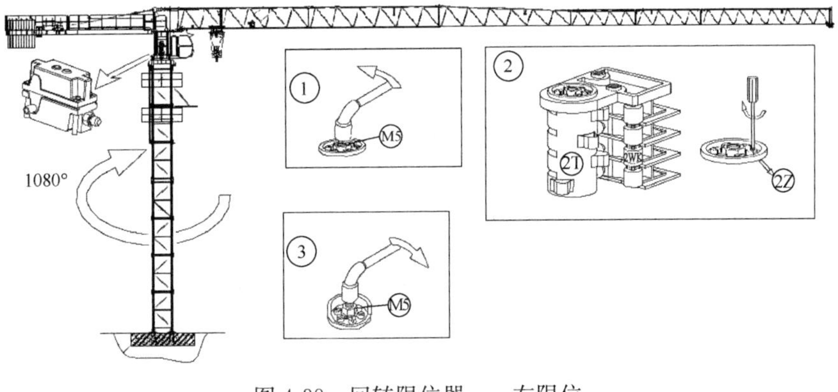

图 4-39 回转限位器——右限位

（3）拧紧 M5 螺母。

4.5.5 弓板式力矩限制器调整方法

1. 基本方法

（1）弓板式力矩限制器（如图 4-40）由弹性钢板和若干个限制开关组成。板上装有若干个可调节的螺钉，螺钉与行程开关一一对应，在负载力矩作用下板产生变形，使得调节螺钉与行程开关接触，即可实现力矩限制，防止超载发生安全事故。

（2）通过调节螺钉与限制开关的间距，可使开关根据起重力矩在安全控制回路内动作。

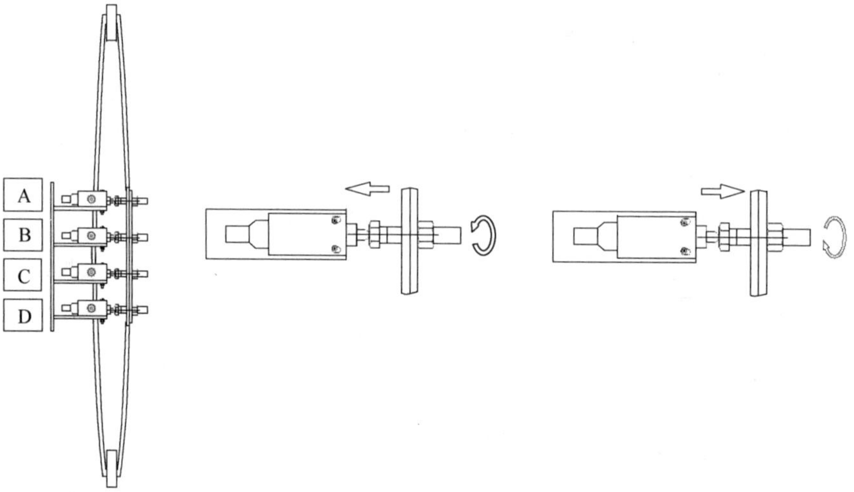

图 4-40 弓板式力矩限制器示意图

（3）力矩限位器有 4 个功能开关须现场标定：

1）100%～110%起重力矩，调节方法为“定幅变码，定码变幅”。

2）90%起重力矩。

3）80%起重力矩。

2. 定码变幅调整

（1）变幅减速调整（变幅速度大于 40m/min 时）

调整方法：如图 4-41，在小幅度 R_0 处起升最大额定起重量至离地 1m，以正常速度向外变幅，当达到 $0.8R_{max}$ 时，调整行程开关 D 处的螺钉使行程开关 D 动作，力矩限制器使向外变幅动作自动转为低速运行。

说明：R_{max} 为塔机最大起重量对应的最大工作幅度（以后略）。

（2）预警调整

调整方法：如图 4-42，在小幅度 R_0 处起升最大额定起重量至离地 1m，向外变幅，

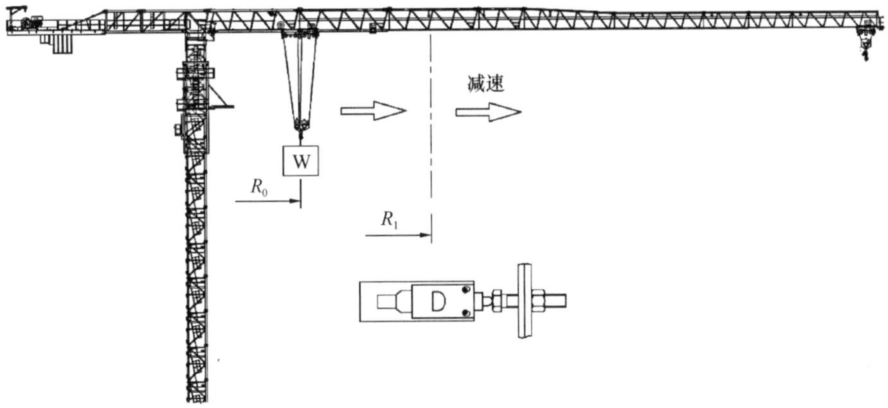

图 4-41 变幅减速调整

在达到 $0.9R_{max}$时调整行程开关 C 处的螺钉使行程开关 C 动作，力矩限制器发出声光预警。

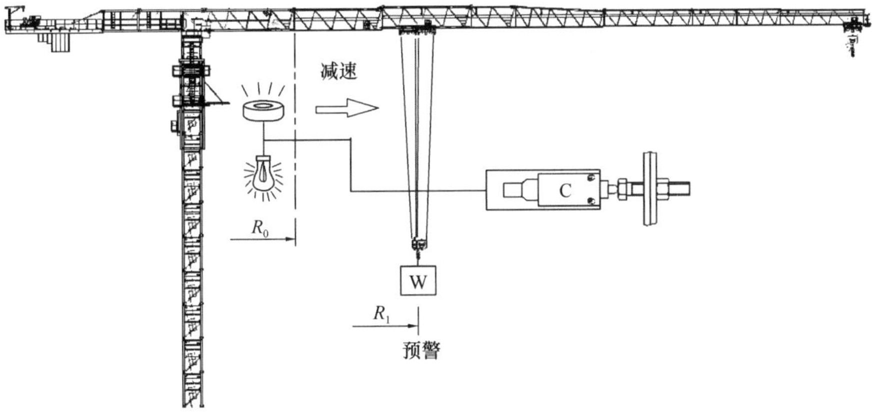

图 4-42 变幅预警调整

（3）报警调整

调整方法：如图 4-43，在小幅度 R_0处起升最大额定起重量至离地 1m，向外变幅，在达到 R_{max}时调整行程开关 A 处的螺钉使行程开关 A 动作，使力矩限制器声光报警、切断上升及向外变幅动作，只能下降及向内变幅运行。

3. 定幅变码调整

（1）额定起重力矩调整

如图 4-44，将小车运行至幅度 R_1（$R_1>R_{max}$）处，起吊 R_1 处的额定起重量，力矩限制器应声光预警。

（2）超力矩报警

如图 4-45，起吊 R_1 处的额定起重量后，增加载荷：幅度 R_1 处额定起重量 5%～

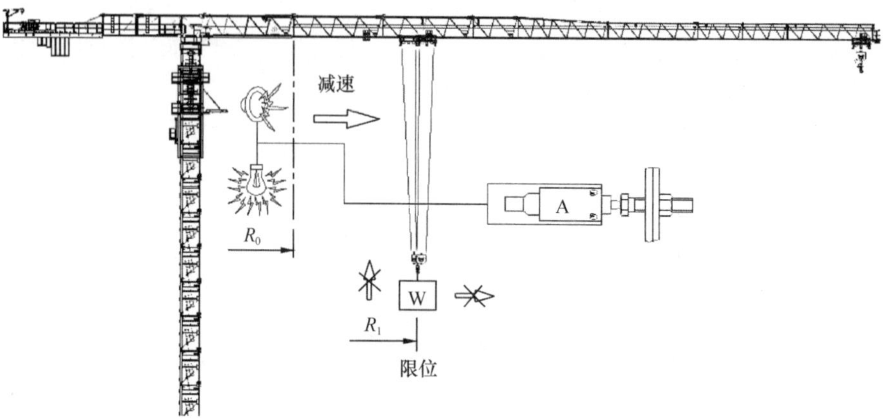

图 4-43　报警调整

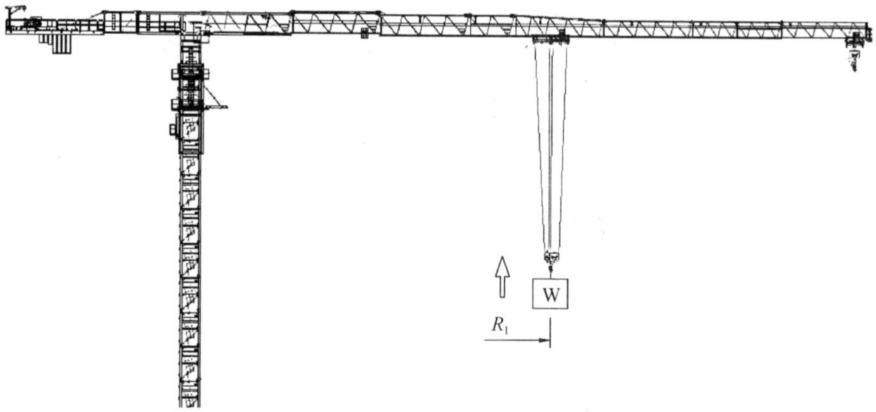

图 4-44　额定起重力矩调整

10%，调整触点开关 B 处的螺钉使行程开关 B 动作，使力矩限制器声光报警、切断上升及向外变幅动作，只能下降及向内变幅运行。

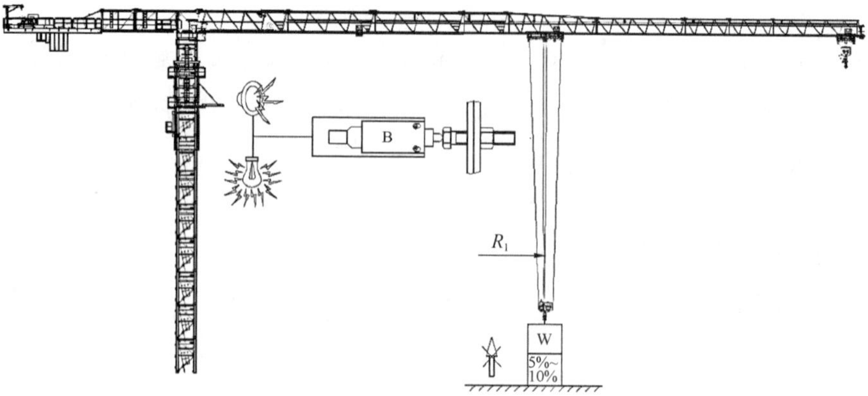

图 4-45　超载报警调整

4. 校核

（1）定码变幅和定幅变码方式分别进行校核，各重复三次（不再调节螺杆）。

（2）定码变幅——减速校核（变幅速度大于 40m/min 时）

在一幅度位置起吊一重物，重物重量小于该幅度处的额定起重量的 80%，变幅小车以正常速度向外变幅，运行至重物重量等于某幅度处额定起重量 80%的位置处，力矩限制器动作，向外变幅动作自动转为低速运行，向外变幅自动减速运行。

（3）定码变幅——预警校核

变幅小车继续向外变幅运行，运行至重物重量大于等于某幅度处额定起重量 90%的位置处，力矩限制器动作，除向外变幅自动减速运行外，自动发出声光预警信号。

（4）定码变幅——报警校核

变幅小车继续向外变幅运行，运行至重物重量大于等于某幅度处额定起重量 100%的位置处，力矩限制器动作，自动发出声光报警信号、切断上升及向外变幅动作，只能下降及向内变幅运行。

（5）定幅变码校核——额定起重力矩校核

将小车运行至一幅度，该幅度位置应大于 R_{max}，起吊该幅度处的额定起重量，力矩限制器应有声光预警。

（6）定幅变码校核——报警校核

起吊该幅度处的额定起重量后，增加该幅度处额定起重量的 5%～10%，力矩限制器声光报警、切断上升及向外变幅动作，只能下降及向内变幅运行。

4.5.6 起重量限制器（测力环）调整

1. 基本方法

（1）测力环式起重量限制器（如图 4-46）是一个由弹性钢板和若干个行程开关等组成的测力环。螺钉与行程开关一一对应，塔机吊重通过起升钢丝绳使测力环受到一作用力，测力环内的弹性钢板在该力的作用下产生变形，使得调节螺钉与行程开关接触，即可实现防止塔机吊装超过最大起重量，防止发生安全事故。

（2）通过调节螺钉与行程开关的间距，可使开关根据吊重在安全控制回路内动作。

（3）重量限制器有 3 个功能点须现场标定：

1）100%重量。

2）90%重量。

3）重量换速（减速）。

2. 换速挡调整

（1）当塔机具有根据实际起重量换速功能时，应根据换速挡位的起重能力调整起重量限制器。

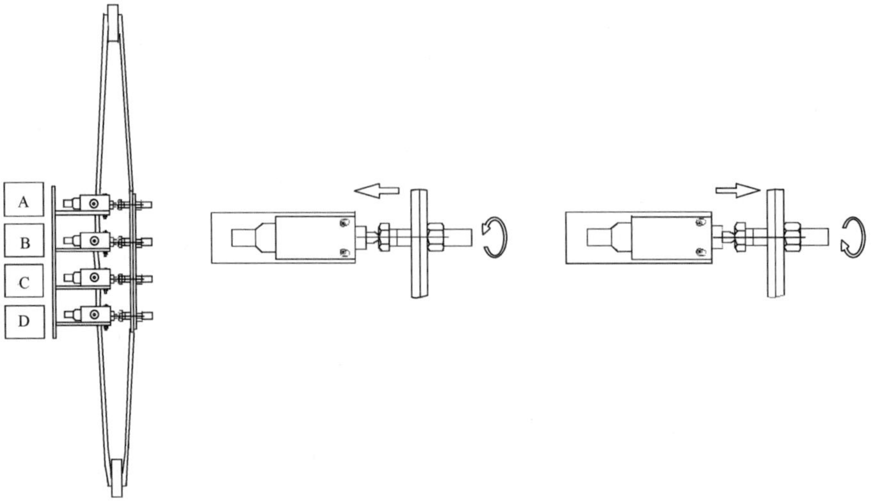

图 4-46 测力环起重量限制器——内部结构及调整

（2）如图 4-47，起吊高速挡对应的最大起重量，调整行程开关 D 处的螺钉使行程开关 D 动作，重量限制器使上升动作自动转为低速运行。

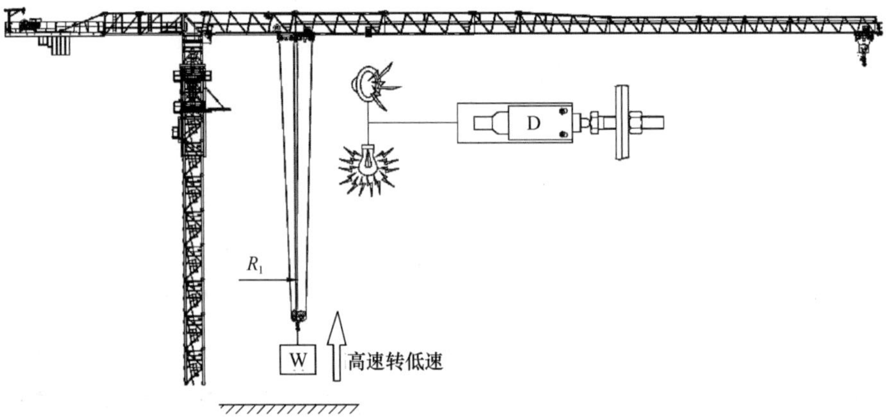

图 4-47 高速挡调整

3．90％最大起重量调整

调整方法：如图 4-48 所示，在小幅度 R_0 处起吊最大额定起重量的 90％，离地 1m 后调整行程开关 B 处的螺钉使行程开关 B 动作，重量限制器发出声光预警。

4．100％最大起重量调整

调整方法：如图 4-49 所示，在小幅度 R_0 处起吊最大额定起重量后，增加额定起重量 5％～10％，调整触点开关 A 处的螺钉使行程开关 A 动作，使重量限制器声光报警、切断上升动作，只能下降运行。

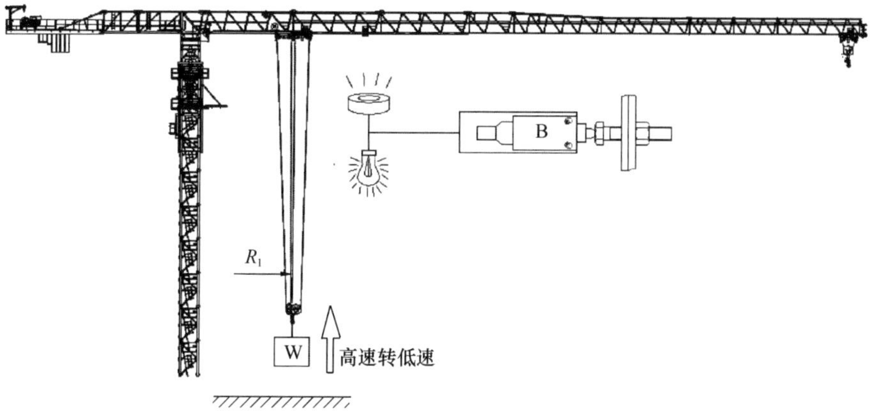

图 4-48 90％最大起重量调整

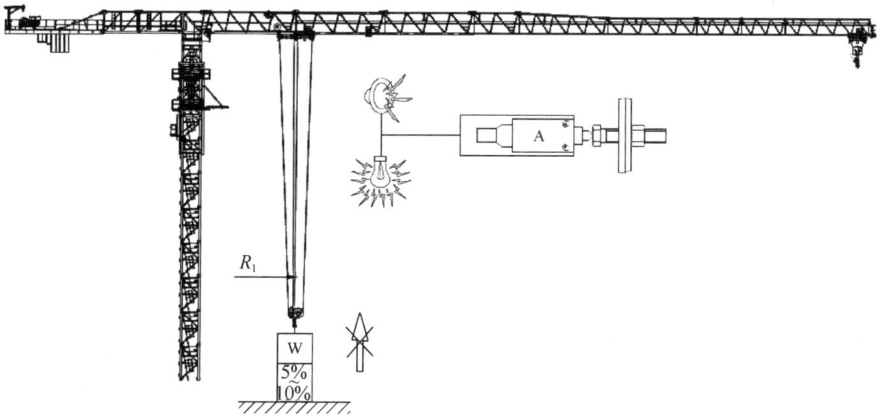

图 4-49 100％最大起重量调整

5. 校核

按换挡减速、90％最大起重量、100％最大起重量的调整方式进行校核，各重复三次，三次所得之重量应基本一致（不再调节螺杆）。

5 塔机的安装与拆卸

5.1 塔机安装与拆卸的管理

5.1.1 基本规定

1. 安装拆卸单位资质及安装人员证件

（1）从事塔机安装、拆卸活动的单位应当依法取得建设主管部门颁发的起重设备安装工程专业承包资质和建筑施工企业安全生产许可证，并在其资质许可范围内承揽工程。

（2）从事塔机安装、拆卸的操作人员必须经过专业培训，并经建设主管部门考核合格，取得建筑施工特种作业人员操作资格证书。

2. 安拆合同

塔机使用单位和安装单位应当签订安装、拆卸合同，合同中应当明确双方的安全生产责任；实行施工总承包的，施工总承包单位应当与安装单位签订建筑起重机械安装工程安全协议书。

3. 方案的编制

在塔机安装、拆卸作业前，安装单位应当根据塔机说明书和工程现场条件组织编制塔机安装、拆卸工程安全专项施工方案和生产安全事故应急救援预案。专项方案应按照规定的程序进行审核、审批。

4. 安装告知

安装单位应当在塔机安装（拆卸）前 2 个工作日内通过书面形式、传真或者计算机信息系统告知工程所在地县级以上地方人民政府建设主管部门，同时按规定提交经施工总承包单位、监理单位审核合格的有关资料。从事建筑起重机械安装、拆卸活动的单位，办理建筑起重机械安装（拆卸）告知手续前，应当将以下资料报送施工总承包单位、监理单位审核：

（1）建筑起重机械备案证明。

（2）安装单位资质证书、安全生产许可证副本。

（3）安装单位特种作业人员证书。

（4）建筑起重机械安装（拆卸）工程专项施工方案。

（5）安装单位与使用单位签订的安装（拆卸）合同及安装单位与施工总承包单位签订的安全协议书。

（6）安装单位负责建筑起重机械安装（拆卸）工程专职安全生产管理人员、专业技术人员名单。

（7）建筑起重机械安装（拆卸）工程生产安全事故应急救援预案。

（8）辅助起重机械资料及其特种作业人员证书。

（9）施工总承包单位、监理单位要求的其他资料。

5. 塔机的安装选址

（1）塔机的安装选址除了应当考虑地基承载和附着条件，现场和附近的其他危险因素；在工作或非工作状态下风力的影响；满足安装架设（拆除）空间和运输通道（含辅助起重机站位）等要求与其他塔机、建筑物、外输电线路有可靠的安全距离外，还应考虑到毗邻的公共场所（包括学校、商场等）、公共交通区域（包括公路、铁路、航运等）等因素。在塔机及其载荷不能避开这类障碍时，应向政府有关部门咨询。

（2）塔机基础应避开任何地下设施，无法避开时，应对地下设施采取保护措施，预防灾害事故发生。

（3）当塔机在强磁场区域（如电视发射台、发射塔、雷达站附近等）安装使用时，应指派人员采取保护措施，以防止塔机运行切割磁力线发电而对人员造成伤害，并应确认磁场不会对塔机控制系统（采用遥控操作时应特别注意）造成影响。

（4）当塔机在航空站、飞机场和航线附近安装使用时，使用单位应向相关部门报告并获得许可。

6. 塔机基础要求

根据塔机类型，塔机基础可分为轨道式基础和固定式基础。固定式基础通常为钢筋混凝土基础，在特殊情况下也有钢结构平台等特殊基础；钢筋混凝土基础通常为整体式基础。

（1）行走式塔机轨道基础

行走式塔机轨道基础必须能承受塔机工作状态和非工作状态的最大载荷，按工作需要可采用碎石基础或混凝土基础。在基础上放置轨枕，轨枕又有木轨枕、钢筋混凝土轨枕等，轨道铺设在成排的轨枕上。碎石基础应当符合以下要求：

① 当塔机轨道敷设在地下建筑物（如暗沟、防空洞等）的上面时，应采取加固措施。

② 敷设碎石前的路面应按设计要求压实，碎石基础应整平捣实，轨枕之间应填满碎石。

③ 路基两侧或中间应设排水沟，保证路基无积水。

④ 轨道应通过垫块与轨枕应可靠地连接，每间隔 6m 应设一个轨距拉杆；钢轨接头处应有轨枕支承，不应悬空；在使用过程中轨道不应移动。

⑤ 轨距允许误差不大于公称值的1‰，其绝对值不大于6mm。

⑥ 钢轨接头间隙不大于4mm，与另一侧钢轨接头的错开距离不小于1.5m，接头处两轨爬高度差不大于2mm。

⑦ 塔机安装后，轨道爬面纵、横方向上的倾斜度，对于上回转塔机为不大于3‰；对于下回转塔机为不大于5‰；在轨道全程中，轨道爬面任意两点的高度差应小于100mm。

⑧ 轨道行程两端的轨爬高度宜不低于其余部位中最高点的轨顶高度。

（2）固定式塔机混凝土基础

1）一般要求

① 固定式塔机混凝土基础必须根据设计要求设置，基础能够承受工作状态和非工作状态下最大载荷。

② 基础纵横向偏差符合要求。

③ 预埋螺栓、承重钢板材质、尺寸符合要求。

④ 基础地耐压力、土质承载能力符合要求。

⑤ 混凝土必须留存试块，试验应达到塔机说明书中要求的强度。

⑥ 基础的抗倾翻稳定性计算及地基压应力的计算，符合塔机各种工况下的技术条件。

⑦ 基础应有排水设施，排水畅通。

⑧ 接地电阻不大于4Ω。

⑨ 预埋脚柱（支腿）、地脚螺栓和预埋节应使用原制造商或有相应资格单位生产的产品，并有产品合格证。

2）整体式钢筋混凝土基础

① 固定式塔机一般采用整体式现浇钢筋混凝土基础，塔身结构通过与预埋在钢筋混凝土中的预埋脚柱（支腿）、预埋节或地脚螺栓等固定在基础上。这种基础可以是独立的，也可以与建筑物结构相连或者是建筑物地下室底板的一部分，其特点是能靠近建筑物，增大塔机的有效作业面，混凝土基础本身还兼压重块的作用；缺点是基础的尺寸比较大，混凝土和配筋用量大，不能重复使用，使用费用高。如图5-1所示（a）为QTZ63塔机底架十字梁整体式钢筋混凝土基础，图5-1所示（b）为QTZ63塔机预埋肢腿整体式钢筋混凝土基础。

② 底架十字梁整体式钢筋混凝土基础还有一种形式是压重式基础，如图5-2所示。这种基础对地面的承压强度要求较高，优点是，现浇混凝土用量较少，压重可重复使用，使用费用较低。

（3）地基加固处理

当地耐力无法满足塔机设计要求时，须对地基进行加固处理，常用的方法如下：

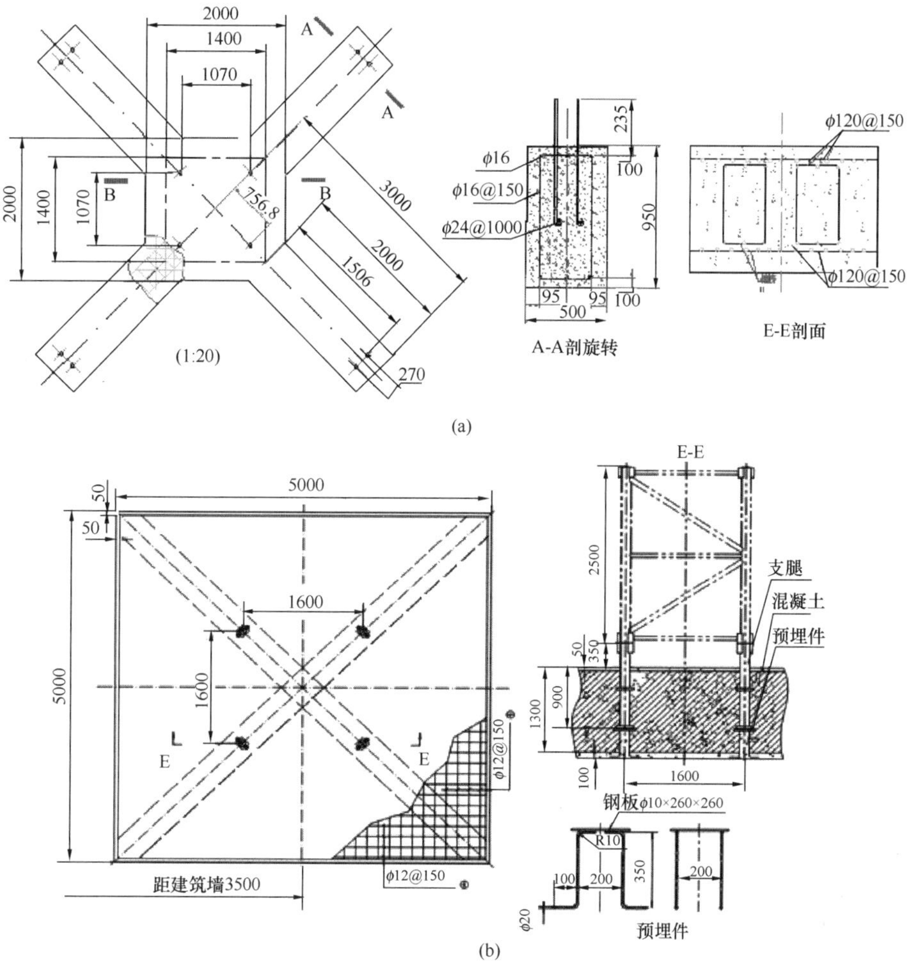

图 5-1　QTZ63 塔机整体式钢筋混凝土基础

(a) 底架十字梁式；(b) 预埋肢腿式

1）一般处理。可采取夯实法、换土垫层法、排水固结法、振密挤密法等。不同的方法对土类、施工设备、技术有不同的要求，成本不一。最常用的是换土垫层法，其成本较低，但仅局限于地基软弱层较薄的地区。

2）桩基加固。成本较高，但处理效果较好，适用于浅层土质不能满足承载力的要求而又不适宜采用一般处理方法时，如现场地下水位较高等。桩基础、组合式基础等的施工应符合

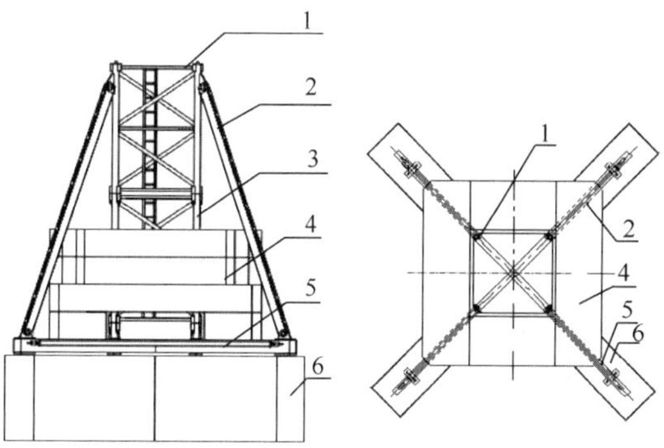

图 5-2　压重式基础

1—基础节二；2—斜撑；3—基础节一；4—压重块；5—底架十字梁；6—钢筋混凝土基础

《塔式起重机混凝土基础工程技术标准》JGJ/T 187—2019 的规定。

3）利用已有设施。在便于安装、拆卸的前提下，借助已有建筑物的基础、底板等，把塔机基础与其结合起来。此种方案成本低，比较理想，但因对构筑物增加了荷载，应经计算决定是否对其采取加固处理。

4）加大基础面积。此方案仅适用于现场地耐力与基础设计所要求的地耐力值相差不大时的情况，并应进行重新设计计算。

7. 接地与防雷

（1）塔机应采用 TN-S 接零保护系统供电，供电线路的工作零线应与塔机的接地线严格分开。塔机的金属结构、轨道、电气设备的金属外壳、金属线管、安全照明的变压器低压侧一端等均应做保护接零（与 PE 线连接）。塔机供电系统的保护零线（PE 线）还应做重复接地，重复接地电阻不大于 10Ω。

（2）接地装置

1）接地装置一般由接地线和接地体组成。

2）接地装置的接地线应采用 2 根及以上导体，在不同的点与接地体做电气连接。不得采用铝导体做接地线。

3）塔机的接地一般可采用自然接地体，包括建筑物基础的钢筋网、自来水管道等。若采用人工接地体时，接地体宜采用角钢、钢管或光面圆钢等钢质材料，不得采用螺纹钢，导体截面应满足热稳定、均压和机械强度要求，且不应小于表 5-1 所列规格。

钢质材料接地体（线）的最小规格 **表 5-1**

种　类	规　格	地　上	地　下
圆　钢	直径（mm）	8	10
扁　钢	截面（mm^2）	100	100
	厚度（mm）	4	4
角　钢	厚度（mm）	2.5	4
钢　管	壁厚（mm）	2.5	3.5

4）接地体的敷设

① 接地体顶面埋设深度应符合塔机说明书的规定，若塔机说明书没有明确的规定，其深度不应小于 0.6m。若采用角钢及钢管接地装置应垂直配置。除接地体外，接地体引出线的垂直部分和接地体焊接部位应做防腐处理；在做防腐处理前，表面必须除锈并去掉残留的焊渣。

② 采用两根及以上垂直接地体时，其间距不宜小于其长度的 2 倍，垂直接地体之间应做电气连接。

③ 做防雷接地的电气设备，所连接的 PE 线必须同时做重复接地，同一台机械电气设备的重复接地和机械的防雷接地可共用同一接地体，但接地电阻应符合重复接地电阻值的要求。

5）接地体（线）的连接：

① 接地体的连接应采用焊接，焊接必须牢固无虚焊。

② 接地体的焊接应采用搭接焊，其搭接长度必须符合下列规定：

A. 扁钢为其宽度的 2 倍（且至少 3 个棱边焊接）。

B. 圆钢为其直径的 6 倍。

C. 圆钢与扁钢连接时，其长度为圆钢直径的 6 倍。

（3）防雷

1）当塔机处在相邻建筑物、构筑物等设施的防雷接闪器保护范围以外时，应按规定做防雷保护。防雷装置的冲击接地电阻值不应大于 30Ω。

2）塔机可不另设避雷针。塔机的防雷引下线可利用塔机的金属结构体，但应保证电气连接。

5.1.2 塔机安装拆卸管理制度

1. 塔机安装单位管理制度

（1）安装拆卸塔式起重机现场勘察、编制任务书制度。

（2）安装、拆卸方案的编制、审核、审批制度。

（3）基础、路基和轨道验收制度。

（4）塔式起重机安装拆卸前的零部件检查制度。

（5）安全技术交底制度。

（6）安装过程中及安装完毕后的质量验收制度。

（7）技术文件档案管理制度。

（8）作业人员安全技术培训制度。

（9）事故报告和调查处理制度。

2. 安装单位岗位责任制

安装单位要建立塔式起重机安装、拆卸的主管人员、技术人员、机械管理人员、安全管理人员和塔式起重机安装拆卸工、司机、起重司索信号工、建筑电工等在安装拆卸塔式起重机工作中的岗位职责。

3. 安装拆卸工操作规程

（1）在每次拆装作业中，必须了解自己所从事的项目、部位、内容及要求。

（2）必须了解所拆装塔式起重机的性能。

（3）必须详细了解并严格按照说明书中所规定的安装及拆卸的程序进行作业，严禁对产品说明书中规定的拆装程序做任何改动。

（4）熟知塔式起重机拼装或解体各拆装部件相连接处所采用的连接形式和所使用的连接件的尺寸、规定及要求。对于有润滑要求的螺栓，必须按说明书的要求，按规定的时间，用规定的润滑剂润滑。

（5）了解每个拆装部件的质量和吊点位置。

（6）作业前，必须对所使用的钢丝绳、链条、卡环、吊钩、板钩、耳钩等各种吊具、索具按有关规定做认真检查。合格者方准使用，使用时不得超载使用。

（7）必须对所使用的机械设备和工具的性能及操作规程有全面了解，在作业过程中严格按规定使用。

（8）在进入工作现场时，必须戴安全帽，高处作业时还必须穿防滑鞋、系安全带。

（9）在指定的专门指挥人员的指挥下作业，其他人不得发出指挥信号。当视线阻隔和距离过远等致使指挥信号传递困难时，应采用对讲机或多级指挥等有效的措施进行指挥。

（10）起重作业中，不允许把钢丝绳和链条等不同种类的索具混合用于一个重物的捆扎或吊运。

（11）安装起重机的过程中，对各个安装部件的连接件，必须特别注意要按说明书的规定，安装齐全、固定牢靠，并在安装后做详细检查。

（12）在安装或拆卸塔式起重机时，严禁只拆装一个臂就中断作业。

（13）在紧固要求有预紧力的螺栓时，必须使用专门的工具，将螺栓准确地紧固到规定的预紧力值。

（14）在高处作业时，摆放小件物品和工具时不可随手乱放，工具应放入工具筐中或工具袋内，严禁从高空投掷工具和物件。

（15）塔式起重机各部件之间的连接销轴、螺栓、轴端卡板和开口销等，必须使用塔式起重机生产厂家提供的专用件，不得随意代用。

（16）安装塔式起重机时，各销轴、螺栓、轴端卡板和开口销安装好后，不可以缺失和漏装。

（17）吊装作业时，起重臂和重物下方严禁有人停留、工作或通过。吊运重物时，严禁从人上方通过。严禁用起重机吊运人员。

（18）严禁带病和酒后作业。

（19）塔机安装、拆卸应在白天进行。特殊情况下需在夜间作业时，现场应具备足够亮度的照明，并制定相应方案。

（20）遇有雨雪、大雾、雷电等影响安全作业的恶劣气候，严禁安装、拆卸塔机。塔机安装、拆卸作业时，塔机最大安装高度处的风速不得大于12m/s。

5.2 安装拆卸前的准备

5.2.1 技术准备

1. 施工总承包单位的职责

(1) 向安装单位提供拟安装拆卸设备位置的地质勘查报告、基础施工方案、施工技术交底以及地基隐蔽工程验收记录、钢筋隐蔽工程验收表、混凝土强度回弹记录、混凝土试验报告技术等塔机基础验收资料，确保塔机安装拆卸所需的条件。

(2) 审核特种设备制造许可证、产品合格证、制造监督检验证明、产权备案证书等文件。

(3) 审核安装单位的资质证书、安全生产许可证和特种作业人员操作资格证书。

(4) 审核塔机安装、拆卸专项方案和生产安全事故应急救援预案。

(5) 指定专职安全生产管理人员监督检查塔机安装、拆卸情况。

2. 监理单位的职责

(1) 审核特种设备制造许可证、产品合格证、制造监督检验证明、产权备案证书等文件。

(2) 审核安装单位资质证书、安全生产许可证和特种作业人员操作资格证书。

(3) 审核塔机安装、拆卸专项方案和生产安全事故应急救援预案，并监督方案执行情况。

(4) 发现存在生产安全事故隐患的，应要求限期整改；情况严重的，应当要求暂时停止施工，并及时报告建设单位；对拒不整改或者不停止施工的，及时向建设单位和建筑工程管理部门报告。

3. 作业前的交底

安装单位技术人员应根据专项方案向安装拆卸作业人员进行安全技术交底。交底人、塔机安装负责人和作业人员应签字确认。专职安全员应监督整个交底过程。安全技术交底应包括以下内容：

(1) 塔机的性能参数。

(2) 安装、附着或拆卸的程序、方法和难点。

(3) 各部件的连接形式、连接件尺寸及要求。

(4) 安装或拆卸部件的质量、重心和吊点位置。

(5) 使用的辅助设备、机具的性能及操作要求。

(6) 作业中安全操作要求和应急措施。

5.2.2 人员组织

1. 安装单位人员配备

(1) 安装负责人。

(2) 专业技术人员。

(3) 专职安全生产管理人员。

(4) 建筑起重机械安装拆卸工、起重司索信号工和塔机司机等特种作业操作人员。

2. 安装负责人的条件与职责

(1) 安装负责人的条件

安装负责人应当由安装单位指派，全面负责塔机安装、拆卸现场的组织管理工作，对安装单位的法定代表人负责。

安装负责人应当取得建造师资格和安全生产考核合格证书，或者具备以下条件：

1) 经建设主管部门考核合格，取得建筑施工特种作业人员操作资格证书。

2) 具有 5 年以上塔机安装拆卸工作经验。

3) 具有与塔机安装工程相适应的技术水平与管理能力。

(2) 安装负责人的职责

1) 负责施工现场所有安装作业人员和相关辅助起重设备操作人员的组织和管理。

2) 组织安排作业人员接受安全技术交底。

3) 安装拆卸前，组织对塔机、辅助设备和场地施工条件进行检查。

4) 保证塔机安装拆卸工作按照专项方案实施。

5) 监督安装拆卸作业人员严格遵守安全操作规程。

6) 检查并保证安装人员配备必要的工具和个人安全防护用品。

7) 在场地条件、气候、障碍物或其他原因不能保证安全时，作出终止作业决定。

8) 参与塔机安装拆卸方案的审核。

3. 防护用品的使用

进入现场的安装拆卸作业人员应配备必要的防护用品，高处作业人员应系好安全带，穿上防滑鞋。

4. 安装拆卸作业中，应分工明确，并由安装负责人统一指挥。当指挥信号传递困难时，应采用对讲机等有效措施进行指挥。

5.2.3 机具及场地准备

(1) 用于塔机安装拆卸作业的辅助起重设备应满足起升高度、起升幅度、最大起重量的要求并安全可靠。

(2) 吊装作业用的钢丝绳、卸扣等吊具、索具的安全系数不得小于 6。

(3) 应按照专项方案要求配齐相应的设备、工具、安全防护用品和有效指挥联络器具。

(4) 检测仪器应在检定有效期内。

(5) 在安装拆卸作业现场应划定警戒区域，设置警戒线。非作业人员不得进入警戒区，任何人不得在悬吊物下停留。

5.2.4 安装和拆卸前的检查

1. 安装前的检查

（1）对特种设备制造许可证、产品合格证、制造监督检验证明、产权备案证书及租赁单位相关资料等文件进行核查。对租赁的塔机，还应核查出租单位提供的维修保养及有关的安全性能检验合格证明。

（2）对照塔机零部件清单，核对零部件及安全装置是否齐全。发现零部件、安全装置有缺损的，应告知设备产权单位补齐、更换。严禁擅自用其他代用件及代用材料。

（3）对结构件进行检查，发现结构件有可见裂纹、严重锈蚀、整体或局部变形，连接销轴（孔）有严重磨损变形以及焊缝开焊、裂纹的，不得安装。

（4）对塔机的起升、回转、变幅、顶升机构及电气系统等进行检查，液压油、齿轮油、润滑油是否加注到位，安全装置、配电箱、电线、电缆是否完好，达不到安全使用要求的，不得安装。

（5）对钢丝绳、钢丝绳夹、楔套、连接紧固件、滑轮等部件进行检查，对有缺陷或损坏的部件不能安装上机。

2. 拆卸前的检查

（1）检查塔顶、过渡节、起重臂、平衡臂、顶升套架、顶升横梁、标准节及顶升支承块（爬爪）等主要受力构件是否有塑性变形、焊缝开焊、裂纹。

（2）以大于标准节质量 1.5 倍的吊重在相应额定幅度内做起升、变幅、回转载荷试验，检查各机构工作是否正常，制动器是否灵敏可靠。

（3）检查液压顶升系统工作是否正常，主要承力零件是否存在缺陷和损坏。

（4）检查中发现上述问题，应告知产权单位，采取相应措施。否则，不得拆卸。

5.3 塔机的安装

5.3.1 基本架设高度的安装与拆卸

1. 基本架设高度的安装

（1）水平臂塔机基本架设高度的安装程序，应符合使用说明书的要求，有塔顶塔机的安装一般可参照以下程序进行：

1）安装并校正底架。

2）安装基础节及基本架设高度所包含的塔身标准节。

3）安装顶升套架和顶升机构。

4）安装下支座、回转支承、上支座（包括回转机构）。

5）安装过渡节、司机室和塔顶。

6）安装平衡臂（包括起升机构）和平衡臂拉杆。

7）对于要求在安装起重臂前先安装平衡重块的塔机，应按照塔机说明书要求的数量和位置安装平衡重块。

8）接通电气系统的电缆线与控制线，安装起重臂（包括变幅机构）和起重臂拉杆。

9）安装剩余平衡重块。

10）安装起升机构和变幅机构的绳索系统。

（2）动臂式塔机基本架设高度的安装程序，应符合使用说明书的要求，一般可参照以下程序进行：

1）安装并校正底架。

2）安装基础节及基本架设高度所包含的塔身标准节。

3）安装顶升套架和顶升机构。

4）安装下支座、回转支承、上支座（包括回转机构）。

5）在上支座上安装司机室。

6）安装平衡臂（包括起升机构、变幅机构），将平衡臂与上支座进行连接。

7）在平衡臂上安装塔顶（人字架），将人字架的前、后撑杆与平衡臂用销轴可靠连接。在塔顶（人字架）上安装防止起重臂向后倾翻的安全装置。

8）平衡重的安装数量应符合塔机说明书的规定。

9）将起重臂及变幅动滑轮组组装好，安装起重臂：

① 先将起重臂臂根铰点与回转平台用销轴可靠连接。

② 然后将起重臂头部抬起，使其轴线与水平夹角达到塔机说明书规定的角度。

③ 最后将塔顶顶部与起重臂之间的拉索（绷绳）可靠连接。

10）按照塔机说明书的规定安装平衡重。

11）安装变幅机构的绳索系统。

12）安装起升机构的绳索系统。

2. 基本架设高度的拆卸

拆卸的程序应符合使用说明书的要求，一般可参照以下程序进行：基本架设高度的拆卸作业按照与安装作业相反的顺序进行，即后装的先拆、先装的后拆。在拆卸过程中应注意避让建筑物等，拆卸部件堆放位置应安全可靠。

3. 基本架设高度的安装与拆卸要求

（1）塔机的安装、拆卸应采用辅助起重设备进行。

（2）安装后，底架上平面水平度允差不得大于1/1000。塔身轴心线侧向垂直度允差不得大于4/1000，垂直度误差超差时，可以通过调节底架顶面的水平度来达到规定要求。

（3）安装时，各部件之间的连接件和防松、防退元件（如销轴、螺钉、轴端挡板、开口销、钢丝绳夹、钢丝绳用楔形接头等）必须安装齐全并连接可靠。开口销尾部必须按规定分开弯折，不得以小代大，也不得用其他物品代替。

（4）吊装各部件时，应按照制造厂提供的塔机说明书要求，根据各构件、部件的轮廓尺寸及质量，按照推荐的构件、部件的吊点及吊挂方法吊装。

（5）吊装平衡臂、起重臂前，应检查其连接销轴、安装定位板等是否连接牢固、可靠。应将安装在其上的部件可靠紧固，在臂架的两端设置溜索，并按塔机说明书提供的数据设置两处吊点。两吊点间距离应符合说明书要求。吊装时，被吊装部件应处于水平状态。

（6）安装和拆卸过程中，为使塔身承受最小的不平衡力矩，平衡重块的安装和拆卸程序应符合塔机说明书的规定。

（7）安装起重臂拉杆时，应利用起升机构拉动滑轮组，将拉杆上端拉至塔顶耳板处，安装人员必须站在塔顶平台上完成起重臂拉杆的安装，严禁安装人员站在起重臂上对接拉杆。

（8）起重臂与水平面的倾角应按照出厂设计，不得随意调整。当水平起重臂双拉杆受力不均匀时，可通过改变塔顶顶部调节板的长度进行调整。

（9）拆卸起重臂、平衡臂与过渡节连接的销轴前，必须用钢丝绳将两臂根部牢固绑扎在过渡节上，以防止连接销轴拆除后臂架可能向外移动引起的冲击。

5.3.2 自升式塔机加节、降节

1. 加节、降节前的准备工作

（1）塔机的顶升套架应有可靠的导向装置。

（2）检查、调试并确认顶升机构工作正确、可靠，保证顶升套架能按规定的程序上升、下降、可靠停止。顶升机构空载运行，升降过程中应平稳，无爬行、振动现象。

采用液压顶升的塔机，液压油和液压系统工作压力应符合产品说明书的要求，安全溢流阀的调整压力不得大于系统额定工作压力的110%，平衡阀或液压锁与顶升液压油缸之间的连接不得用软管连接，不得有任何泄漏；采用非液压顶升的塔机，顶升机构应工作正常，主要承力零件应无任何缺陷和损坏。

（3）检查顶升套架换步支承装置，确保运动灵活，承重可靠。

（4）塔机下支座与顶升套架应可靠连接，顶升装置应具有可靠的防脱功能。

（5）标准节应为原制造厂或其委托的有资质的单位生产的相同规格的合格产品。

（6）顶升加节前应预先放松塔机供电电缆，降节时应适时收紧电缆。

（7）顶升机构必须专人操作。

（8）塔机停用6个月以上，需要加节的，应当按照相关规定进行自检和验收。

2. 加节、降节

（1）加节、降节应按照塔机说明书的操作程序进行。

（2）顶升机构在承载时，应保证塔机被顶升部分处于最佳平衡状态。

1）顶升加节前，应先将待加标准节置于顶升套架引进装置上的规定位置，载重小车（含配平用重物）移至说明书规定的幅度，确认起重臂对正顶升套架的加节方向，松开下支承座底部与塔身标准节连接部位（以下简称“对接部位”）四角的连接装置。

2）启动顶升机构进行顶升，将顶升套架向上顶起 10～30mm 后停止，检查对接部位分开后其四角的上、下主弦杆在起重臂、平衡臂方位前后是否对正，套架滚轮或滑块与塔身主弦杆的间隙是否均匀。否则，应通过移动载重小车微调，使塔机被顶升部分处于最佳平衡状态。

（3）塔机被顶升部分处于最佳平衡状态后，操纵顶升机构，使塔机上部顶起至预定位置，将引进装置上的待加标准节引入套架内，并分别与下支座和塔身连接。

需换步顶升的，塔机被顶升部分质量由顶升机构承受转换为套架支承装置承受，或由套架支承装置承受转换为顶升机构承受时，一对支承装置应按说明书规定的程序同时承载，严禁单件承载。

（4）在对接部位四角未可靠连接前，严禁吊运物品和回转起重臂。

1）一次顶升过程完成后，再次顶升加节前，应保证对接部位四角可靠连接，才能将待加标准节置于顶升套架引进装置上的规定位置。

2）加节、降节期间，起重臂必须始终保持对正加节方向，不得回转。回转锁定装置必须可靠。

（5）降节时，应确保顶升下横梁两端支承部位与塔身下一标准节顶升支承块可靠定位且能防止脱出，并使塔机被顶升部分处于最佳平衡状态。

（6）在加节、降节过程中，应随时观察套架与塔身轨道有无卡阻现象，主电缆是否被夹拉、挤伤等。若出现异常情况，应立即停止升降，排除故障确认无误后方可继续升降。

（7）在加节、降节过程中，严禁任何一个套架导向轮出现脱轨现象。

（8）在加节、降节过程中，若因特殊情况需中断升降作业，必须回缩顶升液压油缸，将塔机下支座底部与塔身最上标准节可靠连接。

（9）加节、降节作业完成后，应切断顶升机构的电源。

（10）若塔身标准节之间采用高强螺栓连接，在顶升加节完成后，必须按照规定的预紧力矩复拧全部螺栓。紧固螺栓时，应使塔机处于空载状态（载重小车位于最小幅度、吊钩位于最大起升高度），平衡臂位于塔身待拧螺栓一侧。

5.3.3 附着装置的安装与拆卸

1. 附着装置的安装

（1）塔机安装高度超过独立高度时，必须按塔机说明书的要求安装附着装置。

（2）附着装置的安装位置、垂直间距、塔身与附着点的水平距离及自由端高度应符合塔机说明书的规定。

（3）塔身与附着点的水平距离及附着杆的布置角度不能满足塔机说明书的规定时，应对附着装置进行设计。附着装置应由原塔机生产制造单位或由具有相应能力的企业设计、制作，严禁擅自制作。

（4）附着框架应靠近标准节中间节点的位置安装。若塔机设计要求附着框架必须附着在特殊设计的附着节上，应严格按照塔机说明书要求设置。

（5）附着装置宜采用三杆或四杆的布置形式，附墙装置由三根或四根水平布置的撑杆和一组套在标准节主弦杆上的附着架组成，撑杆应布置在同一水平面内。特殊情况须经塔机原生产制造单位确认。

（6）对塔身在附着框架相连处设有辅助加强装置的，必须安装齐全、牢固。

（7）安装附着装置前，宜搭设作业平台；搭设时应按照相关安全规程操作。

（8）同一道附着装置的附着框及各支承杆应处于同一水平面内。

（9）支承杆与附着框、附着点连接件之间必须按照塔机说明书的要求可靠连接，严禁采用焊接连接替代。

（10）建筑物或构筑物附着点处的承载力以及附着连接件与建筑物或构筑物之间的连接强度必须符合塔机说明书的规定。

（11）安装附着装置时，应先在同一高度平面内安装附着框和附着连接件，待调整起重臂的方位和变幅小车在起重臂上的位置，使塔身处于最佳平衡状态后再安装支承杆。

（12）附着装置安装后，最高附着点以下塔身轴心线的侧向垂直度允差不得大于2/1000，最高附着点以上塔身悬臂段轴心线侧向垂直度允差不得大于4/1000。

（13）使用过程中需要加节附着的，作业前除相关规定检查外，还应重点对塔机的基础、金属结构、连接情况、电气系统、附着装置、塔身垂直度，以及待安装的标准节、连接件等进行检查，符合规定的方可作业，检查内容见《塔式起重机安装过程自检报告》。加节附着后应按照要求自检和验收。

2. 附着装置的拆卸

（1）拆卸附着装置前，应降低塔机高度，使待拆附着装置之上塔身悬臂高度最小时，方可拆卸该道附着装置。

（2）附着装置的拆卸应当严格按照从上至下的顺序依次进行。

（3）拆卸附着装置前，宜搭设作业平台；搭设时应按照相关安全规程操作。

（4）附着装置的拆卸步骤：

① 调整起重臂的方位和变幅小车在起重臂上的位置，使塔身处于最佳平衡状态。

② 按支承杆、附着框、附着连接件的顺序依次拆卸各部件，每拆一个部件，都必

须先将其固定在塔身或作业平台上，再拆去销轴、螺栓等连接件。

5.3.4 内爬式塔机的安装、爬升与拆卸

1. 内爬式塔机的安装

（1）内爬式塔机安装前的准备应符合相关规定。

（2）内爬式塔机基本架设高度的安装应符合相关规定。内爬式塔机的顶升机构和顶升平衡应严格按照塔机说明书的规定配套，不得擅自使用自升式塔机的顶升机构代替。

（3）最上一个内爬环梁以上塔身悬臂段高度应符合使用说明书的规定。与内爬环梁接触的塔身节应符合使用说明书的规定，不得随意调换。

（4）内爬式塔机爬升完成后，塔身轴心线的侧向垂直度允差不得大于4/1000。

2. 内爬式塔式起重机的爬升

（1）塔机在爬升过程中，液压顶升油缸无论侧置或中置，均应以油缸支承点为矩心，通过调整，使塔机处于最佳平衡状态。

（2）塔机在爬升过程中，回转锁定装置应当处于锁定状态，严禁起重臂转动。

（3）内爬环梁应与建筑物内爬通道的安装尺寸相匹配，并符合塔机说明书的规定。

（4）内爬环梁的间距应符合塔机说明书的规定，一般不得小于三个楼层高度。

（5）安装内爬环梁部位的主体结构强度，必须根据塔机说明书提供的载荷进行计算，达到说明书的要求后，方能进行爬升作业。

（6）内爬环梁在竖直方向必须可靠定位，其框架周边与主体结构必须可靠固定。

（7）在爬升过程中，当爬升质量由顶升油缸承受转换为换步支承装置承受，或由换步支承装置承受转换为顶升油缸承受时，一对支承装置应按塔机说明书规定的程序同时承载，严禁单件承载。

（8）在爬升过程中，内爬环梁的内导向装置与塔身主弦杆的径向间隙应控制在2～4mm。爬升完毕进入工作状态前，必须用顶紧装置将塔身与内爬环梁锁紧固定。

3. 内爬式塔机的拆卸

（1）内爬式塔机拆卸前宜先下降塔身，使塔机臂架尽可能接近建筑物顶面。

（2）利用辅助起重设备将高于建筑物顶面的部件逐一拆卸，其拆卸操作应符合说明书的规定。

（3）建筑物顶面上架设的辅助起重设备必须具有足够的稳定性。若该设备对建筑物顶面的载荷超过其承载能力，必须采取措施分散载荷。

（4）使用辅助起重设备吊运塔机部件时，应进行试吊，确认绑扎和制动可靠无误后方可往建筑物以外吊运，吊运时宜在部件两端设置溜绳。

5.3.5 轨道式塔机的安装

塔机行走机构应采用符合设计要求的原制造厂生产的产品，并应设有即使在某一

支承轮失效时也能防止塔机倾翻的装置，其制动器应能使塔机平缓制停。

塔机行走机构应采用符合设计要求的原制造厂生产的产品，并应设有即使在某一支承轮失效时也能防止塔机倾翻的装置，其制动器应能使塔机平缓制停（轨道式塔机的基础要求见5.1.1中塔机基础要求）。

1. 行走机构安装

（1）将台车吊装在按规定铺设的轨道上，并用小方木、木楔等固定。确保行走电机在轨距内侧。行走台车与轨道外侧建筑物之间的安全距离不小于450mm。

（2）拼装行走底架，拧紧螺栓。

（3）将行走底架连接板与台车连接板对正连接。

（4）拆除每个台车上便于安装及运输用的各个支腿，将夹轨钳与轨道夹紧。保证随后塔机安装的安全。

2. 行程开关的调整

轨道两端应按工地情况设置车挡，行程限位撞块安装在轨道两端，并与主动台车位置对应。行程开关的调整在整机空载状态下进行的。注意：

（1）行程开关只是一种极限位置急停保护装置，不能用作正常操作时的极限位置停车，即司机应根据实际情况，在到达极限位置前减速慢行并切断电源。

（2）因行走塔机重心较高，在行走未完全停稳前，严禁反向起动，防止塔机倾翻。

3. 底架安装

（1）吊装十字梁。

（2）安装基础节。

（3）安装斜撑杆。

4. 吊装压重块

（1）压重放置时左右数目保持一致，作对称放置。

（2）压重混凝土突出部分要压在十字梁上，左右均匀。

（3）安装压重时，利用突台、孔定位，台、孔必须对中。注意压重必须沿轨道方向安装。

5. M型电缆卷筒安装

（1）电缆卷筒组装。

（2）电缆卷筒支架安装

1）安装固定支架。

2）安装电缆卷筒支架。

3）安装导线盒支架。

4）安装电缆卷筒。

5）调整电缆卷筒支架及导线盒支架位置，使卷盘与导线盒对正，同时对正电缆锚固点。注意采用一个 M 型电缆卷筒时，电缆锚固点可在轨距中心线上任意选一点。当电缆锚固点在中心线任意一点时（端点除外），电缆线长度为电缆锚固点到轨道远端距离加 15m。

6. 主机安装拆卸

参考章节 5.3.1 与 5.3.2。

5.3.6 不同结构型式塔机安装的区别

各种型式的塔机的结构不尽相同，因此安装程序也不完全相同。

1. 小车变幅式自升塔机（塔帽式）

在安装好塔身和顶升套架后，先安装塔帽（包括回转支承和上下回转支座），再分别安装平衡臂和起重臂。

2. 动臂式自升塔机

动臂式自升塔机尾部回转半径较小，有的把平衡臂与回转支座做成一体，组成回转平台一起安装，其动臂则用辅助起重设备吊起，将臂根与转台连接，在穿绕变幅钢丝绳滑轮组后可用自身的变幅卷扬机拉起来。

3. 平头式塔机

一种是起重臂、平衡臂均与塔头固接；另一种是把平衡臂与回转支座铰接，再用拉杆连接平衡臂与塔头，如图 5-3 所示。在进行安装时，一般是平衡臂与起重臂分别分节交替吊装，即安装一节平衡臂，再安装一节起重臂，然后再安装一节平衡臂，再安装一节起重臂，依此类推，以减少塔式起重机的前后倾不平衡力矩。

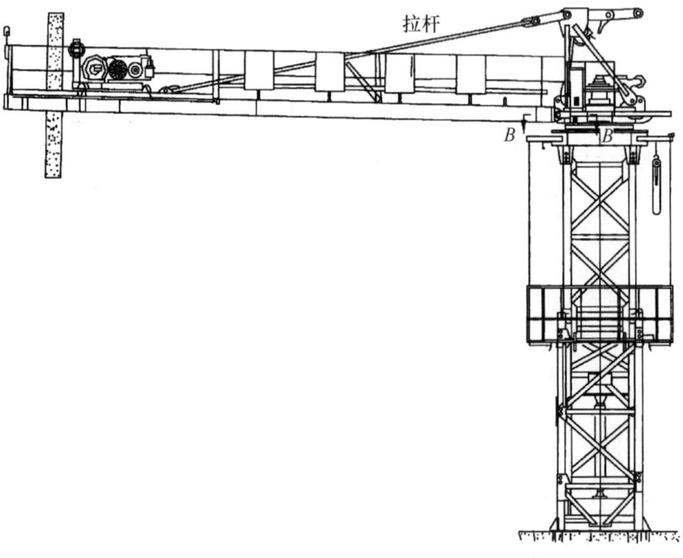

图 5-3 平衡臂与回转支座铰接的平头式塔式起重机

4. 内爬式塔机

（1）内爬式塔机设置在建筑物内时，能随着建筑施工的进程在建筑物内爬升。内爬式塔机一般是按固定式塔机方式安装在混凝土基础上，待建筑物施工到一定高度后，再利用其本身的爬升机构在楼层内爬升。

（2）内爬塔机的爬升机构，由环梁（内爬框架）、液压顶升机构、支承钢梁等组成。内爬框架为框架式结构，两侧设有爬梯，通过支承梁搁置在建筑物上。塔身一般置于建筑物的电梯井、核心筒和楼层内。当建筑物施工完成到一定楼层高度时，塔式起重机由固定式转换为内爬式，并向上爬升。

（3）内爬支承通常由环梁（内爬框架）和支承钢梁组成。环梁（内爬框架）搁置在支承钢梁上面。整个内爬环梁系统由三套结构尺寸相同的环梁（内爬框架）配套而成。

（4）支承钢梁直接搁置在楼板上或穿在墙体预留的洞里，也可制作支承架（牛腿）悬挑在墙体上，将支承钢梁的载荷传递到建筑物上，一套支承钢梁一般包括两根钢梁。支承架数量根据需要在爬升楼层处预设。底部环梁承载垂直载荷，顶部和中部环梁承载等效水平载荷，顶部和中部环梁垂直间距通常不小于三个楼层，这样构成一个稳定的支撑结构体系，底部环梁（内爬框架）和支承钢梁供爬升时交替使用。

（5）爬升时，使塔式起重机的倾覆力矩调至最小，松开环梁中夹持塔身的装置，用塔身底部的爬升部件和液压装置将塔式起重机升高，当塔身基础节到达中环梁时，中环梁和上环梁将塔身夹持住，然后在适当时间将下环梁移至上部楼层成为顶部环梁。

5.3.7 关键零部件的安装要求

1. 销轴连接

塔机片装式塔身标准节之间的连接、起重臂之间的连接、各拉杆之间的连接、转台与塔帽等部件之间的连接、平台连接等均采用销轴结构。销轴多承受剪切力，因而销轴与各部件上销孔的尺寸精度和表面精度对于塔机整体质量至关重要，关键部位的销轴孔一般需要焊后精加工。销轴联接要考虑安装时销锥的导向，更应具有可靠的轴向定位，符合《塔式起重机安全规程》GB 5144—2006 中的相关要求。图 5-4 为两种起重臂销轴安装方式。

（1）销轴的材质

销轴的材料多采用符合《优质碳素结构钢》GB/T 699—2015 的 45 钢及符合《合金结构钢》GB/T 3077—2015 的 40Cr、35CrMo、42CrMo 钢等，并进行必要的热处理。因此，塔机销轴的更换必须征得制造商的同意。

（2）销轴的安装

1）起重臂连接销轴的安装

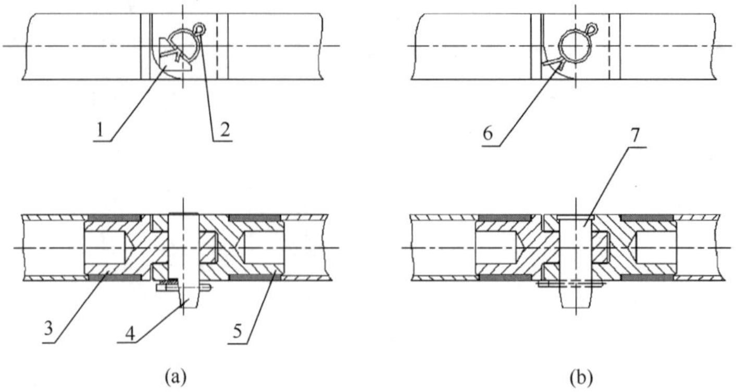

图 5-4　两种起重臂销轴安装方式

（a）起重臂接头销轴带轴端挡板；（b）起重臂接头销轴不带轴端挡板

1—轴端挡板；2—开口销；3—起重臂左侧接头；4—销轴；5—起重臂右侧接头；

6—开口销；7—起重臂销轴

安装方式，包括起重臂接头销轴带轴端挡板（方案一）和起重臂销轴不带轴端挡板两种。这两种方案的起重臂销轴各有利弊，方式一［图 5-4（a）］的轴端挡板要求焊接质量可靠，但是销轴安装方便，方式二［图 5-4（b）］销轴的轴向尺寸要求严格，但是销轴结构简单。

2）塔机标准节连接销轴的安装

塔身片装标准节之间的连接销轴为十字交叉连接，两个销轴采用一个锁紧销进行固定，锁紧效果达不到要求时，可增加一个锁紧轴卡辅助固定。见图 5-5 十字交叉销轴。

大直径销轴的轴向锁紧使用开口销已经无法实现，一般设计插销进行固定，为减小大销轴的重量，可采用销轴尾端的固定方式，见图 5-6 销轴尾端固定方式。

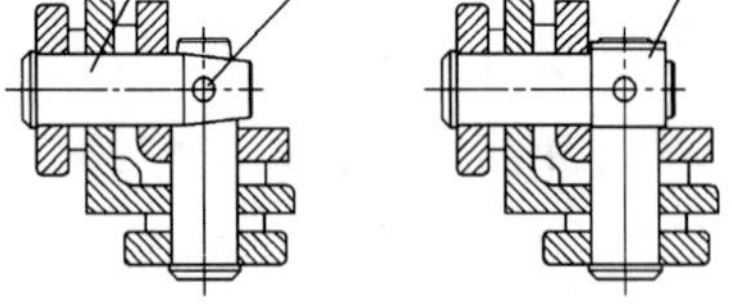

图 5-5　十字交叉销轴

1—销轴；2—锁紧销；3—锁紧轴卡

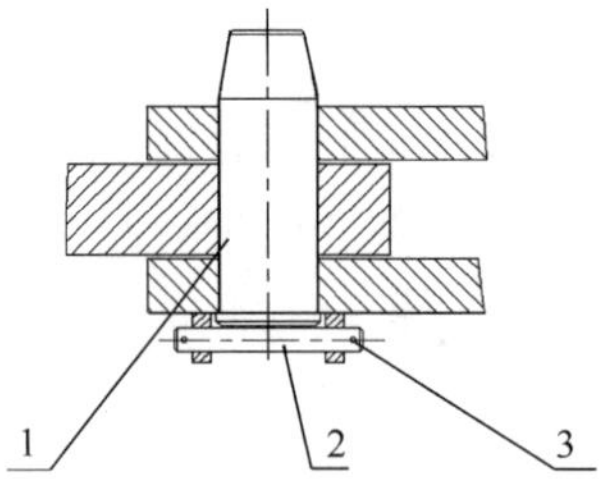

图 5-6　销轴尾端固定方式

1—销轴；2—轴端锁紧销；3—开口销

塔机销轴脱落在塔机使用过程中是非常危险的，正确安装和使用销轴，认真检查销轴的使用状况，对于塔机的安全运行至关重要。

2. 高强度螺栓连接

高强度螺栓是塔式起重机塔身、塔帽等部位连接的重要部件，所以在塔式起重机装拆时必须高度重视，保证高强度螺栓预紧力。安装时要注意以下问题：

（1）螺栓、螺母应使用原塔机生产制造单位提供的产品；需要更换时，应从原塔机生产制造单位或有资质的制造厂家购置，并符合塔机说明书的技术要求，塔身标准节、回转支承等连接用高强度螺栓还应具有楔荷载合格证明。

（2）安装前，应清除连接表面存有的灰尘、油漆、油迹和锈蚀等并对螺栓、螺母进行检查，对存有损伤、裂纹、变形、滑牙、缺牙、锈蚀等缺陷的，禁止使用。

（3）高强度螺栓的紧固，应使用力矩扳手或专用扳手，预紧力矩应符合塔机说明书的规定。

（4）螺栓、螺母应具有可靠的防松措施，采用双螺母防松时，两个螺母应相同；对用于槽钢、工字钢的连接，必须使用相应的斜垫圈。

（5）应定期检查预紧力矩，在塔机安装工作 100 h 后，应全部检查拧紧，以后塔机每工作 500 h 均应检查拧紧一次，如发生螺栓、螺母螺纹部分有损伤，应立即更换螺栓、螺母。

（6）螺栓、螺母重复使用应符合《塔式起重机》GB/T 5031—2008 的规定。

（7）拆卸后的螺栓、螺母应妥善保管。

3. 销轴开口销的固定

开口销的设置不规范主要有以下情形：

（1）漏装开口销。

（2）开口销未开口或开口度不够，如图 5-7（a）和图 5-7（b）所示。

（3）开口销以小代大。

（4）用铁丝、焊条等替代开口销。

（5）开口销锈蚀严重。

当开口销的强度或替代品的强度达不到要求时，开口销在销轴的轴向力作用下往往会剪断。未开口或开口度不够的开口销在使用过程中容易掉落，没有开口销的销轴在使用中会自行脱离，这样就会引起折臂的重大事故。因此，应高度重视销轴开口销的安装，正确安装开口销，正确的做法见图 5-7（c）、图 5-7（d）。

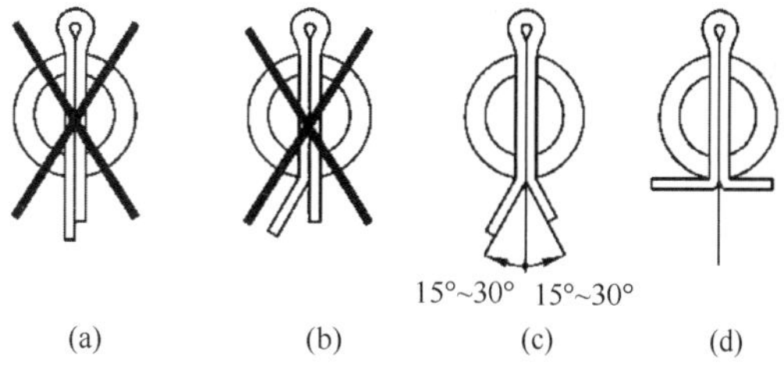

图 5-7　开口销的安装

（a）（b）错误；（c）正确；（d）有障碍物时，正确

4. 不同截面标准节的安装

有些塔式起重机的塔身标准节根据杆件的强度不同分为两种或两种以上的规格，不同规格的标准节外形几乎一样，仅是主弦杆壁厚不同，在外观上不易分清。塔式起重机使用高度确定后，安装和加节时要按使用说明书的要求，确定塔身上标准节的具体型号标志，绝不能混淆。

5. 不同臂长时平衡重块配置

对于可以变换臂长的塔式起重机，其平衡重的质量是随臂长不同而变化的，安装时应注意这一点，要按使用说明书规定的平衡重块的数量、规格和位置准确安装。平衡重块安装位置不正确，会造成起重臂与平衡臂平衡力矩偏差过大，容易造成塔机失稳。

6. 吊点位置的确定

塔式起重机的大型部件的吊点位置一定要符合说明书的要求。对使用说明书未标注吊点位置的，吊装结构件吊点的确定应注意两方面：

（1）被吊装结构件的平衡。对长形结构件，如起重臂、平衡臂，可在地面试吊，确定合理吊点。

（2）吊点处的结构强度和吊索连接的牢固。如果吊点强度不够，会破坏结构件，个别严重的情况会造成整个结构件破坏。吊索在吊点处不得有滑移和脱落，一般吊索应连接在被吊装结构的节点上，不得连接在主弦杆中部和腹杆上。吊索与物件棱角之间应加垫块。

5.4 紧急情况处置

5.4.1 安拆时紧急情况处置

1. 安装时基础出现问题

（1）安装底盘紧固螺栓时，地脚螺栓上移。这是由于基础强度不够造成的，一般是基础制作时间较短，混凝土强度还没有达到足够的强度。处置方法是等一段时间后，再用回弹仪弹试，强度达到要求后再进行安装。

（2）地脚螺栓有的预留过长或过短。这是由于施工人员不仔细，没有按照基础图纸施工。处置措施：如果地脚螺栓外面预留较长，可采用加厚压板的方法；如果预留较短，但还能够安装一个螺母，在地耐力允许的情况下，可在底梁上加压重。如果一个基础有较多的地脚螺栓预留过长或过短，该基础应该作废，重新制作基础。

2. 安拆时发现钢结构损坏

（1）表面锈蚀

塔机的工作环境比较恶劣，运行过程中的碰撞及防锈油漆的自然老化、脱落，使表面失去保护，加上维护保养工作不及时，造成局部腐蚀氧化，不同程度地出现表面锈蚀现象，降低钢结构强度，久而久之使塔机的钢结构变形。

（2）裂纹

一般裂纹主要产生在焊接部位及应力集中的地方，如塔身下部、下支座、回转塔身、塔顶连接耳板等，通常在复合受力最大处。如果机构启动和制动过猛、越级换速、反车作紧急制动，使塔机钢结构增大冲击力，过大的惯性可导致塔机钢结构的焊缝开裂，处理不及时，会引发较大事故。

（3）变形

1）由于碰撞、敲打等原因，造成钢结构局部弯曲变形。

2）由于连接螺栓松动，使得螺孔磨损成椭圆，造成各节臂、杆件之间偏心产生附加弯曲力矩。

3）误动作造成钢结构意外碰撞变形，如操作机构失灵使吊臂失控后仰，与塔身相撞会引起严重变形。

4）长期超载使用，使钢结构产生屈服变形（永久变形）。

（4）断裂

钢结构的断裂，尤其是使用中突然断裂将产生非常严重的后果。断裂的原因有以下几点：

1）因超载而造成起重设备发生事故。操作者或指挥者为抢速度，抱着侥幸心理盲目超载。有的建筑工地为抢工期，人为使安全装置失效或拆除安全保护装置，特别是力矩限制器失灵，长期超载荷运行，导致塔机钢结构提前产生疲劳破损，缩短了塔机的使用寿命，并且易造成重大事故。

2）基础强度达不到要求，塔机最大幅度提升额定载荷时，其倾翻力矩会引起基础下沉，产生冲击载荷而造成整体倾翻或折臂。

3）违章作业，斜拉、斜吊重物，导致塔机钢结构疲劳破坏，特别是大幅度斜拉、斜吊重物，使臂架弦杆失稳弯曲，严重疲劳破损，导致侧向折臂。

（5）爬爪不到位。塔机顶升加节作业时，由于操作人员疏忽，爬爪单爪爬在塔身踏板上，另一爬爪不到位，单爪承受塔机上部结构质量，如果顶空上部，单爪不能承受塔机上部结构质量，整体下落，下落冲击引起钢结构（平衡臂、起重臂等）损坏变形，严重时导致塔机倾覆及伤亡事故。

（6）钢丝绳断裂。在日常检修过程中，检修人员粗心大意，起升钢丝绳断丝、断股等没有检查出，以致塔机起吊物件时，钢丝绳突然断裂，引起物件、吊钩下坠，摆动轻则损坏局部钢结构，重则塔机反弹引起倾翻。

（7）钢结构损坏的修复与预防

1）修补裂纹。对于有迅速扩大趋势的裂纹以及焊缝上的裂纹、主要受力部位（如吊臂上下弦杆、塔身主弦杆、塔顶连接耳板）的裂纹，必须及时修复。通常采用现场补焊，焊条应与母材相近，同时须将母材裂纹处打磨后再补焊。焊缝上的裂纹须将原有的焊缝清除干净，打磨后才可施焊。

2）修复弯曲构件。采用冷压或局部加热顶压法可将变形构件校正。因钢结构塑性变形后强度下降，因此对于主要受力杆件如主弦杆的修复应慎重进行。

3）更换钢结构受力杆件（如平衡臂拉杆、起重臂拉杆等）。严重锈蚀或扭曲变形、起重臂臂节接头销轴孔严重磨损、拉杆销轴孔磨损成椭圆、连接法兰盘严重磨损、法兰螺孔磨损超限等，当已无价值或修复后达不到使用要求时应个别更换乃至全部重新制作。

4）加强薄弱环节。对于某些强度薄弱环节，如杆件两端主弦杆与法兰板的连接焊缝应采用加强肋板补强；腹杆与主弦杆的焊接应采用搭接，并尽可能增加焊缝长度。为避免不同材质焊后收缩不一致，选材应尽可能一致。

5）严格操作规程。严格执行塔机安全规程和起重机操作使用规程是减少钢结构损坏的重要手段。不论起重机司机还是指挥人员、检修人员以及安全管理人员都应该时刻严格执行规程，把规章制度和安全放在首位。此外要对起重量作出准确判断，以起重量作为起重机工作能力的标志是不准确的，应把起重力矩作为安全使用标志。安装时结构承受自重荷载，可能原来没有发现的裂缝在荷载作业下扩大，处理措施是更换新的相同规格的部件。

5.4.2 顶升、降落时紧急情况处置

1. 顶升时风速加大

在顶升作业过程中，作业现场突然风速加大，达到标准规定的禁止从事塔机安装作业时，如果已顶升了一个踏步则继续顶升，直至顶升完毕后，紧固好螺栓，停止顶升作业；如果没有超过一个踏步，则要停止顶升，把爬升的部分降落至原处，紧固好螺栓，停止顶升作业。

2. 降落时风速加大

在降落作业过程中，作业现场突然风速加大，达到标准规定的禁止从事塔机安装作业时，如果已经降落了一个踏步，则继续降落，直至降落完毕后，紧固好螺栓，停止降落作业；如果没有超过一个踏步，则要停止降落，把落下的部分顶升回原处，紧固好螺栓，停止降落作业。

3. 液压系统发生故障

塔机在顶升或降落过程中，液压系统突然发生故障，此时操作人员要沉着，采取措施将上部机构降落到位后，装上螺栓紧固，然后通知专业维修人员到场维修。液压系统故障的判断和处置方法见表 5-2。

液压系统故障的判断和处置方法 **表 5-2**

故障现象	原因分析	排除方法
顶升时颤动及噪声大	液压系统中混有空气	排气
	油泵吸空	加油
	机械机构、液压缸零件配合过紧	检修，更换
	系统中内漏或油封损坏	检修或更换油封
	液压油变质	更换液压油

续表

故障现象	原因分析	排除方法
带载后液压缸下降	双向液压锁或节流阀不工作	检修，更换
	液压缸泄漏	检修，更换密封圈
	管路或接头漏油	检查，排除，更换
带载后液压缸停止升降	双向液压锁或节流阀失灵	检修，更换
	与其他机械机构有挂、卡现象	检查，排除
	手动液控阀或溢流阀损坏	检查，更换
顶升缓慢	单向阀流量调整不当或失灵	调整检修或更换
	油箱液位低	加油
	液压泵内漏	检修
	手动换向阀换向不到位或阀泄漏	检修，更换
	液压缸泄漏	检修，更换密封圈或油封
	液压管路泄漏	检修，更换
	油温过高	停止作业，冷却系统
	油液杂质较多，滤油网堵塞，影响吸油	清洗滤网，清洁液压油或更换新油
顶升无力或不能顶升	油箱存油过低	加油
	液压泵反转或效率下降	调整，检修
	溢流阀卡死或弹簧断裂	检修，更换
	手动换向阀换向不到位	检修，更换
	油管破损或漏油	检修，更换
	滤油器堵塞	清洗，更换
	溢流阀调整压力过低	调整溢流阀
	液压油进水或变质	更换液压油
	液压系统排气不完全	排气
	其他机构干涉	检查，排除

5.4.3 拆卸作业中特别的注意事项

1. 拆卸附墙杆

自升式塔式起重机拆卸时，应首先利用液压顶升装置降节，拆卸标准节。当塔式起重机高度降低至附着装置附近时，方可拆除附墙装置。附墙杆拆卸时，应先拆附墙杆，再拆附墙框。需要注意的是，由于安装时塔身垂直度由附墙杆调节，造成塔身与附墙杆存在一定内力。当拆除附墙杆与建筑物的连接时，塔身的约束释放，会产生回弹，因此作业人员必须注意选择安全的操作位置，避免产生意外。

2. 拆卸起重臂

拆卸起重臂前，先应拆卸平衡重，拆卸数量应符合说明书规定。

（1）拆卸起重臂拉杆。先在规定的吊点位置装好相应吊索具，挂在辅助起重设备的吊钩上，然后解除前、后拉杆与塔帽的连接，并将拉杆固定在起重臂上弦杆上。

（2）拆销轴。先拆除起重臂根部一侧销轴，观察根部位置的变动，调整起吊的高度使起重臂根部与塔身连接座在同一平面内，然后拆另一销轴。

（3）在拆除最后一根销轴时，为防止由于吊点位置不准确等因素的影响，作业人员必须选择好操作位置，系好安全带，避免因起重臂与塔身脱离时产生撞击、晃动而造成伤害。

5.5 塔机的检验

5.5.1 塔机性能试验方法

1. 空载试验

在塔机空载状态下试验，检查各机构运行情况。接通电源后进行塔机的空载试验，其内容和要求：

（1）操作系统、控制系统、联锁装置动作准确、灵活。

（2）起升高度、回转、幅度及行走、限位器的动作可靠、准确。

（3）塔式起重机在空载状态下，操作起升、回转、变幅、行走等动作，检查各机构中无相对运动部位是否有漏油现象，有相对运动部位的渗漏情况，各机构动作是否平稳，是否有爬行、震颤、冲击、过热、异常噪声等现象。

2. 额定载荷试验

额定载荷试验主要是检查各机构运转是否正常，测量起升、变幅、回转、行走的额定速度是否符合要求，测量司机室内的噪声是否超标，检验力矩限制器、起重量限制器是否灵敏、可靠。

塔机在正常工作时的试验内容和方法见表 5-3。每一工况的试验不得少于 3 次，对于各项参数的测量，取其三次测量的平均值。

3. 超载 10％动载试验

试验载荷取额定起重量的 110％，检查塔式起重机各机构运转的灵活性和制动器的可靠性；卸载后，检查机构及结构件有无松动和破坏等异常现象。一般用于塔机的型式检验和出厂检验。

超载 10％动载试验内容和方法见表 5-4。根据设计要求进行组合动作试验，每一工况的试验不得少于三次，每一次的动作停稳后再进行下一次启动。塔式起重机各动作按使用说明书的要求进行操作，必须使速度和加（减）速度限制在塔机限定范围内。

额定载荷试验内容和方法 **表 5-3**

序号	工况	试验范围					试验目的
		起升	变幅		回转	行走	
			动臂变幅	小车变幅			
1	最大幅度相应的额定起重量	在起升全范围内以额定速度进行起升、下降，在每一起升、下降过程中进行不少于三次的正常制动	在最大幅度和最小幅度之间，以额定速度俯仰变幅	在最大幅度和最小幅度之间，小车以额定速度进行两个方向的变幅	吊重以额定速度进行左右回转。对不能全回转的起重机，应超过最大回转角	以额定速度往复行走。臂架垂直轨道，吊重离地500mm，单向行走距离不小于20m	测量各机构的运行速度；机构及司机室噪声；力矩限制器、起重量限制器、质量限制器精度
2	最大额定起重量相应的最大幅度		不试	吊重在最小幅度和相应于该吊重的最大幅度之间，以额定速度进行两个方向的变幅			
3	具有多挡变速的起升机构，每挡速度允许的额定起重量		不试				测量每挡工作速度

注：1. 对于设计规定不能带载变幅的动臂式起重机，可以不按本表规定进行带载变幅实验。
2. 对于可变速的其他机构，应进行实验并测量各挡工作速度。

超载10%动载试验内容和方法 **表 5-4**

序号	工况	试验范围					试验目的
		起升	动臂变幅	小车变幅	回转	行走	
1	在最大幅度时吊起相应额定起重量的110%	在起升高度范围内，以额定起升速度进行起升、下降	在最大幅度和最小幅度之间，臂架以额定速度俯仰变幅	在最大幅度和最小幅度之间，以额定速度进行两个方向的变幅	以额定速度进行左右回转。对不能全回转的塔式起重机，应超过最大回转角	以额定速度进行往复行走。臂架垂直于轨道。吊重离地500mm，单向行走距离不小于20m	根据设计要求进行组合动作试验，并目测检查各机构运转的灵活性和制动器的可靠性
2	吊起最大额定起重量的110%，在该吊重相应的最大幅度时		不试	在最小幅度和对应该吊重的最大幅度之间，小车以额定速度进行两个方向的变幅			
3	在上两个幅度的中间幅度处，吊起相应额定起重量的110%						
4	具有多挡变速的起升机构，每挡速度允许的额定起重量的110%		不试				卸载后检查机构及结构各部件有无松动和破坏等异常现象

注：对设计规定不能带载变幅的动臂式塔式起重机，可以不按本表规定进行带载变幅实验。

4. 超载 25%静载试验

试验载荷取额定起重量的 125%，主要是考核塔机的强度及结构承载力，吊钩是否有下滑现象；卸载后检查塔式起重机是否出现可见裂纹、永久变形、油漆剥落、连接松动及对塔式起重机性能和安全有影响的损坏。一般用于塔机的型式检验和出厂检验。

超载 25%静载试验内容和方法见表 5-5，试验时臂架分别位于与塔身成 0°和 45°两个方位。

超载 25%静载试验内容和方法　　**表 5-5**

序号	工况	起升	试验目的
1	在最大幅度时，起吊相应额定起重量的 125%	吊重离地面 100～200mm 处，并在吊钩上逐次增加质量至 1.25 倍，停留 10min 后同一位置测量并进行比较	检查制动器可靠性，并在卸载后目测检查塔式起重机是否出现可见裂纹、永久变形、油漆剥落、连接松动及其他可能对塔式起重机性能和安全有影响的隐患
2	吊起最大起重量的 125%，在该吊重相应的最大幅度时		
3	在上两个幅度的中间处，相应额定起重量的 125%		

注：1. 试验时不允许对制动器进行调整。
2. 试验时允许对力矩限制器、起重量限制器进行调整。试验后应重新将其调整到规定值。

5.5.2 塔机安全装置的调试实例

QTZ63（TC5013）安全保护装置安装位置示意图如图 5-8。

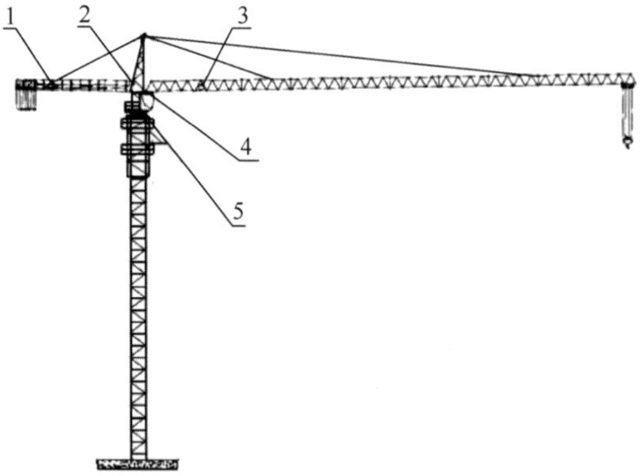

图 5-8 安全保护装置的安装位置

1—起升高度限位器；2—力矩限制器；3—幅度限位器；4—起重量限制器；5—回转限位器

1. 多功能限位器

起升高度限位器、回转限位器、幅度限位器均采用多功能限位器（图 5-9），根据需要将被控制机构动作所对应的微动开关瞬时切换。即：调整对应的调整轴 Z 使记忆凸轮 T 压下微动触点，实现电路切换。其调整轴对应的记忆凸轮及微动开关分别为：

1Z-1T-1WK

2Z-2T-2WK

3Z-3T-3WK

4Z-4T-4WK

2. 起升高度限位器的调整方法

（1）调整在空载下进行，用手指分别压下微动开关（1WK，2WK），确认该两挡起升限位微动开关是否正确。

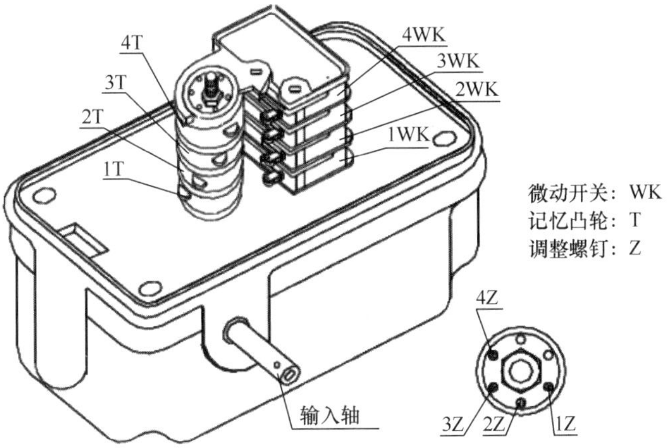

图 5-9 多功能限位器

当压下与凸轮相对应的微动开关 2WK 时，快速上升工作挡电源被切断，起重吊钩只可低速上升。

当压下与短凸轮相对应的微动开关 1WK 时，上升工作挡电源均被切断，起重吊钩只可下降不可上升。

(2) 将起重吊钩提升，使其顶部至小车底部垂直距离为 1.3m（2 倍率时）或 1m（4 倍率时），调动轴 2Z，使长凸轮 2T 动作至使微机开头 2WK 瞬时换接，拧紧螺母。

(3) 再以低速再次将起重吊钩提升，使其顶部至小车底部垂直距离为 1m（2 倍率时）或 0.7m（4 倍率时），调动轴 1Z，使短凸轮 1T 动作至微动开关 1WK 瞬时换接，拧紧螺母。

(4) 对两挡高度限位进行多次空载验证和修正。

(5) 当起重吊钩滑轮组倍率变换时，高度限位器应重新调整。

3. 变幅限位器的调整方法

(1) 调整在空载下进行，用手指分别压下微动开关（1WK，2WK，3WK，4WK），确认该四挡变幅限位微动开关是否正确。

当压下与长凸轮相对应的微动开关 2WK 时，快速向前变幅的工作挡电源被切断，变幅小车只可以低速向前变幅。

当压下与短凸轮相对应的微动开关 1WK 时，变幅小车向前变幅的工作挡电源均被切断，变幅小车只可向后，不可向前。

当压下与长凸轮相对应的微动开关 3WK 时，快速向后变幅的工作挡电源被切断，变幅小车只可以低速向前变幅。

当压下与短凸轮相对应的微动开关 4WK 时，变幅小车向后变幅的工作挡电源均被切断，变幅小车只可向前，不可向后。

(2) 向前变幅及减速和臂端极限限位

将小车开到距臂端缓冲器 1.5m 处，调整轴 2Z 使长凸轮 2T 动作至使微动关 2WK 瞬时换接（调整时应同时使凸轮 3T 与 2T 重叠，以避免在制动前发生减速干扰），并拧紧螺母。再将小车开至距臂端缓冲器 200mm 处，按程序调整轴 1Z 使长凸轮 1T 动作至使微动开关 1WK 瞬时切换。

（3）向后变幅及减速和臂根极限限位

将小车开到距臂根缓冲器 1.5m 处，调整轴 4Z 使长凸轮 4T 动作至使微动关 4WK 瞬时换接（调整时应同时使凸轮 3T 与 2T 重叠，以避免在制动前发生减速干扰），并拧紧螺母。再将小车开至距臂根缓冲器 200mm 处，按程序调整轴 3Z 使长凸轮 3T 动作至使微动开关 3WK 瞬时切换。

（4）对幅度限位进行多次空载验证和修正。

4. 回转限位器的调整方法

（1）将塔机回转至电源主电缆不打搅的位置。

（2）调整在空载下进行，用手指分别压下微动开关（2WK，3WK），确认控制向左或向右回转的这两个微动开关是否正确. 这两个微动开关均对应长凸轮，分别控制左右两个方向的回转限位。

（3）向右回转 540°即一图半，调动轴 2Z（或 3Z），使长凸轮 2T（或 3T）动作至使微动开关 2WK（或 3WK）瞬时换接，拧紧螺母。

（4）向左回转 1080°即三图，调动轴 3Z（或 2Z），使长凸轮 3T（或 2T）动作至使微动开关 3WK（或 2WK）瞬时换接，拧紧螺母。

（5）对回转限位进行多次空载验证和修正。

5. 起重量限制器的调整方法

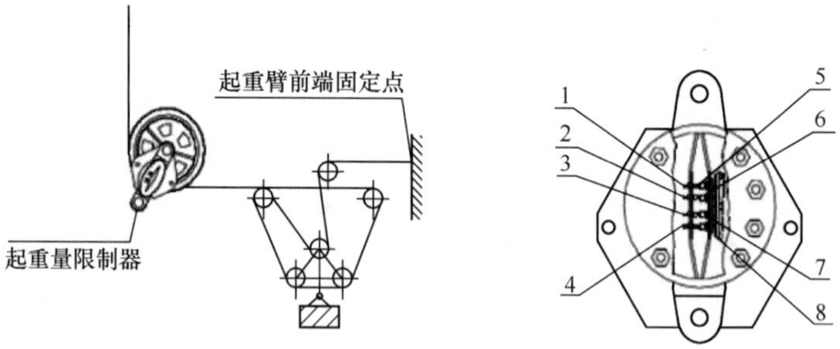

图 5-10　起重量限器结构图

1，2，3，4—螺钉调整发置；5，6，7，8—微动开关

（1）当起重吊钩为空载时，用小螺丝刀，分别压下微动开关 5、6、7 共计三个微动开关，确认各挡微动开关是否正确（如图 5-10 所示）。

微动开关 5 为高速挡重量限制开关，压下该开关，高速挡上升与下降的工作电源均被切断，且联动台上指示灯闪亮显示。

微动开关 6 为 90%最大额定起重量限制开关，压下该开关，联动台上蜂鸣报警。

微动开关 7 为最大额定起重量限制开关，压下该开关，低速挡上升的工作电源被切断，起重吊钩只可以低速下降，且联动台上指示灯闪亮显示。

（2）工作幅度小于 13m，起重量 1.5t（倍率 2）或 3t（倍率 4）。起吊重物离地 0.5m，调整螺钉 1 至使微动开关 5 瞬时换接，拧紧螺钉 1 上的紧固螺母。

（3）工作幅度小于 13m，起重量 2.7t（倍率 2）或 5.4t（倍率 4）。起吊重物离地 0.5m，调整螺钉 2 至使微动开关 6 瞬时换接，拧紧螺钉 2 上的紧固螺母。

（4）工作幅度小于 13m，起重量 3t（倍率 2）或 6t（倍率 4）。起吊重物离地 0.5m，调整螺钉 3 至使微动开关 7 瞬时换接，拧紧螺钉 3 上的紧固螺母。

（5）各挡重量限制调定后，均应试吊 2～3 次检验或修正，各挡允许重量限制偏差为额定起重量的±5%。

6. 起重力矩限制器的调整方法

QTZ63 的力矩限制器结构图如图 5-11所示。

（1）当起重吊钩为空载时，用螺丝刀分别压下行程开关 1、行程开关 2 和行程开关 3，确认三行程开关是否正确。

三行程开关动作时，其控制与信号行程开关 1 为 80%额定力矩时，压下该开关，联动台上蜂鸣报警。行程开关 2、3 为额定力矩限制开关，压下该开关，起升机构上升和变幅机构向前的工作电源均被切断，起重吊钩只可下降，变幅小车只可向后运行，且联动台上指示灯闪亮显示。

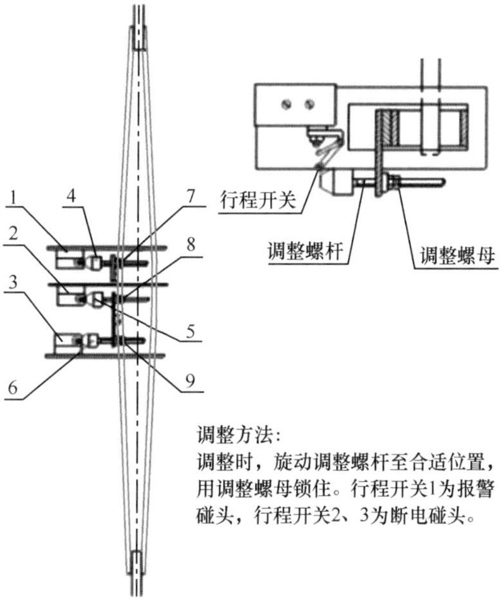
1
4
7
2
8
3
5
6
9
行程开关
调整螺杆
调整螺母
调整方法:
调整时，旋动调整螺杆至合适位置，
用调整螺母锁住。行程开关1为报警
碰头，行程开关2、3为断电碰头。

图 5-11 力矩限制器结构图

1，2，3—行程开关；4，5，6—调整螺杆；7，8，9—调整螺母

（2）调整时吊钩采用四倍率和独立高度 40m 以下，起吊重物稍离地面，小车能够运行即可。

（3）工作幅度 50m（45m）臂长时，小车运行至 25m 幅度处，起吊重量 2290kg（45m 臂长时起吊重量为 2442kg），起吊重物离地塔机平稳后，调整与行程开关 1 相对应的调整螺杆 4 至行程开关 1 瞬时换接，拧紧相应的调整螺母 7。

（4）按定幅变码调整力矩限制器，调整行程开关 2

1）在最大工作幅度 50m（45m）处，起吊重量 1.43t（45m 臂长时起吊重量 1.68t），起吊重物离地塔机平稳后，调整与行程开关 4 相对应的调整螺杆至使行程开关

2 瞬时换接，并拧紧相应的调整螺母。

2）在 18.8m（45m 臂长时在 19.8m 工作幅度）处起吊 4.2t，平稳后逐渐增加至总重量小于 4.62 t 时应切断小车向外和吊钩上升的电源，若不能断电，则重新在最大幅度处调整行程开关 2，确保在两工作幅度处的相应额定起重量不超过 10%。

（5）按定码变幅调整力矩限制器，调整行程开关 3

在 13.72m 的工作幅度处起吊 6t 的最大额定起重量，小车向外变幅至 14.4m 的工作幅度时，起吊重物离地塔机平稳后，调整与行程开关 5 相对调整螺杆至使行程开关 3 瞬时换接，并拧紧相应的调整螺母。

（6）各幅度处的允许力矩限制偏差计算式为：

80%额定力矩限制允差：(1－额定起重量×报警时小车所在幅度/0.80×额定起重量×选择幅度)<5%

额定力矩限制允差：(1－额定起重量×电流被切断后小车所在幅度/1.05×额定起重量×选择幅度)< 5%

机构正常工作后，应经常核对记忆控制位置是否变动，以便及时修正。

5.5.3 塔机的验收

1. 安装单位的自检

塔机安装完毕后，安装单位应当按照安全技术标准及安装使用说明书的有关要求对塔机进行检验、调试和试运转。

（1）结构、机构和安全装置检验的主要内容与要求见表 5-6。

塔机安装自检记录 **表 5-6**

安装单位____________________

工程名称		工程地址		
设备编号		出厂日期		
塔机型号		生产厂家		
安装高度		安装日期		
项目	序号	检查内容	检查要求	检查结果
技术资料	1	塔机相关证明资料	制造许可证、产品合格证、制造监督检验证明、产权备案证书齐全、有效	
	2	单位及人员相关资质证明	安装单位的专业承包资质、安全生产许可证及特种作业操作资格证书齐全、有效	
	3	专项方案	专项方案内容齐全，编制、审核、论证、审批程序有效	
	4	安全交底记录	齐全、有效	
	5	塔机基础隐蔽工程验收记录和混凝土试块强度报告	齐全、有效	

续表

项目	序号	检查内容	检查要求	检查结果
标识与环境	1	备案标识和产品铭牌	产权备案标识和产品铭牌齐全	
	2	标志	吊钩滑轮组侧板、回转尾部和平衡重、臂架头部、外伸支腿和夹轨器要有黄黑相间的危险部位标志，扫轨板、轨道端部止挡要有红色标志	
	3	塔机与周围环境关系	塔机尾部与建筑物及施工设施之间的距离不小于0.6m	
			两台塔机水平与垂直方向距离不小于2m	
	4	塔机与输电线的距离	塔机与输电线的距离符合要求	
接地与防雷	1	电气系统接零保护	塔机供电系统的保护零线（PE线）还应做重复接地，重复接地电阻不大于10 Ω	
	2	接地装置	接地装置的接地线应采用2根及以上导体，在不同的点与接地体做电气连接。接地体宜采用角钢、钢管或光面圆钢等钢质材料，不得采用螺纹钢及铝导体做接地线	
	3	接地体的连接	接地体的焊接应采用搭接焊，其搭接长度必须符合规定	
	4	轨道基础接地	轨道基础两端应各设置一组接地装置，轨道长度每超过30m时应加设一组接地装置	
金属结构	1	主要结构件	结构件无可见裂纹、严重锈蚀、整体或局部变形，焊缝无开焊、裂纹，连接销轴（孔）无严重磨损变形	
	2	高强螺栓	高强螺栓连接副应使用原制造厂提供的产品	
			无任何损伤、变形、滑牙、缺牙、锈蚀等现象	
			规格和预紧力矩应符合说明书要求	
	3	连接销轴	销轴符合出厂要求，连接和防松可靠	
			开口销尾部必须按规定分开弯折，不得以小代大，也不得用其他物品代替	
	4	过道、平台、栏杆、踏板	牢靠、无缺损、无严重锈蚀，栏杆高度≥1m	
	5	爬梯、护圈、休息平台	距地面≥2m的爬梯应设护圈，不中断	
			在高度≤12.5m处设第一个休息平台，后每隔10m设置一个	
	6	塔身轴线对支承面侧向垂直度误差	塔机未附着前，平衡状态塔身轴线对支承面侧向垂直度误差≤4/1000	
吊钩	1	防脱钩保险装置	安装正确，有效可靠	
	2	钩体	无补焊、裂纹，危险截面和钩筋无塑性变形	
			挂绳处截面磨损量不得超过原高度的10%	
			开口度增加量不应大于原尺寸的15%	

续表

项目	序号	检查内容	检查要求	检查结果
起升机构	1	卷筒 *	无裂纹或轮缘破损，卷筒壁磨损量应小于原壁厚的10%	
			卷筒两侧凸缘的高度超过外层钢丝绳两倍直径，在绳筒上最少余留圈数≥3圈，钢丝绳排列整齐	
	2	滑轮	滑轮应转动良好	
			无裂纹、轮缘破损等损伤钢丝绳的缺陷	
			轮槽壁厚磨损小于原壁厚的20%	
			轮槽底部直径减少量小于钢丝绳直径的25%	
			槽底未出现沟槽	
	3	钢丝绳规格	钢丝绳规格正确	
	4	钢丝绳端部固定	固定牢固，符合要求	
	5	钢丝绳防脱装置	防脱装置完整、可靠，与滑轮或卷筒最外缘的间隙不大于钢丝绳直径的20%	
	6	钢丝绳穿绕与润滑	穿绕正确，在卷筒上应排列整齐，不应与其他部件或结构摩擦、干涉，润滑良好	
	7	钢丝绳报废	钢丝绳达到报废标准要及时报废	
	8	运转状况	起升、下降运行、变速平稳，制动灵敏、可靠、无异常响声	
	9	制动器	制动器完好，调整适宜，制动平稳、可靠	
	10	电动机	电动机外壳完好，运转平稳，无异响、过热现象。绝缘电阻符合要求	
	11	减速器	工作时应无异常声响、振动、发热和漏油	
			连接件紧固，箱体无裂纹	
	12	润滑	各润滑点润滑良好，润滑油牌号正确	
	13	联轴器	零件无缺损，连接无松动，运转时无异常声响	
	14	防护罩	可能伤人的活动零部件外露部分防护罩齐全	
	15	力矩限制器	力矩限制器灵敏有效	
	16	起升高度限位器	起升高度限位器灵敏有效	
	17	起重量限制器	起重量限制器灵敏有效	
变幅机构	1	卷筒	无裂纹或轮缘破损，卷筒壁磨损量符合要求	
	2	滑轮	无裂纹、轮缘破损等伤钢丝绳的缺陷	
			磨损量符合要求	
	3	钢丝绳规格	钢丝绳规格正确	
	4	钢丝绳端部固定 *	固定牢固，符合要求	
	5	钢丝绳防脱装置 *	钢丝绳防脱装置完整、可靠	

续表

项目	序号	检查内容	检查要求	检查结果
变幅机构	6	钢丝绳穿绕	钢丝绳在卷筒上应排列整齐	
	7	钢丝绳报废	钢丝绳达到报废标准要及时报废	
	8	运转状况	运行、变速应平稳，制动灵敏、可靠、无异常响声	
	9	制动器	制动器完好，调整适宜，制动平稳、可靠	
	10	电动机	电动机外壳完好，运转平稳，无异响、过热现象。绝缘电阻符合要求	
	11	减速器	工作时应无异常声响、振动、发热和漏油	
			连接件紧固，箱体无裂纹	
	12	润滑	各润滑点润滑良好，润滑油牌号正确	
	13	联轴器	零件无缺损，连接无松动，运转时无异常声响	
	14	防护罩	可能伤人的活动零部件外露部分防护罩齐全	
	15	小车轮	车轮无可见裂纹，轮缘磨损量小于原厚度的50%，踏面磨损小于原厚度的15%	
	16	小车断绳保护装置	双向均应设置可靠	
	17	小车防坠落保护装置	应设置可靠	
	18	小车变幅检修挂篮	连接可靠	
	19	小车变幅限位和终端止挡装置	小车变幅有双向行程限位、终端缓冲装置，行程限位动作后小车距缓冲装置距离≥200mm	
	20	动臂变幅限位和防臂架后倾装置	动臂变幅限位和防臂架后倾装置灵敏、可靠	
回转机构	1	运转状况	回转机构启动、运行、制动平稳、可靠	
	2	制动器	制动器完好，调整适宜，制动平稳、可靠	
	3	电动机	电动机外壳完好，运转平稳，无异响、过热现象。绝缘电阻符合要求	
	4	减速器	工作时应无异常声响、振动、发热和漏油	
			连接件紧固，箱体无裂纹	
	5	润滑	各润滑点润滑良好，润滑油牌号正确	
	6	联轴器	零件无缺损，连接无松动，运转时无异常声响	
	7	防护罩	可能伤人的活动零部件外露部分防护罩齐全	
	8	开式齿轮传动	回转支承齿圈与回转机构小齿轮应无裂纹、断齿和过度磨损，啮合平稳，无异常声响	
	9	回转支承	回转支承内外圈间隙符合要求，运转平稳，无异常声响	
	10	回转限位器*	对回转处不设集电器供电的塔机，应设置正反两个方向回转限位开关，开关动作时臂架旋转角度应不大于±540°	

续表

项目	序号	检查内容	检查要求	检查结果
行走机构	1	运转状况	工作状态下，应保证行走机构启动、运行、制动平稳、可靠	
	2	制动器	制动器调整适宜，制动平稳、可靠	
			制动器的零部件无缺件、裂纹、过度磨损、塑性变形等缺陷。制动片磨损达原厚度的50%或露出铆钉应报废。液压制动器无漏油	
			制动轮与摩擦片之间应接触均匀	
	3	电动机	电动机外壳完好，运转平稳，无异响、过热现象。绝缘电阻符合要求	
	4	减速器	工作时应无异常声响、振动、发热和漏油	
			箱体无裂纹	
			地脚螺栓、箱体连接螺栓不得松动，螺栓不得缺损	
	5	润滑	各润滑点润滑良好，润滑油牌号正确	
	6	联轴器	零件无缺损，连接无松动，运转时无异常声响	
	7	防护罩	可能伤人的活动零部件外露部分防护罩齐全	
	8	轨道端部止挡装置、缓冲器及限位开关	齐全、有效	
	9	防风夹轨器	应设置有效	
	10	清轨板	清轨板与轨道之间的间隙不应大于5mm	
	11	防止倾翻装置 *	行走机构应设有即使在某一支承轮失效时也能防止塔机倾翻的装置	
	12	电缆卷筒	应具有张紧装置，电缆收放速度应与塔机行走速度同步。电缆在卷筒上的连接应牢固，以保护电气接点不被拉曳	
	13	车轮与轨道	在未装配塔身及压重时，任意一个车轮与轨道的支承点对其他车轮与轨道的支撑点组成的平面的偏移不得超过轴距公称值的1/1000	
			车轮无可见裂纹，轮缘磨损量小于原厚度的50%，踏面磨损小于原厚度的15%	
电气系统	1	总电源	电源应采用TN-S接零保护系统，电路总开关应能方便地切断整机电源	
	2	接地电阻	塔机电气系统重复接地电阻不大于10Ω，防雷装置冲击接地电阻不大于30Ω	
	3	控制操纵	电气控制与操纵系统接线正确，接地可靠，操纵手柄、手轮、按钮和踏板灵活轻便、有效可靠	
	4	报警装置 *	塔机应装有报警装置	

续表

项目	序号	检查内容	检查要求	检查结果
电气系统	5	电气保护	电气系统应设置短路、过流、漏电、失压、缺相及零位保护	
	6	紧急断电开关 *	紧急断电开关应便于司机操作，且采用非自动复位形式	
	7	绝缘电阻 *	≥0.5MΩ	
	8	声响信号	对工作场地起警报作用的声响信号完好	
	9	保护零线	不得作为载流回路	
	10	电源电缆与电气箱	无破损、老化。与金属接触处有绝缘材料隔离，移动电缆有电缆卷筒或其他防止磨损措施	
			电气箱功能完好	
	11	红色障碍指示灯	塔顶高度大于 30m，且高于周围建筑物时应安装，该指示灯的供电不应受停机的影响	
	12	风速传感器	对臂根铰点高度超过 50m 的塔机，应配备风速传感器，当风速大于工作或安装允许风速时，应能发出停止作业的警报	
司机室	1	性能标牌（显示屏）	在司机室内易于观察的位置应设有常用操作数据的标牌或显示屏。标牌或显示屏的内容应包括幅度载荷表、主要性能参数表、各起升速度挡位的起重量等。标牌或显示屏应牢固、可靠，字迹清晰、醒目	
	2	灭火器、雨刷等附属设施	齐全，有效	
	3	可升降司机室或乘人升降机	按《施工升降机》GB/T 10054—2005 和《施工升降机安全规程》GB 10055—2007 检查	
整机运转试验	1	空载试验	试验方法按照表 5-6 的规定进行，并按表 5-4 填写试验记录，试验记录齐全有效、结论正确	
	2	额定载荷试验		
	3	超载 10%动载试验 *		

自检结论：

自检人员：　　　　　　　　　　　　　　　　单位或项目技术负责人：

（2）空载试验和额定载荷试验等性能试验的主要内容与要求见表 5-7。

塔式起重机载荷试验记录表 **表 5-7**

工程名称		设备编号		
塔机型号		安装高度		
载荷	试验工况	循环次数	检验结果	结论
空载试验	运转情况			
	操纵情况			
额定起重量	最小幅度最大起重量			
	最大幅度额定起重量			
	任一幅度处额定起重量			
超载 10% 动载试验	最大幅度处，起吊相应额定质量的 110%，做复合动作			
	最小幅度处，起吊 110%最大起重量，做复合动作			
	任一幅度处，起吊相应额定起重量的 110%，做复合动作			

试验组长：　　　　　　　　电　　工：
试验技术负责人：　　　　　操作人员：
试验日期：

2. 检测机构的监督检验

安装单位自检合格后，应当经有相应资质的检验检测机构监督检验合格。

3. 联合验收

监督检验合格后，塔机使用单位应当组织产权（出租）、安装、监理等有关单位进行联合验收，验收合格后方可投入使用，未经验收或者验收不合格的不得使用；实行总承包的，由总承包单位组织产权（出租）、安装、使用、监理等有关单位进行验收。塔式起重机综合验收记录见表 5-8。

塔式起重机综合验收表 **表 5-8**

使用单位		塔机型号	
设备所属单位		设备编号	
工程名称		安装日期	
安装单位		安装高度	
检验项目	检查内容		检验结果
技术资料	制造许可证、产品合格证、制造监督检验证明、产权备案证明齐全、有效		
	安装单位的相应资质、安全生产许可证及特种作业岗位证书齐全、有效		
	安装方案、安全交底记录齐全、有效		
	隐蔽工程验收记录和混凝土强度报告齐全、有效		
	塔机安装前零部件的验收记录齐全、有效		
标识与环境	产品铭牌和产权备案标识齐全		
	塔机尾部与建筑物及施工设施之间的距离不小于 0.6m。 两台塔机水平与垂直方向距离不小于 2m。 与输电线的距离符合《塔式起重机安全规程》GB 5144—2006 的规定		
自检情况	自检记录齐全有效		
监督检验情况	监督检验报告有效		
安装单位验收意见： 技术负责人签章：　　日期：		使用单位验收意见： 项目技术负责人签章：　　日期：	
监理单位验收意见： 项目总监签章：　　日期：		总承包单位验收意见： 项目技术负责人签章：　　日期：	

5.6 常见塔机的安装拆卸实例

不同类型的塔机安装和拆卸的方法和要求不同，实际作业中应以每台塔机的使用说明书为准。现选择了 QTZ100（PT6013）、TC5610 和 ZLS750 三种有一定代表性的塔机安装拆卸实例，以供塔机安装拆卸人员参考。

5.6.1 QTZ100（PT6013）塔机的安装拆卸

QTZ100（PT6013）塔机为新型建筑用平头塔机，该机为水平臂架、小车变幅、上回转自升式多用途塔机。其吊臂为 60m、55m、50m、45m、40m 五种臂长的组合，最大起重量为 6t、额定起重力矩为 100t·m。

1. 安装塔身基础节

利用汽车吊将塔身节吊起，移至预埋支腿式基础上方，用 8 个销轴与支腿相连（图 5-12）。

2. 安装爬升架

在地面上将爬升架拼装成整体，并装好液压系统，然后将爬升架吊起，套在基础节外面，用套架上的两个防脱销将套架固定在踏步上（图 5-13）。

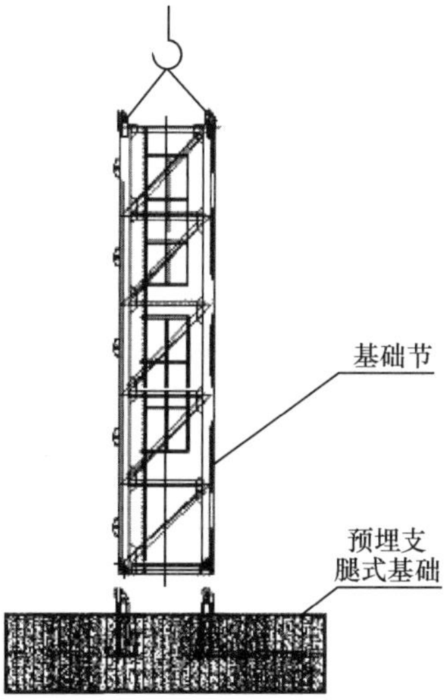

图 5-12 安装塔身基础节

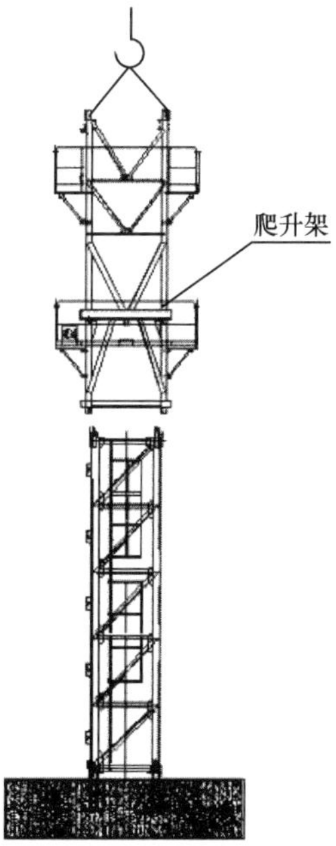

图 5-13 安装爬升架

3. 安装过渡节

在地面上将引进装置装到过渡节上，然后一起吊到过渡节与爬升架上方，用 8 个销轴将过渡节支腿与基础节主肢相连（图 5-14）。

4. 安装回转总成、司机室

在地面上将回转上支座、回转支撑、回转下支座，起重量限制器、护栏平台连成回转总成，将司机室安装到回转总成平台上，然后将其整体吊装到过渡节上，用 8 个销轴连接（图 5-15）。

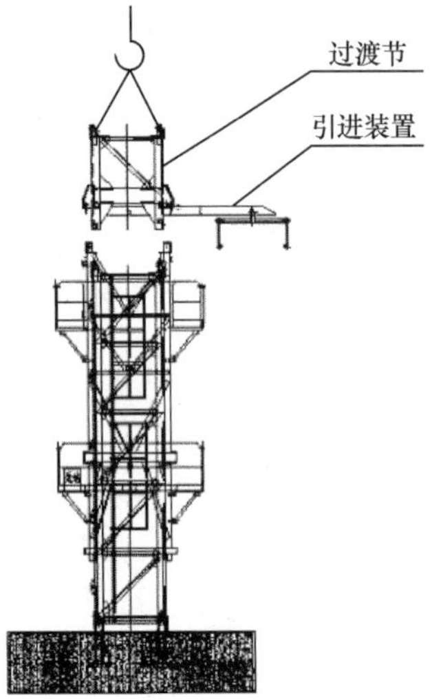

图 5-14　安装过渡节

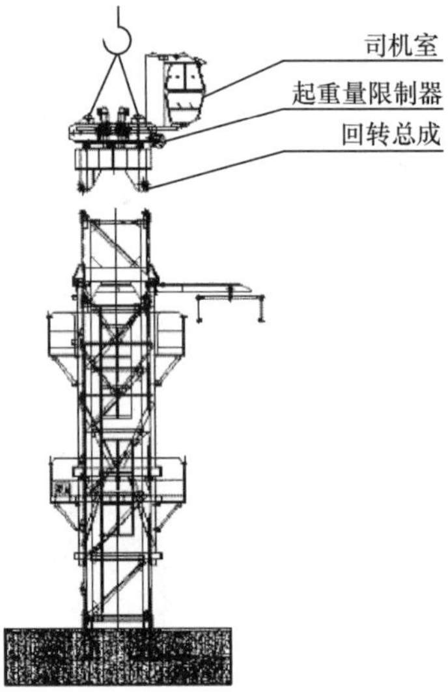

图 5-15　安装回转总成、司机室

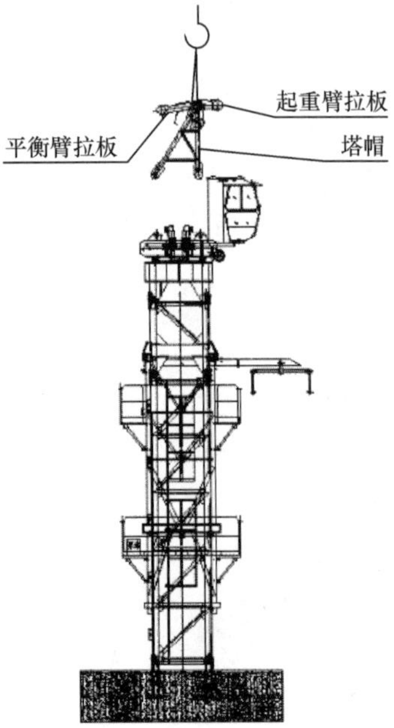

图 5-16　安装塔帽

5. 安装塔帽

在地上将平衡臂拉杆、起重臂拉板安装到塔帽顶部销轴上，然后将塔帽吊装到回转上支座上，用 4 个销轴连接（图 5-16）。

6. 安装平衡臂

在地上拼装好平衡臂，并将卷扬机、配电箱、障碍灯等装在平衡臂上，回转机构接上临时电源，将回转支撑以上部分回转到便于安装平衡臂的方位。然后将平衡臂吊装起来与上支座用销轴连接完毕后，再抬起平衡臂与水平线成一定角度至平衡臂拉杆的安装位置，装好平衡臂拉杆后，再将吊车卸载（图 5-17）。

7. 吊装一块平衡重

吊起一块平衡重，从下往上穿过平衡臂的配重安

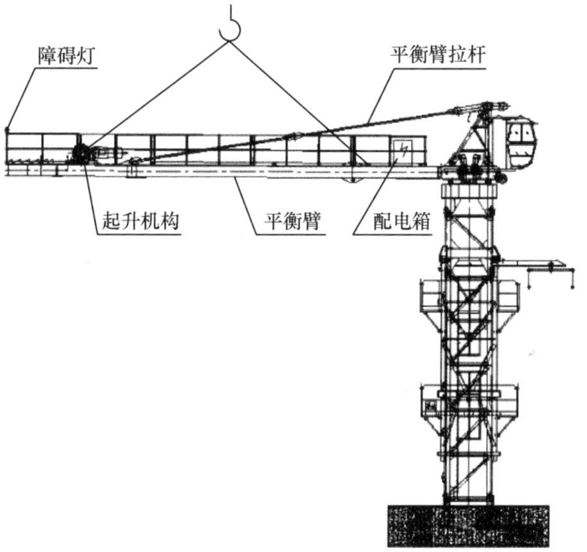

图 5-17　安装平衡臂

装孔，人工穿上平衡重支撑销轴后，将平衡重置于平衡重限位挡块上（图 5-18）。

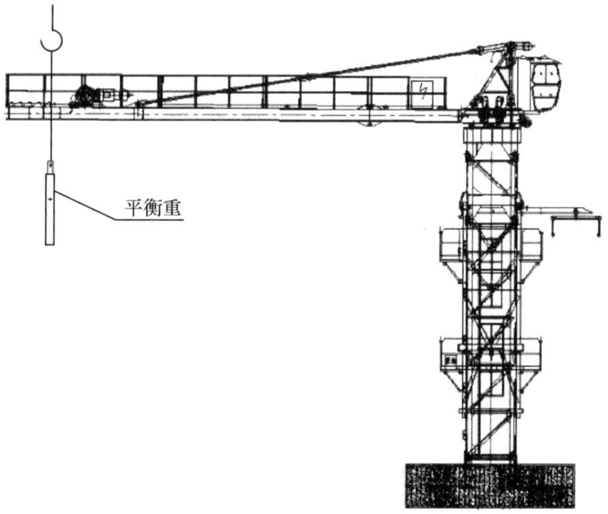

图 5-18　吊装-块平衡重

8. 安装起重臂

臂架安装时，重心位置（变幅机构、载重小车，且小车位于臂架根部时）：60m 臂长时，距根部 23m；55m 臂长时，距根部 21.6m；50m 臂长时，距根部 20.15m；45m 臂长时，距根部 18.65m；40m 臂长时，距根部 16m。臂架组装好放在地面时，严禁为了穿绕小跑车绳，仅支承臂架两端，臂架全长范围内支撑不少于 6 个，且每个支撑点均应垫好受力物（图 5-19）。

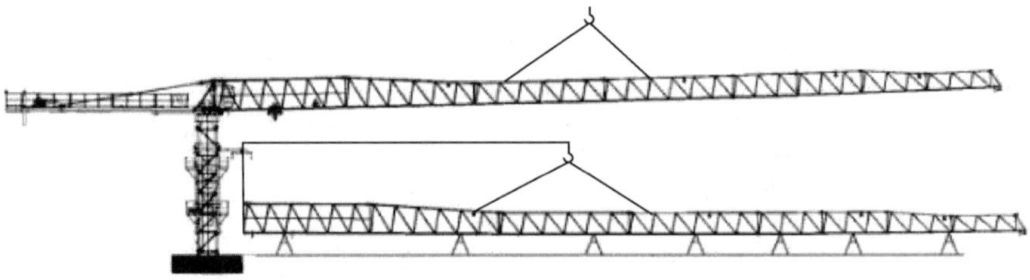

图 5-19　安装起重臂

9. 吊装剩余平衡重

根据所使用的臂架长度，按规定安装剩余的平衡重，然后在各平衡重块之间用板连接成串（图 5-20）。

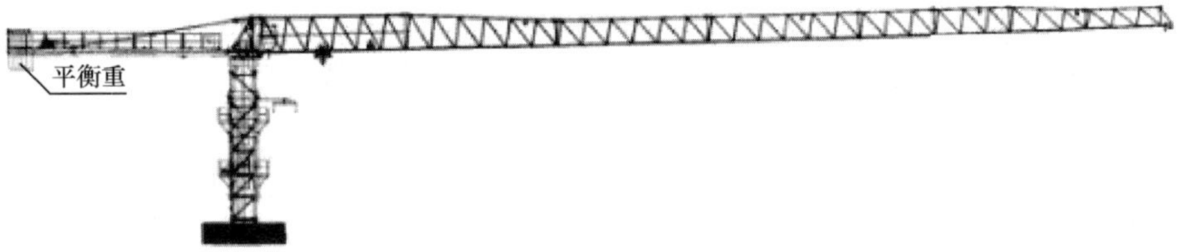

图 5-20　吊装剩余平衡重

10. 穿绕起升钢丝绳

起升钢丝绳由起升机构卷筒放出，经排绳滑轮，绕过塔帽导向滑轮向下进入塔顶上起重量限制器滑轮，向前再绕到载重小车和吊钩滑轮组，最后将绳头用销轴固定在起重臂端部的防扭装置上。把小车升至最根部，使小车与吊臂碰块撞牢，转动小车上带有棘轮的小绳卷筒，把变幅绳尽力拉紧。

11. 顶升加节

（1）吊起标准节安装在引进装臂上，吊起另一个标准节调整小车的位置，使得塔吊上部重心落在顶升油缸梁的位置上（实际操作中，观察到爬升架上四周 16 个导向轮基本上与塔身标准节主弦杆脱开时，即为理想位置）。然后将爬升架与过渡节用 4 个销轴连接好，最后卸下塔身与下支座的 8 个销轴（注意：只能在这时卸）。

（2）启动液压系统，将顶升横梁顶在塔身节就近一个踏步上；再启动液压系统，使活塞杆伸出约 1.55m，回缩活塞杆，人工将防脱销插入塔身节的踏步上。然后，油缸全部缩回，重新使顶升横梁顶在塔身的一个踏步上，全部伸出油缸。此时塔身节上方恰好能有装入一个标准节的空间，利用引进滚轮在引进装贯横梁架上滚动，人力把标准节引至塔身的正上方。对准塔身节销轴连接孔，回缩油缸至上下标准节接触时，用 8 个销轴连接，所有销轴均装开口销，并将开口销充分打开。调整油缸的伸缩长度，将过渡节与塔身连接牢固，即完成一节标准节的加节工作。若连续加几节标准节，则可按照以上步骤连续几次即可（图 5-21）。

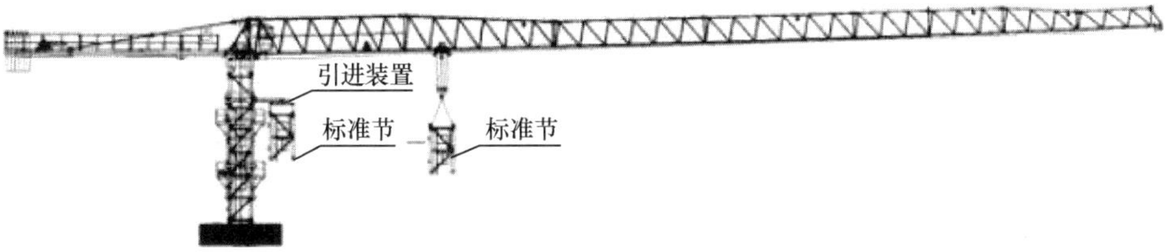

图 5-21 顶升加节

(3) 加节完毕应空载旋转臂架至不同角度，检查塔身各接头处高强螺栓的拧紧情况。

12. 塔机拆卸前准备

(1) 应对各机构特别是顶升机构顶升机构由于长期停止使用进行保养和试运转。

(2) 在试运转过程中，应有目的地对限位器、回转机构的制动器等进行可靠性检查。

(3) 在塔机标准节已拆出，但过渡节与塔身还没有用销轴连接好之前，严禁使用回转机构、变幅机构和起升机构。

(4) 塔机拆卸对顶升机构来说是重载连续作业，所以应对顶升机构的主要受力件经常检查。

(5) 顶升机构工作时，所有操作人员应集中精力观察各相对运动件的相对位置是否正常（如滚轮与主弦杆之间，爬升架与塔身之间），是否有阻碍爬升架运动（特别是下降运动时）的物件。

(6) 拆卸时风速应低于 8m/s。由于拆卸塔机时，建筑物已建完，工作场地受限制，应注意工作程序和吊装堆放位置，不可马虎大意，否则容易发生人身安全事故。

13. 塔机拆卸程序

(1) 降塔身标准节

1) 将起重机回转到引进方向（爬升架中有开口的一侧），使回转制动器处于制动状态，载重小车停在配平位置（与立塔顶升加节时载重小车的配平位置一致）。

2) 拆掉最上面塔身标准节的上、下连接销轴，并将标准节与过渡节上的引进装置相连。

3) 伸长顶升油缸，将顶升横梁顶在从上往下数第四个踏步的圆弧槽内，将上部结构顶起；当上一节标准节（即标准节 1）离开标准节 2 顶面 2～5cm，即停止顶升。

4) 将最上节标准节沿引进梁推出。

5) 取出防脱销，回缩油缸，下降至下一对踏步防脱销安装处，将防脱销插入踏步孔内，再回缩油缸。

6) 将顶升横梁顶在下一踏步上，取出防脱销，回缩油缸，至下一标准节与过渡节相接触时为止。

7）过渡节与塔身标准节之间用销轴连接后，用小车吊钩将标准节吊至地面。

8）重复上述动作，将标准节依次拆下。

（2）拆卸平衡臂配重

将载重小车固定在起重臂根部，借助辅助吊车拆卸配重；按装配重的相反顺序，将各块配重依次卸下。仅留下一块 2.33t 的配重块。

（3）起重臂的拆卸

放下吊钩至地面，拆除起重钢丝绳与起重臂前端上的防扭装置的连接，开动起升机构，回收全部钢丝绳；根据安装时的吊点位置挂绳；轻轻提起起重臂，拆去起重臂与塔帽拉板、回转上支座的连接销；放下起重臂，并搁在垫有枕木的支座上。

（4）平衡臂的拆卸

将配重块全部吊下，然后通过平衡臂上的四个安装吊耳吊起平衡臂，使平衡臂拉杆处于放松状态，拆下拉杆连接销轴。然后拆掉平衡臂与塔帽拉板、回转上支座的连接销，将平衡臂平稳放至地而上。

（5）拆卸司机室。

（6）拆卸塔帽。

（7）拆卸回转总成

拆掉下支座与过渡节的连接销轴，用吊索将回转总成吊起卸下。

（8）拆除过渡节

用汽车吊吊住过渡节，拆除过渡节与基础节、爬升架间的销轴后，将过渡节吊至地面。

（9）用汽车吊拆除爬升架放至地面。

（10）用汽车吊拆除基础节放至地面。

5.6.2 TC5610 型塔机的安装与拆卸

TC5610 型塔机为有塔帽水平臂架、小车变幅、上回转自升式塔机，额定起重力矩 600kN·m，最大起重量 6t，独立高度 40.5m，最大工作幅度 56m。

1. 基础的检查

TC5610 型塔机的基础可采用整体钢筋混凝土固定支腿基础、预埋螺栓固定基础、底架固定式基础三种形式。

（1）整体钢筋混凝土固定支腿基础

1）整体钢筋混凝土固定支腿基础的基本要求如下：

A. 混凝土强度等级 C35，基础土质要求坚固牢实，且承压力不小于 0.2MPa。

B. 混凝土基础的深度应大于 1000mm。

C. 固定支腿上表面应校水平，平面度误差为 2/1000。

2）固定支腿基础如图 5-22 所示，施工要求如下：

A. 将 4 只固定支腿与预埋支腿固定基节 EQ 用 12 件 10.9 级高强螺栓装配在一起。

B. 为了便于施工，当钢筋捆扎到一定程度时，将装配好的固定支腿和预埋支腿固定基节 EQ 整体吊入钢筋网内。

C. 固定支腿周围的钢筋数量不得减少和切断。

D. 主筋通过支腿有困难时，允许主筋避让。

E. 吊起装配好的固定支腿和预埋支腿固定基节 EQ 整体，浇注混凝土。在预埋支腿固定基节 EQ 的两个方向中心线上挂铅垂线，保证预埋后预埋支腿固定基节 EQ 中心线与水平面的垂直度≤1.5/1000。

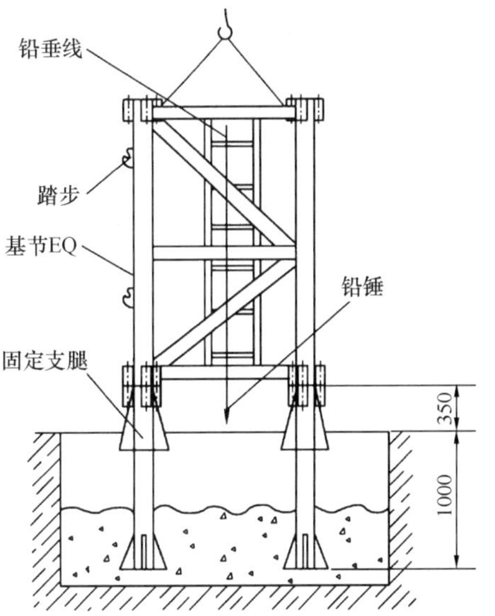

图 5-22 固定支腿的结构示意图

F. 固定支腿周围混凝土充填率必须达到 95%以上。

G. 固定支腿应由生产厂配套，只能使用一次，不能从基础中挖出来重新使用。

(2) 预埋螺栓固定基础

1）基础开挖至老土（基础承载力应不小于 0.2MPa）找平，回填 100mm 左右卵石夯实，周边配模或砌砖后再浇注 C35 混凝土，基础周围地面低于混凝土表面 100mm 以上以利排水，周边配模，拆模以后回填卵石。

2）垫板下混凝土填充率应大于 95%，四块垫板上平面应保证水平，垫板允许嵌入混凝土内 5～6mm。

3）四组地脚螺栓（16 根）相对位置必须准确，组装后必须保证地脚螺栓孔的对角线误差不大于 2mm，确保固定基节的安装。

4）允许在固定基节与垫板之间加垫片，垫片面积必须大于垫板面积的 90%，且每个支腿下面最多只能加两块垫片，确保固定基节安装后的水平度小于 1/750，其中心线与水平面垂直度误差为 1.5/1000。

5）拧紧地脚螺栓时，不许用大锤敲打扳手。

6）地脚螺栓只能使用一次，不许挖出来重新使用。因地脚螺栓为重要受力件，建议用户到塔式起重机制造商处购买。如用户自行制作地脚螺栓时，一定要符合图纸要求。

(3) 底架固定式基础

底架固定式地基采用四块整体钢筋混凝土基础，对基础的基本要求如下：

1）混凝土强度等级 C35。基础下土质应坚固牢实，承压力不小于 0.2MPa，混凝土养护期大于 15d。

2）混凝土基础的深度应大于 800mm。

3）混凝土基础与底梁接触表面应校水平，四块垫板平面度误差为 1/750。

4）四个块基础中心连线的中间挖 1300mm×1300mm×800mm 的坑，便于底梁安装。

5）四块垫板相对位置必须准确，以保证底架的地脚螺栓安装。

6）在底架基础节两个方向的中心线上挂铅垂线，保证安装后底架基础节中心线与水平面的垂直度≤1.5/1000。

7）四块垫板周围混凝土充填率必须达 95%以上。

2. 安装塔身节

塔式起重机在起升高度为 40.5m 的独立状态下共有 14 节塔身节，包括一节固定基节 EQ，一节标准节 EQ，12 节标准节 E，塔身节内有供人上下的爬梯，并有供人休息的平台。安装塔身节应按如下步骤进行：

（1）如图 5-23 所示，吊起 1 节标准节 EQ。注意不得将吊点设在水平斜腹杆上。

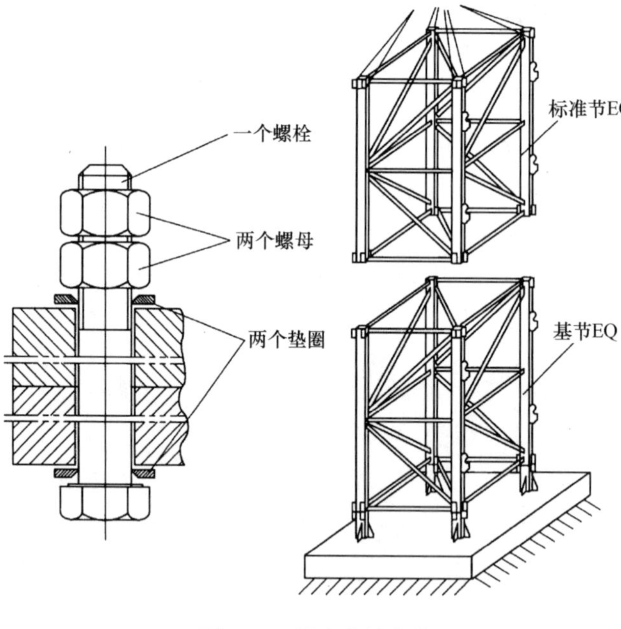

图 5-23　塔身节的安装

（2）将 1 节标准节 EQ 吊装到固定基节 EQ 上，用 12 件 10.9 级高强度螺栓连接固定。

（3）将 1 节标准节 E 吊装到标准节 EQ 上，用 8 件 10.9 级高强度螺栓连接固定。

（4）所有高强度螺栓的预紧扭矩应达到 1400N·m，每根高强度螺栓均应装配两个垫圈和两个螺母，并拧紧。防松螺母预紧扭矩应稍大于或等于 1400N·m。

(5) 用经纬仪或吊线法检查垂直度，主弦杆四侧面垂直度误差应不大于 1.5/1000。

3. 装爬升架

爬升架主要由套架结构、平台、爬梯及液压顶升系统、塔身节引进装置等组成，如图 5-24 所示。塔式起重机的顶升安装主要靠爬升架完成。

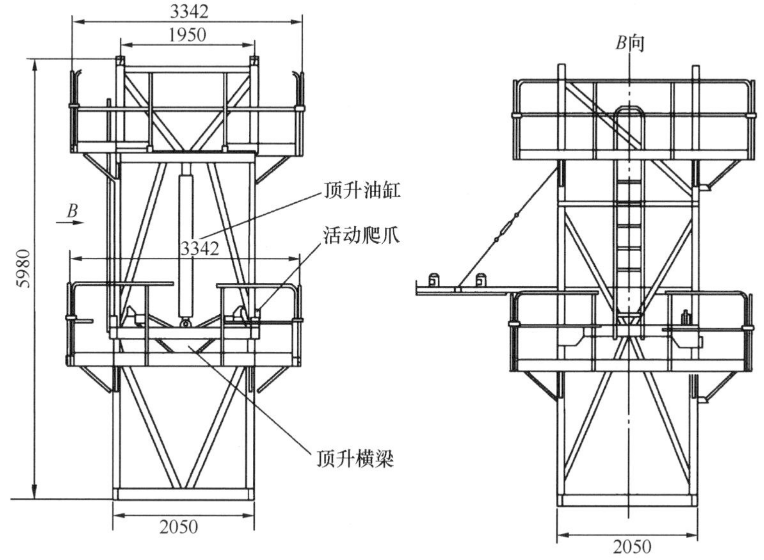

图 5-24 爬升套架总成

顶升油缸安装在爬升架后侧的横梁上（即预装平衡臂的一侧），液压泵站放在液压缸一侧的平台上，爬升架内侧有 16 个滚轮，顶升时滚轮支于塔身主弦杆外侧，起导向作用。爬升架中部及上部位置均设有平台。顶升时，工作人员站在平台上，操纵液压系统，引入标准节，固定塔身螺栓，实现顶升。

爬升架的安装按如下步骤进行：

(1) 吊起组装好的爬升架，注意顶升油缸的位置必须在塔身踏步同侧。

(2) 将爬升架缓慢套装在已安装好的塔身节外侧。

(3) 将爬升架上的活动爬爪放在标准节 EQ 上部的踏步上。

(4) 安装顶升油缸，将液压泵站吊装到平台一角，接油管，检查液压系统的运转情况。

4. 安装回转总成

回转总成包括下支座、回转支承、上支座、回转机构共四部分。下支座下部分别与塔身节和爬升架相连，上部与回转支承通过高强度螺栓连接。上支座一侧有安装回转机构的法兰盘及平台，另一侧工作平台有司机室连接的支耳，前方设有安装回转限位器的支座。用$\phi 55$的销轴将上支座与塔帽连成一个整体。回转总成的安装按如下步骤进行：

（1）检查回转支承上8.8级M24高强度螺栓的预紧力矩是否达640N·m，且防松螺母的预紧力矩稍大于或等于640N·m。如果起吊质量允许可在地面上先将驾驶室安装。

（2）将吊点设在上支座ϕ55的销轴上，将回转总成吊起。

（3）下支座的8个连接套对准标准节E4根主弦杆的8个连接套，缓慢落下，将回转总成放在塔身顶部。下支座与爬升架连接时，应对好四角的标记。

（4）用8件10.9级的M30高强度螺栓将下支座与标准节E连接牢固（每个螺栓用双螺母拧紧），螺栓的预紧力矩应达到1400N·m，双螺母中防松螺母的预紧力矩应稍大于或等于1400N·m。

（5）操作顶升系统，将顶升横梁伸长，使其销轴落到第2节标准节EQ的下踏步圆弧槽内，将顶升横梁防脱装置的销轴插入踏步的圆孔内，再将爬升架顶升至与下支座连接耳板接触，用4根销轴将爬升架与下支座连接牢固。

5. 安装塔帽

塔帽总成的结构，如图5-25所示。

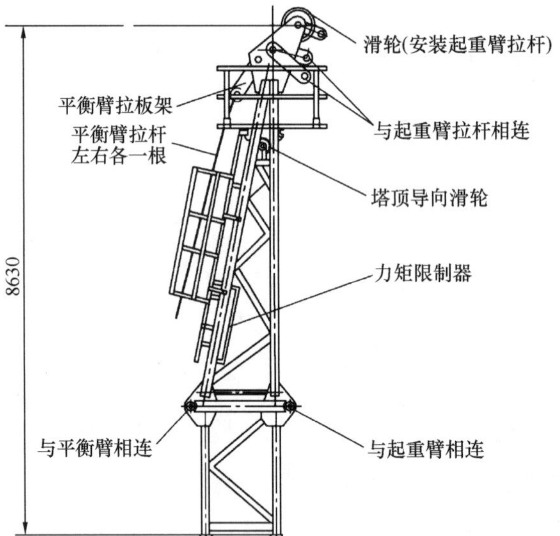

图5-25　塔帽总成

塔帽上部为四棱锥形结构，顶部有平衡臂拉板架和起重臂拉板并设有工作平台，以便于安装各拉杆；塔帽上部设有起重钢丝绳导向滑轮和安装起重臂拉杆用的滑轮，塔帽后侧主弦下部设有力矩限制器并设有带护圈的扶梯通往塔帽顶部。塔帽下部为整体框架结构，中间部位焊有用于安装起重臂和平衡臂的耳板，通过销轴与起重臂、平衡臂相连。塔帽的安装按如下步骤进行：

（1）吊装前在地面上先把塔帽上的平台、栏杆、扶梯及力矩限制器装好（为方便安装平衡臂，可在塔帽的后侧左右两边各装上一根平衡臂拉杆）。

（2）将塔帽吊到上支座上，应注意将塔帽垂直的一侧对准上支座的起重臂方向。

（3）用 4 件 $\phi55$ 销轴将塔帽与上支座紧固。

6. 安装平衡臂总成

平衡臂是槽钢及角钢组焊成的结构，平衡臂上设有栏杆、走道和工作平台，平衡臂的前端用两根销轴与塔帽连接，另一端则用两根组合刚性拉杆同塔帽连接。平衡臂的尾部装有平衡重、起升机构，电阻箱、电气控制箱布置在靠近塔帽的一节臂节上。起升机构本身有其独立的底架，用 4 组螺栓固定在平衡臂上。平衡臂总成的安装按如下步骤进行：

（1）在地面组装好两节平衡臂，将起升机构、电控箱、电阻箱、平衡臂拉杆装在平衡臂上并固接好，回转机构接临时电源。如果起重机起重量允许，也可将转台、驾驶室等在地面拼装在一起。

（2）如图 5-26 所示，吊起平衡臂（平衡臂上设有 4 个安装吊耳）。

（3）用销轴将平衡臂前端与塔帽固定连接好。

（4）将平衡臂逐渐抬高，便于平衡臂拉杆与塔帽上平衡臂拉杆用销轴连接。

（5）慢慢地将平衡臂放下，再吊装一块 2.9t 重的平衡重安装在平衡臂最靠近起升机构的安装位置上。

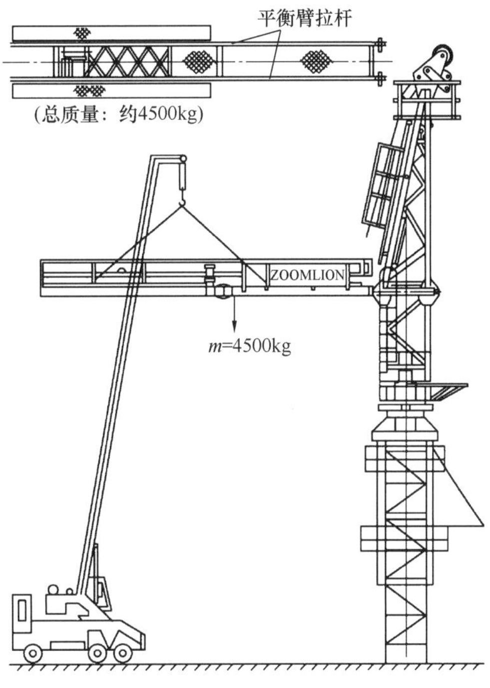

图 5-26 吊装平衡臂

7. 安装起重臂总成

（1）在塔式起重机附近平整的枕木（或支架，高约 0.6m）上拼装好起重臂。

（2）将载重小车套在起重臂下弦杆的导轨上，安装紧固维修吊篮，并使载重小车尽量靠近起重臂根部最小幅度处。

（3）安装牵引机构，卷筒绕出两根钢丝绳，其中一根短绳通过臂根导向滑轮固定于载重小车后部，另一根长绳通过起重臂中间及头部导向滑轮，固定于载重小车前部。

（4）起重臂拉杆拼装好后，放在起重臂上弦杆定位托架内。

（5）接通回转机构的临时电源，将塔式起重机上部结构回转到便于安装起重臂的方位。

(6) 按图 5-27 所示拴好吊索试吊，起吊起重臂总成至安装高度，用销轴将塔帽与起重臂根部连接固定。

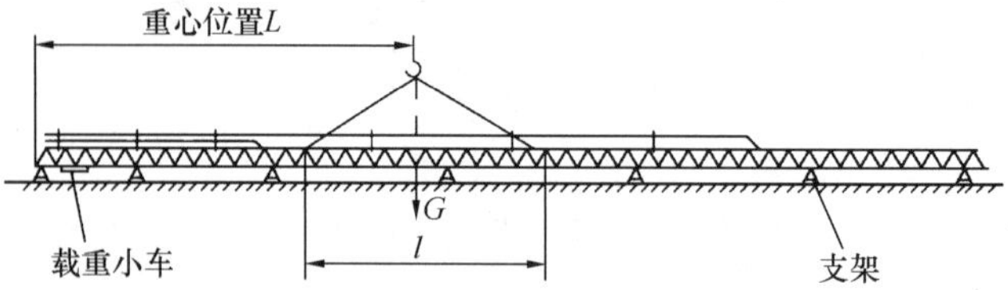

图 5-27　吊装起重臂

(7) 接通起升机构电源，放出起升钢丝绳，并穿过塔帽顶部滑轮，与起重臂拉杆端部连接；用汽车吊逐渐抬高起重臂的同时开动起升机构，拉动起重臂拉杆，使其靠近塔顶拉板；将起重臂长短拉杆分别与塔顶拉板用销轴连接固定；用汽车吊使起重臂缓慢放下。

(8) 使拉杆处于拉紧状态，最后松脱滑轮组上的起升钢丝绳。

8. 安装平衡重

根据所使用的起重臂长度，按要求吊装平衡重。

9. 穿绕钢丝绳

起升钢丝绳由起升机构卷筒放出，经排绳滑轮，绕过塔帽导向滑轮向下进入塔顶上起重量限制器滑轮，向前再绕到载重小车和吊钩滑轮组，最后将绳头用销轴固定在起重臂端部的防扭装置上。

10. 接电源及试运转

当整机按前面的步骤安装完毕后，测量塔身轴心线对支承面的垂直度，再按电路图的要求接通所有电路的电源，进行试运转。

检查各机构运转是否正确，同时检查各处钢丝绳是否处于正常工作状态，是否与结构件有摩擦，所有不正常情况均应予以排除。

11. 顶升加节

(1) 顶升前的准备

按液压泵站要求给油箱加油；清理好各个塔身节，在塔身节连接套内涂上黄油，将待顶升加高用的标准节 E 在顶升位置时的起重臂下排成一排，放松电缆长度略大于总的顶升高度，并紧固好电缆。

(2) 将起重臂转至爬升架引进节方向；在引进平台上准备好引进滚轮，爬升架平台上准备好塔身高强度螺栓。

(3) 顶升前塔式起重机的配平

1) 塔式起重机配平前，必须先将载重小车运行到规定的配平位置，并吊起一节标准节 E 或其他重物，然后拆除下支座 4 个支腿与标准节 E 的连接螺栓。

2）将液压顶升系统操纵杆推至顶升方向，使爬升架顶升至下支座支腿刚刚脱离塔身的主弦杆的位置。

3）通过检验下支座支腿与塔身主弦杆是否在一条垂直线上，并观察爬升架8个导轮与塔身主弦杆间隙是否基本相同来检查塔式起重机是否平衡。略微调整载重小车的配平位置，直至平衡，使得塔式起重机上部重心落在顶升油缸梁的位置上。

4）记录下载重小车的配平位置。

5）操纵液压系统使爬升架下降，连接好下支座和塔身节间的连接螺栓。

（4）顶升作业（图5-28）

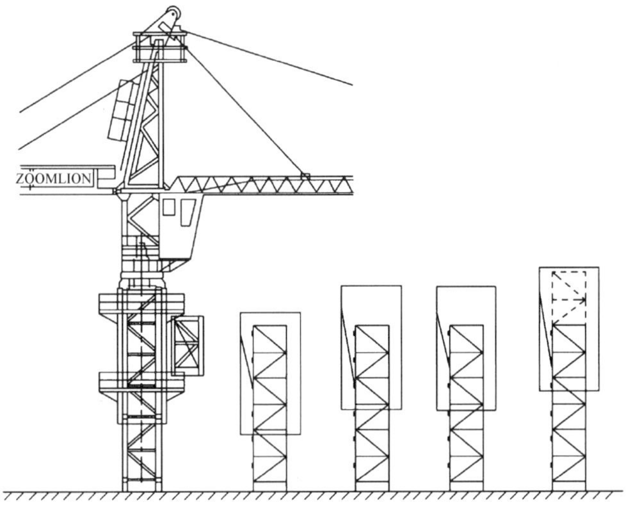

图5-28 顶升过程

1）将一节标准节E吊至顶升爬升架引进横梁的正上方，在标准节E下端装上4只引进滚轮，缓慢落下吊钩，使装在标准节E上的引进滚轮比较合适地落在引进横梁上。

2）再吊一节标准节E，将载重小车开至顶升平衡位置。

3）使回转机构处于制动状态。

4）卸下塔身顶部与下支座连接的8个高强度螺栓。

5）开动液压顶升系统，使油缸活塞杆伸出，将顶升横梁两端的销轴放入距顶升横梁最近的塔身节踏步的圆弧槽内并顶紧，确认无误后继续顶升；将爬升架及其以上部分顶起10～50mm时停止，检查顶升横梁等爬升架传力部件是否有异响、变形，油缸活塞杆是否有自动回缩等异常现象，确认正常后，继续顶升；顶起略超过半个塔身节高度并使爬升架上的活动爬爪滑过一对踏步并自动复位后，停止顶升，并回缩油缸，使活动爬爪搁在顶升横梁所顶踏步的上一对踏步上；确认两个活动爬爪全部准确地压在踏步顶端并承受住爬升架及其以上部分的质量，且无局部变形、异响等异常情况后，将油缸活塞全部缩回，提起顶升横梁，重新使顶升横梁顶在爬爪所搁的踏步的圆弧槽内，再次伸出油缸，将塔式起重机上部结构再顶起略超过半个塔身节高度，此时塔身上方恰好有能装入一个塔身节的空间，将爬升架引进平台上的标准节E拉进至塔身正上方，稍微缩回油缸，将新引进的标准节E落在塔身顶部并对正，卸下引进滚轮，用8件M30的高强度螺栓将上、下标准节E连接牢靠。

6）再次缩回油缸，将下支座落在新的塔身顶部上，并对正，用8件M30高强螺栓将下支座与塔身连接牢靠，即完成一节标准节E的加节工作。若连续加几节标准节E，则可按照以上步骤重复几次即可。为使下支座顺利地落在塔身顶部并对准连接螺栓孔，在缩回油缸之前，可在下支座四角的螺栓孔内从上往下插入4根（每角一根）导向杆，然后再缩回油缸，将下支座落下。

（5）顶升过程的注意事项

1）顶升作业时，风力不得超过4级（7.9m/s）。

2）顶升过程中必须保证起重臂与引入标准节E方向一致，并利用回转机构制动器将起重臂制动住，载重小车必须停在顶升配平位置。

3）若要连续加高几节标准节E，则每加完一节后，用塔式起重机自身起吊下一节标准节E前，塔身各主弦杆和下支座必须有8个M30的螺栓连接，唯有在这种情况下，允许这8根螺栓每根只用一个螺母。

4）所加标准节E上的踏步，必须与已有塔身节对正。

5）在下支座与塔身没有用M30螺栓连接好之前，严禁起重臂回转、载重小车变幅和吊装作业。

6）在顶升过程中，若液压顶升系统出现异常，应立即停止顶升，收回油缸，将下支座落在塔身顶部，并用8个M30高强度螺栓将下支座与塔身连接牢靠后，再排除液压系统的故障。

7）塔式起重机加节达到所需工作高度后，应检查塔身各连接处螺栓的紧固情况。

12. 安装附着装置

塔式起重机的工作高度超过其独立高度时，须进行塔身附着。附着装置由4套框梁、4套内撑杆和3根附着撑杆组成。4套框梁由24套M20高强度（8.8级）螺栓、螺母、垫圈紧固成附着框架（预紧力矩为370N·m）。附着框架上的两个顶点处有3根附着撑杆与之铰接，3根撑杆的端部有连接套与建筑物附着处的连接基座铰接。3根撑杆应保持同在一水平面内，通过调节螺栓可以推动内撑杆顶紧塔身4根主弦。安装附着装置时，应注意以下事项：

（1）附着装置安装时，应先将附着框架套在塔身上，通过4根内撑杆将塔身的4根主弦杆顶紧；再通过销轴将附着撑杆的一端与附着框架连接，另一端与固定在建筑物上的连接基座连接。

（2）每道附着架的3根附着撑杆应尽量处于同一水平面上。但在安装附着框架和内撑杆时，与标准节 E 的某些部位干涉，可适当升高或降低内撑杆的安装高度。

（3）附着撑杆上允许搭设供人从建筑物通向塔式起重机的跳板，但严禁堆放重物。

（4）安装附着装置时，应当用经纬仪测量塔身轴线的垂直度，其偏差不得大于塔身全高的 4/1000，可用调节附着撑杆的长度来调整。

（5）附着撑杆与附着框架、连接基座，以及附着框架与塔身、内撑杆的连接必须可靠。

（6）不论附着几次，只在最上面的一道附着框架内安装内撑杆，即新附着一次，内撑杆就要移到最新附着的框架内。

13. 拆卸前准备

（1）塔式起重机拆卸之前，顶升机构由于长期停止使用，应对各机构特别是顶升机构进行保养和试运转。

（2）在试运转过程中，应有目的地对限位器、回转机构的制动器等进行可靠性检查。

（3）在塔式起重机标准节 E 已拆出，但下支座与塔身还没有用 M30 高强螺栓连接好之前，严禁回转机构、牵引机构和起升机构动作。

（4）塔式起重机拆卸对顶升机构来说是重载连续作业，所以应随时对顶升机构的主要受力件进行检查。

（5）顶升机构工作时，所有操作人员应集中精力观察各相对运动件的相对位置是否正常（如滚轮与主弦杆之间，爬升架与塔身之间），是否有阻碍爬升架运动的物件。

14. 拆卸程序

（1）将塔式起重机回转至拆卸区域，保证该区域无影响拆卸作业的任何障碍。

（2）拆卸塔身（图 5-29）

1）将起重臂回转到引进方向（爬升架中有开口的一侧），使回转制动器处于制动状态，载重小车停在配平位置（与立塔顶升加节时载重小车的配平位置一致）。

2）拆掉最上面塔身标准节 E 的上、下连接螺栓，并在该节下部连接套装上引进滚轮。

3）伸长顶升油缸，将顶升横梁顶在从上往下数第四个踏步的圆弧槽内，将上部结构顶起；当最上一节标准节 E（即标准节 1）离开标准节 2 顶面 2～5cm 左右，即停止顶升。

4）将最上一节标准节沿引进梁推出。

5）扳开活动爬爪，回缩油缸，让活动爬爪躲过距它最近的一对踏步后，复位放平，继续下降至活动爬爪支承在下一对踏步上并支承住上部结构后，再回缩油缸。

6）将顶升横梁顶在下一对踏步上，稍微顶升至爬爪翻转时能躲过原来支撑的踏步

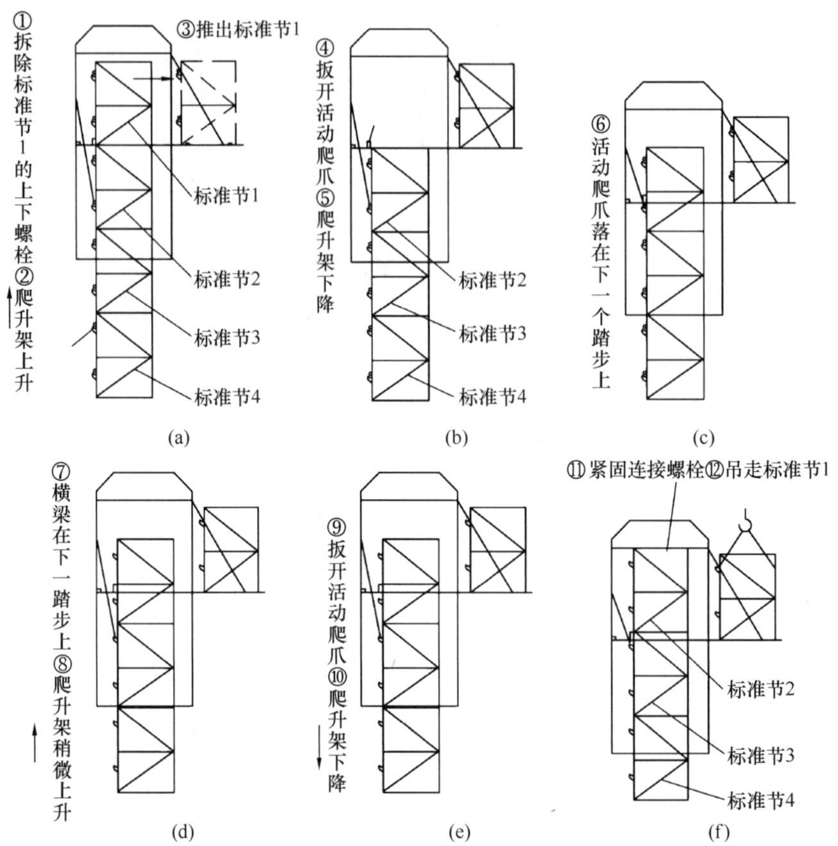

图 5-29　拆卸塔身过程示意图

后停止，拨开爬爪，继续回缩油缸，至下一标准节与下支座相接触时为止。

7）下支座与塔身标准节之间用螺栓连接好后，用小车吊钩将标准节吊至地面。

爬升架的下落过程中，当爬升架上的活动爬爪通过塔身标准节主弦杆踏步和标准节连接螺栓时，须用人工翻转活动爬爪，同时派专人看管顶升横梁和导向轮，观察爬升架下降时有无被障碍物卡住的现象，以便爬升架能顺利地下降。

8）重复上述动作，将塔身标准节依次拆下。

塔身拆卸至安装高度后，若要继续拆塔，必须先拆卸平衡臂上的平衡重。

（3）拆卸平衡重

1）将载重小车固定在起重臂根部，借助辅助吊车拆卸平衡重。

2）按照安装平衡重的相反顺序，将各块平衡重依次卸下，仅留下一块 2.9t 的平衡重块。

（4）拆卸起重臂

1）放下吊钩至地面，拆除起重钢丝绳与起重臂前端上的防扭装置的连接，开动起升机构，回收全部钢丝绳。

2）根据安装时的吊点位置挂绳。

3）轻轻提起起重臂，慢慢启动起升机构，使起重臂拉杆靠近塔顶拉杆；拆去起重臂拉杆与塔顶拉板的连接销，放下拉杆至起重臂上固定；拆去钢丝绳，拆掉起重臂与塔帽的连接销。

4）放下起重臂，并搁在垫有枕木的支座上。

（5）拆卸平衡臂。将配重块全部吊下，然后通过平衡臂上的4个安装吊耳吊起平衡臂，使平衡臂拉杆处于放松状态，拆下拉杆连接销轴，然后拆掉平衡臂与塔帽的连接销，将平衡臂平稳放至地面上。

（6）拆卸司机室。

（7）拆卸塔帽。拆卸前，检查与相邻的组件之间是否还有电缆连接。

（8）拆卸回转总成：拆掉下支座与塔身的连接螺栓，伸长顶升油缸，将顶升横梁顶在踏步的圆弧槽内并稍稍顶紧，拆掉下支座与爬升架的连接销轴，回缩顶升油缸，将爬升架的爬爪支承在塔身上，再用吊索将回转总成吊起卸下。

（9）拆卸爬升架及塔身标准节。吊起爬升架，缓缓地沿标准节主弦杆吊出，放至地面；依次吊下各节标准节。

（10）拆卸底架总成。拆卸方法与底架安装方法相反。

5.6.3 ZLS750 型塔机的安装与拆卸

ZLS750 型塔机为 750t·m 动臂式、内燃机动力、全液压控制的重型塔机，起重臂臂长 54.8m，最大起重量 50t/2 倍率、25t/1 倍率，在最大起吊半径 50m 处，吊重 9.9t。ZLS750 型塔式起重机固定式的最大自由塔身高度（无附着状态时）为 54m，塔顶高度为 68.5m，最重构件重量为 19.7t。

1. 安装 8 节塔身标准节

将塔机标准节一节一节地吊起，逐节向上安装，每安装一节标准节均用 4 个专用销轴连接，并锁好安全销，如图 5-30 所示。

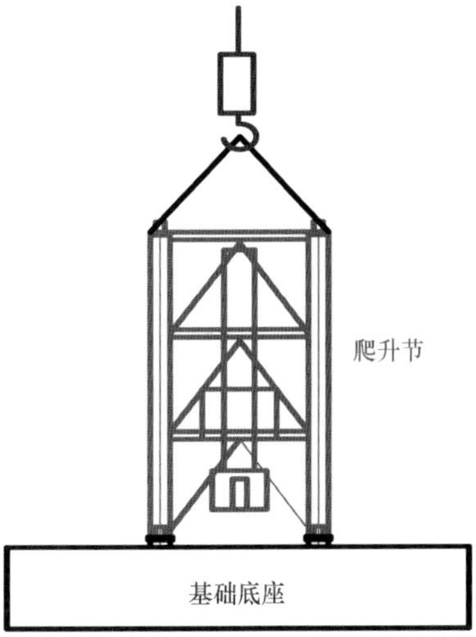

图 5-30 安装 8 节塔身标准节

2. 安装回转下座

在地面完成回转下座的平台拼装，并将回转支承安装在下座上，用 104 颗专用螺栓连接牢固后，将其吊放已安装好的塔机标准节上，并用 4 个高强销轴连接牢固，如图 5-31 所示。

3. 安装回转上座（含平衡臂）

在地面将工作平台拼装好后，将塔机驾驶室安装到回转上座的平台上，用螺栓连接牢固（总重约

19t)。用四根 8m 长、直径为 30mm 的吊索以及两个 10t 的手拉链条葫芦和 2 根 2m 长、直径为 18mm 的吊索作为组合吊具，150t 履带吊将回转上座总成慢慢吊起，并调节手拉葫芦，使回转上座水平，然后吊放到回转支承上，对准回转轴承的联接螺孔，穿上 96 颗专用高强螺栓，如图 5-32 所示。

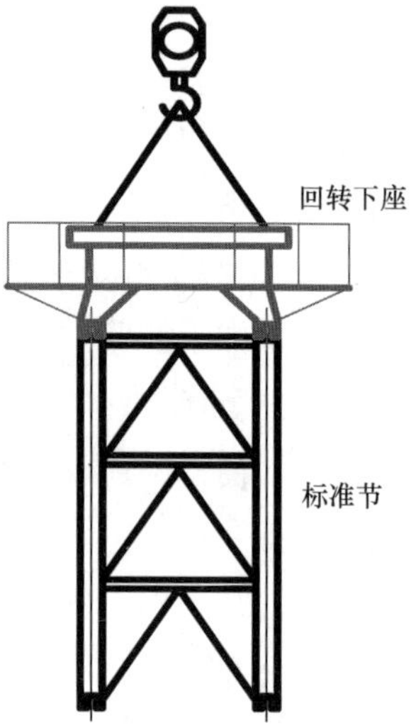

图 5-31　安装回转下座

4. 安装主卷扬机组

将主卷扬座吊起，安装到回转上座上，用 4 个专用销轴与平衡臂连接，并穿好开口销；如图 5-33 所示。

此时开始动力系统的连接，将各控制油管均按照说明书和制造单位技术人员指导要求连接牢固，使塔机两个卷扬系统能够达到正常工作的要求。

注意：应小心轻放，并应观察不要将油管压住。

5. 安装 A 架总成

在地面将起重臂缓冲装置等安装到的塔吊 A 架上，先用滑轮作为吊点将 A 架吊起，使 A 架立起，其前后主肢自动张开后，放在地面，然后利用专用吊板作为吊点将 A 架吊起，吊装到机械平台上方，对好方向（主肢倾斜的一方朝向塔身方向），先将后部直立肢与机械平台上的耳板用销轴连接，再将前斜肢与连接耳板用销轴连接，如图 5-34 所示。

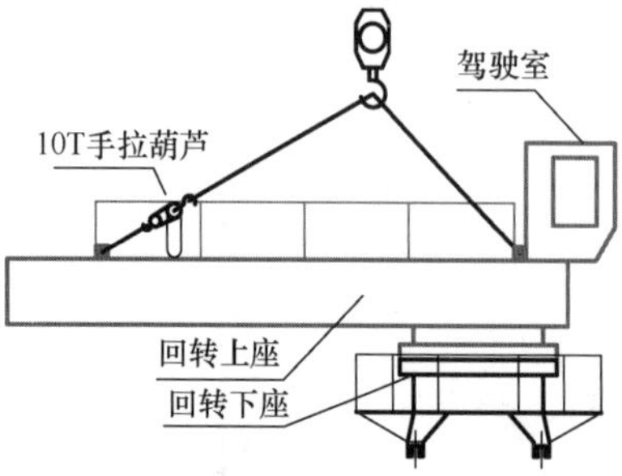

图 5-32　安装回转上座

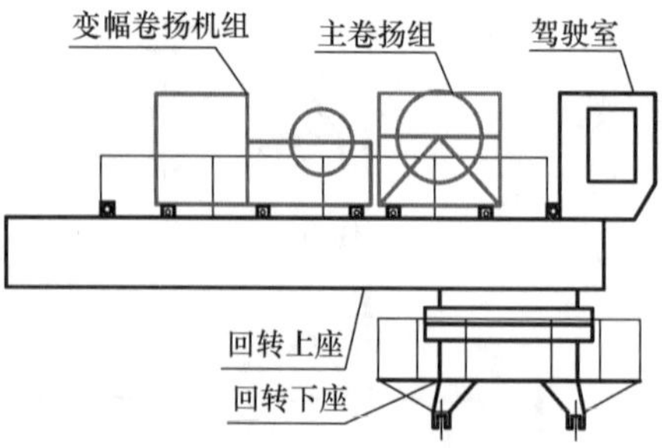

图 5-33　安装主卷扬机组

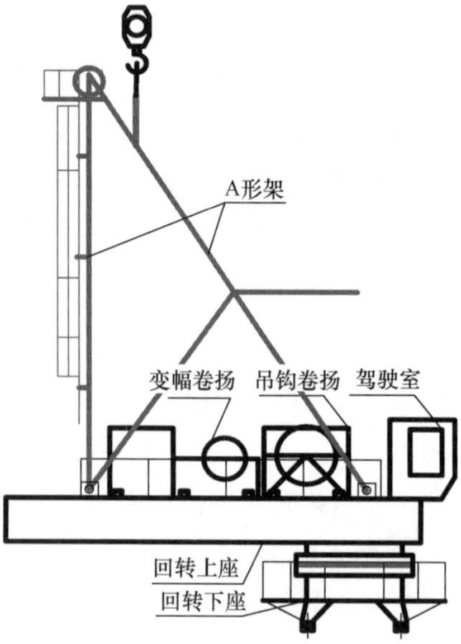

图 5-34　安装 A 架总成

6. 安装起重臂

在地面进行起重臂拼装时，先将起重臂五节拼在一起，将变幅动滑轮组及其平台和二根变幅拉索等附件均安装在起重臂上，并进行固定，重心大约距根部 23m。安装起重臂，在起吊时应先进行试吊，若不平衡重新调整吊点位置，使起重臂吊起后根部比端部低，约倾斜 15 度角，并在起重臂两端套上缆风绳。然后慢慢起钩，慢慢就位，将起重臂根部与塔吊回转上座的联接耳板用销轴连接，并用安全压板锁定销轴，如图 5-35 所示。

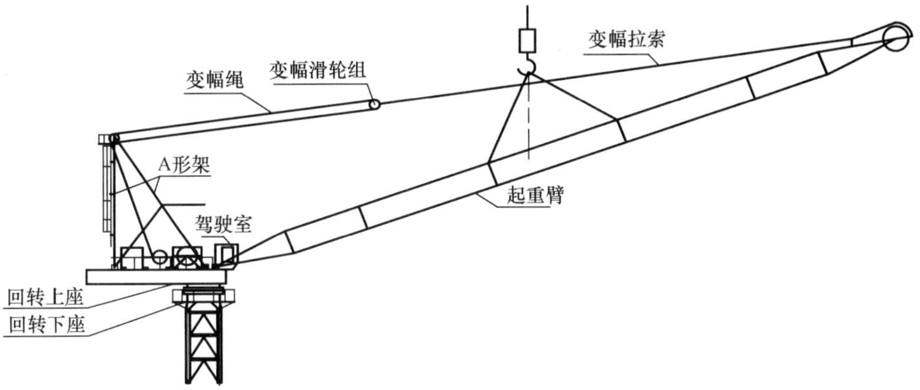

图 5-35 安装起重臂

7. 穿绕塔机变幅钢丝绳

在完成起重臂根部与回转上座连接后，履带吊将起重臂吊住不动，开始进行变幅钢丝绳的穿绕。

接着将长度约 400m、直径为 $\phi12$ 的牵引钢丝绳，一端与塔机吊钩钢丝绳头连接后，用捆绑带将吊钩钢丝绳头捆绑牢固，然后将牵引钢丝绳卷到主卷扬筒上。

在起重臂根部节和 A 架顶部各系一个 2t 以上的变向滑车后，慢慢操作起重卷扬机，将 $\phi12$ 钢丝绳分别经过两个变向滑车后，在 A 架滑轮组和起重臂上的变幅动滑轮组之间进行反向穿绕后，其绳端和变幅钢丝绳端连接，再利用起升卷扬作为动力，与变幅卷扬相互配合来完成变幅钢丝绳的穿绕。变幅绳穿绕完成后，将其绳端与 A 架顶部的专用连接耳板连接，如图 5-36 所示。

注意：在穿绕变幅钢丝绳时必须保证起升卷扬机和变幅卷扬机钢丝绳的速度保持一致。且保持两滑轮组间的钢丝绳一定的悬垂度，以减小受力。

变幅钢丝绳穿绕完成后，将牵引钢丝绳收起，并从起重卷筒上放出，吊到地面。然后操作变幅卷扬，慢慢拉紧变幅绳，并将起重臂慢慢提起，让履带吊松钩。

8. 穿绕主卷扬钢丝绳及吊钩

用 150t 履带吊的吊钩将 ZSL750 型塔机起重钢丝绳的绳端吊起，操作起重卷扬机，沿着起重壁方向将起重绳慢慢吊向起重臂前端，在吊到第四节起重臂处时，将钢丝绳

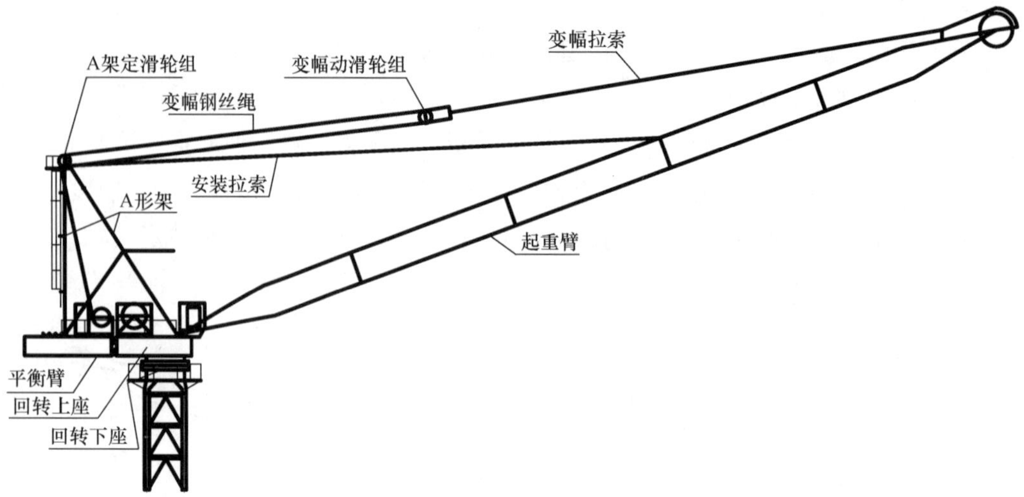

图 5-36　穿绕塔机变幅钢丝绳

放到起重臂上，然后将 150t 履带吊的吊钩从变幅拉索中间放下，重新吊起起重钢丝绳，继续吊向起重臂前端，穿过起重臂前端的托轮和测载轮，最后从尖端的大滚轮中放到地面，在地面穿过 ZSL750 吊钩滑轮后，将起重绳重新吊起，直到将起重绳的绳端与起重臂尖端的专用联接装置连接牢固，如图 5-37 所示。

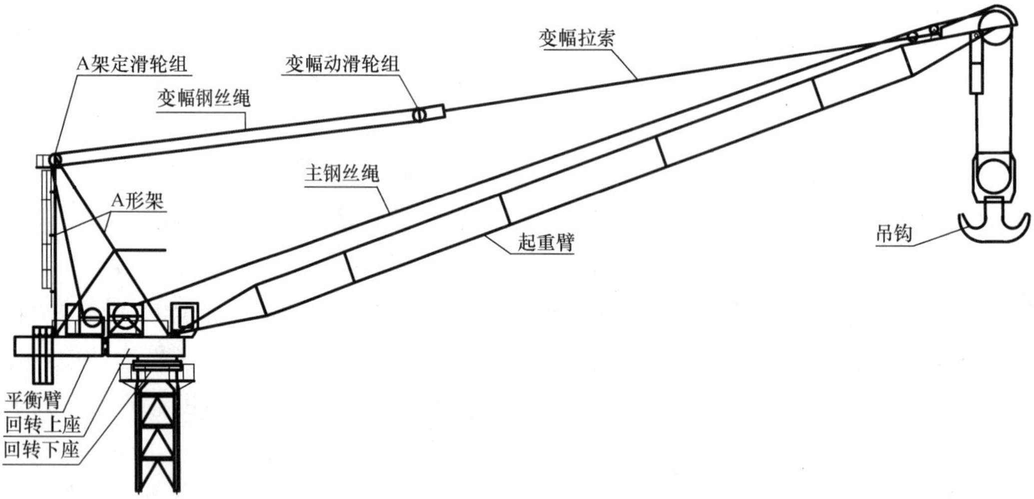

图 5-37　穿绕主卷扬钢丝绳及吊钩

9. 安装 3 块配重

将 3 块配重一块一块地吊起，安装在平衡臂后面的配重处。配重安放顺序应从塔身的方向向外一块一块地安放。

10. 顶升及拆卸

顶升加节及附着安装方法可参照非平头塔式起重机。

ZLS750 动臂变幅塔式起重机拆卸程序如下：

（1）联结通往塔顶的爬梯。

（2）将顶升套架升至塔身顶部，并将其四个角与回转下支座连接。

（3）安装顶升组件，并注意以下几点：

1）使油缸全部伸出并将顶升横梁销接于顶升耳座上。

2）将顶升横梁装在相应的顶升耳座上。

3）松开顶升横梁组件，油缸向下伸出一个行程，空载检查两侧顶升油缸是否同步。

4）将起重臂架旋转至顶升套架开口一侧，开动引进小车，将要拆掉的标准节连接在引进小车上。

（4）按塔机顶升操作方法，用相反顺序进行操作。

（5）依次将标准节拆下。下降时，必须保证顶升横梁上的顶升挂板与标准节踏步靠紧。遇有附着装置可将附着装置拆下，使塔式起重机处于顶升加节前的安装位置。

（6）重复若干次上述操作，直至塔身全部拆卸完毕。拆卸标准节与顶升标准节相同，必须进行顶升平衡，然后进行降节拆卸工作。

（7）卸下油缸。

（8）拆除起升钢丝绳及塔式起重机各电缆线。

（9）按安装相反顺序拆卸塔机各结构。

5.6.4　塔机安拆作业危险源辨识

1. 塔机安装、拆卸过程潜在的危险有害因素（表 5-9）

工作内容：（1）塔机安装、拆卸场地的检查、清理；（2）塔机基础的验收（基础预埋件安装尺寸及高差测量、基础强度及排水情况检查）；（3）起重臂、塔帽、平衡臂、配重块、拉板的安装、拆卸；（4）塔身升塔加节，附墙安装、拆卸；（5）吊车配合作业；（6）电源、电器安装；（7）塔吊调试；（8）安全保护装置的调试。

塔机安装、拆卸过程的危险有害因素　　**表 5-9**

危险因素类型	危险因素存在的状态（危险源辨识）	造成的后果
1. 触电	（1）塔机电源线老化、破损、裸露，且带电部位与钢结构接触，安装前未进行包扎处理，未对塔机安装有效的接地，调试塔机时通电导致触电。 （2）电源插头插座、开关损坏、带电部位裸露搭铁，调试作业中通电导致触电。 （3）配电箱进水或被雨淋调试作业时通电导致触电。 （4）电器元件、电源带电安装、拆卸时未使用电工绝缘工具和电工劳动保护用品。 （5）外电源配电箱漏电保护器失效。 （6）安装场地附近有高压输电线路，与所安装的门吊应保持的安全距离不足等状态	触电死亡事故

续表

危险因素类型	危险因素存在的状态（危险源辨识）	造成的后果
2. 起重伤害	（1）安装塔机使用的起重机，违反操作规程，起重吊装“十不吊”的规定导致重物坠落倒塌伤人。 （2）安装作业人员冒险横穿、停留在起吊重物下。 （3）重物在吊运过程中碰撞、挤压作业人员。 （4）吊钩、吊具存在裂纹，负重后断裂重物坠落。 （5）捆绑绳安全倍数过低，断丝数达报废标准，捆绑重物的棱角与钢绳的接触点无衬垫保护，钢绳负重后断裂。 （6）吊车安全保护装置失灵失效。 （7）起重机吊装塔头时，起重机的摆放位置不当超出力矩范围，起重机的摆放位置地基松软起重后支腿下沉等状态	死亡事故、伤残事故
3. 物体打击	（1）安装拆卸塔机过程中搬运材料时乱抛、乱扔、乱摔对作业人员的伤害。 （2）在塔机起重臂、平衡臂、顶升工作台等高处摆放的工具、材料摆放不稳或工具脱手碰落打伤下方作业人员。 （3）用锤敲击各连接销等作业时、锤脱手飞出伤人，用锤敲击材料、材料的毛边飞出打伤人的眼睛	伤残事故
4. 高处坠落	（1）在塔头、吊臂、平衡臂、顶升工作台上等高处且临边或狭窄场所作业时，安装人员未系安全带或已系安全带但未将安全带挂钩挂在牢固的地点，安装人员绊倒、滑倒、碰撞、失去重心导致坠落。 （2）安装人员未系安全带站在起重臂等高处作业被阵风吹倒导致人员从高处摔下。 （3）在攀登高处时一手持物另一手攀爬。 （4）在狭窄工作面上人员过多拥挤，作业人员靠在作业面边缘不稳的栏杆上。 （5）作业时精力不集中等状态	死亡事故、伤残事故
5. 机械伤害	（1）安装调试塔机时，安装人员用手代替工具靠近或深入塔机旋转、运动部位（如：吊钩滑轮、回转皮带轮、钢绳卷筒、减速机开式齿轮、电机轴、制动轮）等危险部位进行作业。 （2）在上述运动部位的保护罩损坏或未安装等情况下，在安装调试作业中其他人员擅自启动设备导致作业人员身体被，绞入、打击、割、刺、挤压等伤害	伤残事故
6. 塔吊坍塌、倾覆	（1）安装、拆卸塔机时，不按照安装、拆卸方案和技术要求、步骤、程序进行作业。 （2）安装塔吊前未对塔机基础进行验收，预埋件安装尺寸出现偏差，未经过处理强行安装，导致标节变形，安装一定高度后塔身产生倾斜。 （3）标节螺栓紧固力矩达不到要求，标节螺栓易松动或螺栓紧固不到位，影响塔机稳定性和塔身垂直度。 （4）安装塔机前未对标节、吊臂节、塔帽等结构件进行检查，上述结构件存在裂纹、变形，或其他缺陷，在未经过处理的情况下，任意安装或强行安装。 （5）某些塔机基础标节是加强标节，安装时未用第一节安装加强标节，而用普通标节代替。 （6）不按照该塔机的技术参数要求高度安装附墙。 （7）塔机附墙框架、拉杆、拉杆连接预埋件存在缺陷（变形、裂纹）。 （8）顶升加节时未锁死回转限位器。 （9）恶劣天气（六级以上大风、雷雨天气）强行安装、拆卸作业	伤亡事故、塔吊垮塌事故

续表

危险因素类型	危险因素存在的状态（危险源辨识）	造成的后果
7. 火灾	（1）安装塔机电源和电器元件时，安装连接不牢固，易造成电源和电器元件接触不良，导致电源线和电器元件发热燃烧。 （2）不按电路图安装电源线和电器元件或安装错误，易导致电气部分短路引起电源线发热燃烧。 （3）安装拆卸塔吊使用电焊、氧焊时作业现场存在易燃易爆物品	电气火灾和触电事故
8. 其他伤害	（1）多人配合般举重物，动作不协调导致重物脱手坠落砸伤、碰伤作业人员。 （2）搬运材料时作业场地狭窄工作安排不当人员众多相互拥挤，导致作业人员摔倒、碰伤、刮伤等伤害。 （3）作业现场湿滑、材料堆放混乱易导致作业人员摔倒、碰伤、刮伤等伤害。 （4）长时间在强烈阳光下作业导致中暑	摔伤、碰伤、刮伤等伤害

2. 危险有害因素的预防控制措施（见表 5-10）

危险有害因素的预防控制措施　　表 5-10

1. 触电事故	（1）安装电器元件、电机、电缆线前，应认真检查电器元件、电机、电源线、开关、插座插头等，发现有电器元件损坏、电源线老化、破损、裸露等情况时，应在断电的情况下用绝缘胶布包扎、更换、修复后方可安装。 （2）电器安装应由持有电器安装证书的人员按本桥机的电路图进行安装，其他人员不得安装。 （3）露天安装电器设备时，应做好防雨防潮的措施，电源线通过道路应做好防挂和防压坏的措施。 （4）需要移动电器设备时必须切断电源后方可移动，严禁用拖拉电源线的方法移动电器设备。 （5）严禁擅自乱接乱搭电线，雷雨天气应停止作业。 （6）电器设备起火严禁用水灭火，应用干粉灭火器灭火。 （7）做好塔吊的接地保护
2. 起重伤害事故	（1）听从起重指挥人员的指挥，严禁在重物和起重臂下停留和穿过。 （2）起吊重物时严禁站在重物上。 （3）车辆装卸大件重物起钩时严禁司绳人员站在车厢内。 （4）吊装塔头等大件重物时应用绳索捆绑牵引控制重物摆动。 （5）在狭窄的场地或被吊物重叠挂靠时，在挂好钢绳起吊受力前，施绳人员应离开起吊危险作业面。 （6）挂钢绳时应合理地选择捆绑点，使重物起吊后能保持平衡，防止重物滑动坠落。 （7）挂钢绳时重物在捆绑点存在有锋利的边缘时，应对钢绳与锋利的边缘处加衬垫保护钢绳。 （8）吊装作业前应检查捆绑绳，卸扣等吊具是否完好，并合理的选用与重物匹配的钢绳和吊具
3. 物体打击事故	（1）严禁从高处向下或低处向上扔、抛材料或工具，材料、工具摆放应平稳、不要堆放在作业面的边缘。应避免上下交叉作业，如作业面下方有人员或车辆通过时应暂停作业，通知下方人员离开或派人进行监护。 （2）在装卸作业时严禁向有人的一边抛掷。 （3）使用的大锤应检查锤头与锤把连接是否牢固，抡锤时大锤运动的方向严禁站人。 （4）敲击容易产生飞溅的物体作业时，应佩戴护目镜

续表

4. 高处坠落事故	（1）在塔头、吊臂、平衡臂、顶升工作台上等高处且临边或狭窄场所作业时，安装人员必须系好安全带并将安全带挂钩挂在牢固的地点。 （2）上下塔机必须从爬梯上下，严禁登高时一手持物一手攀登，严禁背向上下梯子。 （3）在没有工作平或没有护栏的地点作业时应将安全带挂在高处牢固的地方方可作业。 （4）在高处狭窄的作业面严禁搬运轻薄且迎风面积大的材料。 （5）身体状况不适时不要进行高处作业，作业时必须集中精力
5. 机械伤害事故	（1）作业时处理好作装，严禁用手代替工具接触桥机的运动部件，身体的任何部位必须与运动部件保持必要的安全距离。 （2）安装、拆卸、调试门吊运动部件、总成时应在断电的情况下进行，防止其他人突然通电导致运动部件运动伤人，必要时派人监护送电开关
6. 门吊坍塌、倾覆事故	（1）安装、拆卸塔机时，严格按照安装、拆卸方案和技术要求、步骤、程序进行作业。 （2）安装塔机前必须对塔吊基础进行验收，如预埋件安装尺寸出现偏差，必须进行处理后方可安装。 （3）标节螺栓紧固必须到位且必须达到规定的紧固力矩，安装过程中必须检测塔身垂直度。 （4）安装作业前必须对塔吊标节、吊臂节、塔帽等结构件进行检查，如果上述结构件存在裂纹、变形，或其他缺陷，必须在地面上经过处理维修后方可进行安装。 （5）某些塔机安装时，第一节必须安装加强标节，而不能用普通标节代替。 （6）严格按照该塔机的技术参数限定的高度安装附墙。 （7）安装塔机附墙前，必须对塔机附墙框架、拉杆、拉杆连接预埋件存在缺陷（变形、裂纹）进行检查，符合要求后方可进行安装。 （8）顶升加节时必须按照规定锁死回转限位器。 （9）如遇恶劣天气（六级以上大风、雷雨天气）时应停止安装、拆卸作业
7. 火灾事故	（1）安装完毕后检查塔机电源接头、开关、控制按钮、电器元件等是否存在松动、接触不良、电源线发热、电源短路等现象。 （2）安装拆卸塔机使用电焊、氧焊时必须清除作业周围的易燃易爆物品
8. 其他伤害事故	（1）搬运重物须多人协作，统一指挥，搬运的重物过重时应用起重机吊运。 （2）作业现场狭窄时应合理安排人员，避免人员拥挤。 （3）作业现场狭窄、堆放的材料混乱、现场道路湿滑、行走时处理好裤脚、鞋带防止被畔挂摔倒受伤。 （4）合理安排作息长时间避免在强烈阳光下长时间作业导致中暑

6 塔机的安全操作

6.1 塔机的使用条件

6.1.1 通用条件

1. 塔机生产厂必须持有国家颁发的特种设备制造许可证。

2. 塔机应有出厂合格证、安装使用维修说明书、电气原理图、布线图、配件目录、有关型式试验合格证明等文件；带有爬升系统的，应提供爬升系统的使用说明。

3. 对所使用的起重机（购入新的、旧的、大修出厂的以及停用一年以上的起重机）应按说明书提供的性能，根据起重机生产国家的有关标准的规定进行第三方检测。

4. 对于购入的旧塔机应有两年内完整运行记录及维修、改造资料，在使用前应对金属结构、机构、电器、操作系统、液压系统及安全装置等各部分进行检查和试车，以保证其工作可靠。

5. 对改造、大修的塔机要有出厂检验合格证。

6. 对于停用时间超过一个月的塔机，在启用时必须做好各部件的润滑、调整、保养、检查。

7. 塔机的各种安全装置、仪器仪表必须齐全和灵敏可靠。

8. 塔机遭到风速超过 25m/s 的暴风（相当于 9 级风）袭击，或经过中等地震后，必须进行全面检查验收，方可投入使用。

9. 有下列情形之一的建筑起重机械，不得出租、安装、使用：

（1）属国家明令淘汰或者禁止使用的。

（2）超过安全技术标准或者制造厂家规定的使用年限的。

（3）经检验达不到安全技术标准规定的。

（4）没有完整安全技术档案的。

（5）没有齐全有效的安全保护装置的。

（6）达到国家规定出厂年限，未进行安全评估和经评估不宜继续使用的。

（7）存在严重事故隐患无改造、维修价值的。

（8）违反国家规定擅自进行改造的。

（9）没有经过验收合格的。

6.1.2 工作环境条件

（1）工作环境温度为－20～＋40℃。

（2）安装架设时塔机顶部3s时距平均瞬时风速不大于12m/s，工作状态时不大于20m/s；非工作状态时风压按《塔式起重机设计规范》GB/T 13752—2017规定。

（3）塔机在工作时，司机室内噪声不应超过80dB（A）。

（4）塔机工作时，在距各传动机构边缘1m、上方1.5m处测得的噪声值不应大于90dB。

（5）无易燃、易爆气体和粉尘等危险场所。

（6）海拔高度在1000m以下。

（7）工作电源电压为380V±10%。

（8）塔机基础符合产品使用说明书的规定。

（9）使用工作级别不高于产品使用说明书的规定。

6.2 塔机使用管理制度

6.2.1 备案登记制度

1. 产权备案

塔机出租单位或自购使用单位在塔机首次出租或安装前，应当向本单位工商注册所在地县级以上地方人民政府建设主管部门办理备案。产权单位在办理备案手续时，应当向设备备案机关提交以下资料：

（1）产权单位法人营业执照副本。

（2）特种设备制造许可证。

（3）产品合格证。

（4）制造监督检验证明。

（5）建筑起重机械设备购销合同、发票或相应有效凭证。

（6）设备备案机关规定的其他资料。

所有资料复印件应当加盖产权单位公章。

2. 使用登记

塔机使用单位在塔机安装验收合格之日起30日内，向工程所在地县级以上地方人民政府建设主管部门（简称“使用登记机关”）办理使用登记。使用单位在办理建筑起重机械使用登记时，应当向使用登记机关提交下列资料：

（1）建筑起重机械备案证明。

(2) 建筑起重机械租赁合同。

(3) 建筑起重机械检验检测报告和安装验收资料。

(4) 使用单位特种作业人员资格证书。

(5) 建筑起重机械维护保养等管理制度。

(6) 建筑起重机械生产安全事故应急救援预案。

(7) 使用登记机关规定的其他资料。

6.2.2 检查制度

1. 检查的分类

(1) 日常检查

每个工作班次开始作业前应进行日常检查，检查项目不低于表 7-1 的规定。

(2) 定期检查

定期检查按周期可分为周检、月检、季检、半年检和年检。塔机拥有者应根据每台塔机的具体特点和使用状况确定相应的检查要求，检查项目和周期不低于表 7-1 的规定。

(3) 特殊检查

塔机在发生安全防护装置、额定载荷、主要受力结构件、机构、控制站和控制系统、动力源、钢丝绳或起重用链条、起重吊具、底座、基座和支承结构发生变化时，或发生极端天气条件（如：暴风雨等）、地震、水灾、火灾、发生超载、挂舱、急停、撞击等非正常运行情况后应进行特殊检查；塔机停用后再次启用前的检查；塔机发生事故后的检查。相应检查项目、方法可参见表 7-2 进行。

2. 检查要求及检查记录

(1) 检查的安全预防措施

1) 应观察进行检查的地点和邻近区域，并应设置警示标志和安全工作区域。

2) 如果遇到极端天气条件，应推迟检查。

3) 如果预测到由于不坚固的地面条件会导致危险，应将起重机械移动到具有坚硬地面条件的地 点或采取其他措施加强地面条件。

4) 检查人员应配备个人随身保护装置（如：防护鞋、安全帽、安全带或防护眼镜，如果在检查中存在高处坠落危险的情况，则应合理防护）。

5) 应采取防止触电的措施。

6) 在检查中，除由指定人员给出指令外，严禁闭合或断开电源开关。

7) 当检查中进入有电击危险的位置，应确保断开电源开关，给出“正在检查”的警示标志，锁上或派人员看守：对控制室应设有“正在检查”的警示标志。

8) 在检查中，除由指定人员给出指令外，严禁操作起重机械。

9）当两台或多台起重机械安装在同一轨道或同一场所工作时，应有防碰撞措施。

10）载荷试验前，应检查吊具附件和试验载荷是否有缺陷。

11）严禁其他人员进入危险区域，除非经过授权。

12）如果预测到臂架伸缩、回转和变幅会危及邻近高压电线、建筑物或公路，应禁止进行操作。

13）定期检查和特殊检查工作应由 2 个或 2 个以上检查人员一起进行。

14）检查时应有足够的照明。

（2）检查的一般要求

1）塔机在使用中应按使用说明书的规定进行检查，且不低于下面检查的要求。

2）检查人员应根据检查中发现的缺陷的影响程度提出处置的期限。

3）在安装架设前，检查人员应对照安装拆卸方案对作业条件（作业环境、待装设备、吊装设备、人员装备、应急物资及装备等）进行检查确认。有影响安全不一致时，应立即知会相关人员进行调整，对涉及重大原则性的调整应重新编制安装拆卸方案并按规定程序审批。

4）在安装架设前，检查人员应对塔机基础施工方出具的进场验收资料进行查验，确认基础的施工符合使用说明书或基础施工方案的要求，对钢筋混凝土基础还应确定养护期达到预定要求。

5）在安装前，检查人员应对照说明书对预埋结构与塔身连接平面的倾斜度进行复验。倾斜度超差时，应由专业人员根据具体情况出具通过审批的处理措施并记录在案。

（3）检查记录及报告

1）各项检查和维护均应做好记录，并作为该塔机的设备档案妥善保管。定期检查记录、特殊检查记录和非计划性维护记录应保持到塔机报废为止。计划性维护记录应保持到下一个维护周期前。

2）检查记录应至少包括的内容

① 检查的日期和地点。

② 检查人员签名和其所属单位的名称。

③ 被检查设备的名称、型号、编号及主要参数。

④ 各检查项目的检查结果。

3. 检查方法

塔机的检查方法应采用目测检查、无损检测、功能试验、空载试验、额定载荷试验，具体选用的方法见表 7-1 和表 7-2。

（1）目测检查

目测检查方法包括目视、耳听、手摸、鼻嗅、敲击等的检测和常规量具的测量。

目测检查一般情况下不需要进行拆卸。

（2）无损检测

无损检测包括渗透检测、磁粉检测、超声检测和射线检测等。

（3）功能试验

功能试验应检查控制器、开关和指示器的功能。为确保限制器和指示器功能正常，可进行安全操作，应对下列限制器和指示器进行功能试验：超载限制器和指示器，工作运动限制器和指示器；性能限制器和指示器。

（4）空载试验

应在额定速度和空载下对起重机械的所有运动（如：起升、运行、回转、变幅、伸缩、横移、纵移）进行空载试验，以检查是否有任何异常和缺陷。

（5）荷载试验

应在带有载荷时对起重机械基本运动（如：起升、运行、回转）进行载荷试验，以检查是否有任何异常和缺陷。施加的载荷应根据试验目的确定，但不应超过额定起重量。

6.2.3 司机管理制度

1. 交接班制度

交接班制度是塔机使用管理的一项非常重要的制度，明确了交接班司机的职责，交接程序和内容。包括对塔机检查履历书、设备运行情况记录、存在的问题、应注意的事项等，当发现或怀疑塔机有异常情况时，交班司机和接班司机必须当面交接，严禁交接班司机不接头或他人转告交接。交接班记录双方须签字确认。

（1）交班司机职责

1）检查塔式起重机的机械、电器部分是否完好。

2）将空钩升到上极限位置，各操作手柄置于零位，切断电源。

3）交接本班塔机运转情况、保养情况及有无异常情况。

4）交接塔式起重机随机工具、附件等情况。

5）打扫卫生，保持清洁。

6）认真填写好设备运转记录和交接班记录，交接班记录见表 6-1。

（2）接班司机职责

1）认真听取上一班司机工作情况介绍。

2）仔细检查塔式起重机各部件，按表 6-1 进行班前试车，并做好记录。

3）使用前必须进行空载试验运转，检查限位开关、紧急开关、行程开关等是否灵敏可靠，如有问题应及时修复后方可使用。

4）检查吊钩、吊钩附件、索具吊具是否安全可靠。

塔机司机交接班记录 **表 6-1**

工程名称		塔机编号		
塔机型号		运转台时	天气	
序号	检查项目及要求	交班检查		接班检查
1	保持各机构整洁，及时清扫各部位灰尘，作业处无杂物			
2	固定基础或轨道应符合要求			
3	各部结构无变形，螺栓紧固，焊缝无裂纹或开焊			
4	减速机润滑油油质、油量符合要求			
5	接通电源前各控制开关应处于零位，操作系统灵活准确，电器元件牢固正常			
6	制动器动作灵活，制动可靠			
7	吊钩及各部滑轮转动灵活，无卡塞现象			
8	各部钢丝绳应完好，固定端牢固，缠绕整齐			
9	安全保护装置灵敏可靠，吊钩保险、卷筒保险牢固有效			
10	附着装置安全可靠			
11	空载运转一个作业循环，机构无异常			
12	本班设备运行情况：			
13	本班设备作业项目及内容：			
14	本班应注意的事项：			
交班人（签名）：		接班人（签名）：		
交接时间：				年 月 日 时 分

2．“三定”制度

“三定”制度是做好塔式起重机使用管理的基础。“三定”制度即定人、定机、定岗位责任，是把塔式起重机和操作人员相对固定下来，使塔式起重机的使用、维护和保养的每一个环节、每项要求都落实到具体人，有利于增强操作人员爱护塔式起重机的责任感。对保持塔式起重机状况良好、促使操作人员熟悉塔式起重机性能，熟练掌握操作技术，正确使用维护，防止事故发生等都具有积极的作用，并有利于开展经济核算、评比考核和落实奖罚制度。

3．机长职责

塔式起重机多人、多班作业，应组成机组，实行机长负责制，确保作业安全，机长应履行下列职责：

（1）带领机组人员坚持业务学习，不断提高业务水平，认真完成生产任务。

（2）带领及指导机组人员共同做好塔机的日常维护保养，保证塔机的完好与整洁。

(3) 带领机组人员严格遵守塔机安全操作规程。

(4) 督促机组人员认真落实交接班制度。

4. 塔机司机岗位职责

(1) 严格遵守塔式起重机操作规程，认真做好塔式起重机作业前的检查、试运转，及时做好班后整理工作。

(2) 做好试车检查记录、设备运转记录。

(3) 严格遵守施工现场的安全管理的规定。

(4) 做好塔机的“调整、紧固、清洁、润滑、防腐”等维护保养工作。

(5) 及时处理和报告塔机故障及安全隐患。

(6) 严禁违章操作，做到“十不吊”，保证塔式起重机安全运行。

1) 斜吊不吊。

2) 超载不吊。

3) 散装物装得太满或捆扎不牢不吊。

4) 吊物边缘无防护措施不吊。

5) 吊物上站人不吊。

6) 指挥信号不明不吊。

7) 埋在地下的构件不吊。

8) 安全装置失灵不吊。

9) 光线阴暗看不清吊物不吊。

10) 六级以上强风不吊。

6.3 塔机使用的技术要求

6.3.1 塔机的安全距离要求

所谓的安全距离是指，为了保证安全生产，在作业时塔机的运动部分与障碍物等应当保持的最小距离。

1. 塔机与建筑物的安全距离

(1) 在有建筑物的场所，塔机的尾部与建筑物及建筑物外围施工设施之间的距离应不小于 0.6m。

(2) 施工现场多台塔机作业时，高位塔机升至最高点的吊钩和/或平衡重的最低部位与低位塔机最高部位之间的垂直距离不应小于 2m；只有考虑了制造商提供的完整有效资料中所说明的挠度（例如起重臂承载后的挠度），上述距离才可减小，但不应小于 0.6m；低位塔机起重臂最外端与相邻塔机塔身之间的水平距离不应小于 2m。

（3）如果塔机周围的建筑物、施工设施等不低于塔机的起重臂或平衡臂，则其与塔机起重臂和/或平衡臂最外端之间的水平距离不应小于 2m；如果塔机周围的建筑物、施工设施等低于塔机起重臂和平衡臂且在臂架回转半径覆盖的范围内，则塔机升至最高点的吊钩和/或平衡重的最低部位与这些建筑物和施工设施最高部位之间的垂直距离不应小于 3m。

2. 塔机与输电线的安全距离

（1）塔机任何部位（包括吊物）与输电线之间的安全距离应符合表 6-2 的规定；

塔机与外输电线路的最小安全距离 **表 6-2**

安全距离(m) \ 电压(kV)	<1	10	35	110	220	330	500
沿垂直方向	1.5	3.0	4.0	5.0	6.0	7.0	8.5
沿水平方向	1.5	2.0	3.5	4.0	6.0	7.0	8.5

（2）如因条件限制，不能保证表 6-2 中要求的与输电线的安全距离，应与有关部门协商，并采取安全防护措施后方可安全架设塔机。当需要搭设防护架时，搭设防护架当符合以下要求：

1）搭设防护架时必须经有关部门批准。

2）采用线路暂停供电或其他可靠安全技术措施。

3）有电气工程技术人员和专职安全人员监护。

4）防护架与输电线的安全距离不应小于表 6-3 所规定的数值。

5）防护架应具有较好的稳定性，可使用竹竿等绝缘材料，不得使用金属材料。

防护架与外输电线路的最小安全距离 **表 6-3**

外输电线路电压等级（kV）	≤10	35	110	220	330	500
最小安全距离（m）	1.7	2.0	2.5	4.0	5.0	6.0

6.3.2 塔机使用偏差要求

塔机安装到设计规定的最大独立高度时，主要性能参数对偏差应符合下列规定：

（1）空载时，最大幅度允许偏差为其设计值的±2%，最小幅度允许偏差为其设计值的±10%。

（2）主要结构件（如臂架、塔顶、回转平台、回转支承座和标准节等）的加工应有必要的工艺装备，保证顺利装配。同规格塔身标准节应能任意组装。主肢结合处外表面阶差不大于 2 mm。起升高度应不小于设计值。

（3）各机构运动速度允许偏差为其设计值的±5%。

（4）应当具有慢速下降功能，慢降速度根据服务需求确定，但不大于 9m/min。

（5）尾部回转半径不得大于其设计值 100mm。

（6）固定底架压重塔机支腿纵、横向跨距的允许偏差为其设计值的±1%。

（7）整体拖运时的宽度、长度和高度均不应大于其设计值。

（8）空载，风速不大于 3m/s 状态下，独立状态塔身（或附着状态下最高附着点以上塔身）轴心线的侧向垂直度允差为 4‰，最高附着点以下塔身轴心线的垂直度允差为 2‰。

（9）对轨道运行的塔机，其轨距允差为其设计值的±0.1%，最大允许偏差为±6mm。

（10）对轨道式塔机在未装配回转平台或塔身及压重时，任意一个车轮与轨道的支承点对其他车轮与轨道的支承点组成的平面的偏移不得超过轴距设计值的 1‰；下回转塔机车轮与轨道的支承点所组成的平面，对回转支承平面的平行度为回转支承滚道直径的 1‰。

6.3.3 平衡重与压重

（1）平衡重和压重应有与臂架组合长度相匹配的明确安装位置，且固定可靠、不移位。

（2）平衡重和压重应在吊装、运输和使用中不破损，且重量不受气候影响。

（3）可拆分吊装的平衡重和压重，应易于区分且装拆方便，每块平衡重和压重都应在本身明显的位置标识重量。

（4）移动式平衡重的移动轨迹应唯一，平衡重不随臂架运动自动按函数关系移动时，应有让司机清晰识别其位置的措施或指示装置。

6.3.4 工作运行

（1）回转机构在回转时，应保证启动、制动平稳；在非工作状态下，回转机构应允许臂架随风自由转动。

（2）起升机构在运行时应保证启动、制动平稳；吊重在空中停止后，重复慢速起升时，不允许吊重有瞬时下滑现象；起升机构应具有慢就位性能，不允许有单独靠重力下降的运动。

（3）变幅机构在变幅时，应保证启动、制动平稳，不允许有单独靠重力作用的运动。

（4）动臂变幅式塔机，对能带载变幅的变幅机构除满足变幅过程的稳定性外，还应设有可靠的防止吊臂坠落安全装置。

（5）小车变幅式塔机，在空载状态下小车任意一个滚轮与轨道的支承点对其他滚轮与轨道的支承点组成的平面的偏移不得超过轴距设计值的 1/1000。

（6）对轨道式塔机其运行机构在运行时，应保证启动、制动平稳。

（7）操纵机构的各操作动作应相互不干扰和不会引起误操作；各操纵件应定位可靠，不得因振动等原因离位。

6.3.5 电源电器

（1）采用三相五线制供电时，供电线路的零线应与塔机的接地线严格分开。

（2）塔机必须有可靠的接地保护，所有电气设备外壳均应与机体妥善连接。塔机金属结构、轨道、所有电气设备的金属外壳、金属线管、安全照明的变压器低压侧等都应可靠接地，其接地电阻不大于4Ω；重复接地电阻不大于10Ω；接地装置的选择应符合电气安全的有关要求。

（3）电气系统应有可靠的自动保护装置，具有短路保护、过流保护及缺相保护等功能。

（4）在正常工作条件下，供电系统在塔机馈电线接入处的电压波动应不超过额定值的±10%。

（5）主电路和控制电路对地绝缘电阻不小于0.5MΩ。

（6）各机构运行控制电路中，应有防止司机误操作的保护措施。

（7）各限位开关应安全可靠；在脱离接触并返回正常工作状态后，限位开关能复位；当设有极限开关时，应能手动复位。

（8）配电箱应有门锁，门外应设置有电危险的警示标志；配电箱、联动操纵台、控制盘、接线盒上的所有导线端部、接线端子应有正确的标记、编号，并与电气原理图、电气布线图一致。

（9）对设有防护罩的电机其防护罩不能影响电机散热，电机安装位置应满足通风冷却要求，并便于检修。

（10）塔机各机构控制回路中应设有零位保护。运行中因故障或失压停止运行后，重新恢复供电时，机构不得自动动作，须人为将控制器置零位后，机构才能重新启动。

（11）塔身高于30m的塔机，应在塔顶和臂架端部设红色障碍灯，障碍灯的供电应不受停机影响。

（12）司机室应有照明设施，照度不应低于30lx。照明电路电压应不大于250V，其供电应不受停机影响。

（13）司机室用取暖、降温设备应采用单独电源供电。选用冷暖风机时应选用铁壳防护式，并固定安装、外壳接地。

（14）司机室应设置灭火器。

（15）沿塔身垂直悬挂的电缆应使用瓷瓶固定，瓷瓶的固定间距一般不宜大于

10m，同时应满足使用说明书的要求，以保证电缆自重产生的拉应力不超过电缆的机械强度和防止其他因素引起的机械磨损。

（16）具有多挡变速的起升机构和变幅机构的塔机，宜设自动减速功能使变幅小车及吊钩到达极限位置前自动降为低速运行。

6.3.6　液压系统

（1）塔机的液压系统应设有防止过载和液压冲击的安全装置，安全溢流阀的调整压力不得大于系统的额定工作压力110%。

（2）液压系统中应设置滤油器和其他防止污染的装置，过滤精度应符合系统中选用的液压元件的要求。

（3）液压油应符合所选油类的性能标准，并能适应工作环境的温度。

（4）油箱应有足够的容量，在连续作业中最高温度不超过80℃。

6.3.7　塔机结构件的使用和报废

（1）塔机主要承载结构件腐蚀或磨损大于原厚度的10%或计算应力大于原计算应力的15%时应予报废。

（2）塔机主要承载结构件如塔身、起重臂等，失去整体稳定性时应报废。如局部有损坏并可修复的，则修复后不应低于原结构的承载能力。

（3）塔机的结构件及焊缝出现裂纹时，应根据受力和裂纹情况采取加强或重新施焊等措施，并在使用中定期观察其发展。对无法消除裂纹影响的应予以报废。

（4）塔机主要承载结构件的正常工作年限按使用说明书要求或按使用说明书中规定的结构工作级别、应力循环等级、结构应力状态计算。若使用说明书未对正常工作年限、结构工作级别等作出规定，且不能得到塔机制造商确定的，则塔机主要承载结构件的正常使用不应超过1.25×10^{5}次工作循环。

（5）塔机出厂后，后续补充的结构件（塔身标准节、预埋节、基础连接件等）的尺寸精度和强度等均不应低于原件。

（6）超过一定使用年限，而未进行评估的塔机，应予以报废。630kN·M以下（不含630kN·M）出厂年限超过10年（不含10年）；630～1250kN·M（不含1250kN·M）出厂年限超过15年（不含15年），1250kN·M以上出厂年限超过20年的塔机，由于使用年限过久，存在设备结构疲劳、锈蚀、变形等安全隐患。超过年限的由有资质评估机构评估合格后，可继续使用。

6.4 塔机安全操作

6.4.1 作业前的安全要求

（1）松开夹轨器，按规定的方法将夹轨器固定好，确保在行走过程中，夹轨器不卡轨。

（2）轨道及路基应安全可靠。

（3）塔式起重机各主要螺栓、销轴应联接紧固，主要焊缝不应有裂纹和开焊。

（4）检查塔机电气部分

1）按有关要求检查塔式起重机的接地和接零保护设施。

2）在接通电源前，各控制器应处于零位。

3）操作系统应灵活准确。

4）电气元件工作正常，导线接头、各元器件的固定应牢固，无接触不良及导线裸露等现象。

5）安全监控系统应工作正常，出现异常情况应通知专业人员检查调整。

（5）检查机械传动减速机的润滑油量和油质。

（6）检查制动器：各工作机构的制动器应动作灵活、制动可靠。液压油箱和制动器储油装置中的油量应符合规定，无漏油现象。

（7）吊钩及各部滑轮、导绳轮等应转动灵活，无卡塞现象，各部钢丝绳应完好，固定端应牢固可靠。

（8）按使用说明书检查高度限位器的距离。

（9）检查塔机与周围障碍物的安全操作距离。

（10）对于有乘人电梯的起重机，在作业前应做下列检查：

1）各开关、限位装置及安全装置应灵敏可靠。

2）钢丝绳、传动件及主要受力构件应符合有关规定。

3）导轨与塔身的联接应牢固，所有导轨应平直，各接口处不得错位，运行中不得有卡塞现象。

4）梯笼不得与其他部分有刮碰现象。

5）导索必须按有关规定张紧到所要求的程度，且牢固可靠。

（11）空载运转一个作业循环，核定和检查大车行走、起升高度、幅度等限位装置及起重力矩、起重量限制器等安全保护装置。

（12）对于附着式起重机，应对附着装置进行检查。

（13）塔身附着框架的检查

1）附着框架在塔身节上的安装必须安全可靠，并应符合使用说明书中的有关规定。

2）附着框架与塔身节的固定应牢固。

3）各联接件不应缺少或松动。

4）附着杆的检查。

5）与附着框架的联接必须可靠。

6）附着杆有调整装置的应按要求调整后锁紧。

7）附着杆本身的联接不得松动。

8）附着杆与建筑物的联接情况。

9）与附着杆相联接的建筑物不应有裂纹或损坏。

10）在工作中附着杆与建筑物的锚固联接必须牢固，不应有错动。

11）各联接件应齐全、可靠。

(14) 严禁在塔身、塔顶、起重臂上安装或悬挂标语牌、广告牌等挡风物，在其他部位安装时，不得影响塔机的安全性能。

6.4.2 作业中的安全要求

(1) 司机必须熟悉所操作的塔式起重机的性能，并应严格按说明书的规定作业。

(2) 司机必须熟练掌握标准规定的通用手势信号和有关的各种指挥信号，并与指挥人员密切配合。

(3) 司机必须听从指挥人员的指挥，当指挥信号不明时，司机应发出“重复”信号询问，明确指挥意图后，方可操作。

(4) 塔机开始作业时，司机应首先发出音响信号，以提醒作业现场人员注意。

(5) 在吊运过程中，司机对任何人发出的“紧急停止”信号都应服从。

(6) 重物的吊挂必须符合有关要求。

(7) 严禁用吊钩直接吊挂重物，吊钩必须用吊具、索具吊挂重物。

(8) 起吊短碎物料时，必须用强度足够的网、袋包装，不得直接捆扎起吊。

(9) 起吊细长物料时，物料最少必须捆扎两处，并且用两个吊点吊运，在整个吊运过程中应使物料处于水平状态。

(10) 起吊的重物在整个吊运过程中，不得摆动、旋转。不得吊运悬挂不稳的重物，吊运体积大的重物，应拉溜绳。

(11) 不得在起吊的重物上悬挂任何重物。

(12) 操纵控制器时必须从零挡开始，逐级推到所需要的挡位。传动装置作反方向运动时，控制器先回零位，然后再逐挡逆向操作，禁止越挡操作和急开急停。

(13) 吊运重物时，不得歪拉斜挂、不得猛起猛落，以防吊运过程中发生散落、松绑、偏斜等情况。起吊时必须先将重物吊起离地面 0.4m 左右停住，确定制动、物料捆扎、吊点和吊具无问题后，方可按照指挥信号操作。

(14) 吊重物平移时，重物底部应高出障碍物 0.5m 以上。

司机在操作时必须集中精力，当安全装置显示或报警时，必须按使用说明书中有关规定操作。

(15) 在起升过程中，当吊钩滑轮组接近起重臂 5m 时，应用低速起升，严防与起重臂顶撞。

(16) 严禁采用自由下降的方法下降吊钩或重物。当重物下降距就位点约 1m 处时，必须采用慢速就位。

(17) 起重机行走到距限位开关碰块约 3m 处，应提前减速停车。

(18) 作业中平移起吊重物时，重物高出其所跨越障碍物的高度不得小于 1m。

(19) 塔式起重机使用时，起重臂和吊物下方严禁有人员停留；物件吊运时，严禁从人员上方通过。

(20) 严禁用塔机载运人员。

(21) 作业中，临时停歇或停电时，必须将重物卸下，升起吊钩。将各操作手柄(钮) 置于“零位”。如因停电无法升、降重物，则应根据现场与具体情况，由有关人员研究，采取适当的措施。

(22) 起重机在作业中，严禁对传动部分、运动部分以及运动件所及区域做维修、保养、调整等工作。

(23) 作业中遇有下列情况应停止作业：

1) 恶劣气候：如大雨、大雪、大雾；超过允许工作风力等影响安全作业时。

2) 起重机出现漏电现象。

3) 钢丝绳磨损严重、扭曲、断股、打结或出槽。

4) 安全保护装置失效。

5) 各传动机构出现异常现象和有异响。

6) 金属结构部分发生变形。

7) 起重机发生其他妨碍作业及影响安全的故障。

8) 钢丝绳在卷筒上的缠绕必须整齐，出现爬绳、乱绳、啃绳、和各层间的绳索互相塞挤等情况时不允许作业。

(24) 司机必须在规定的通道内上、下起重机。上、下起重机时，不得握持任何物件。

(25) 禁止在起重机各个部位乱放工具、零件或杂物，严禁从起重机上向下抛扔物品。

(26) 当多台塔式起重机在同一施工现场交叉作业时，应编制专项方案，并应采取防碰撞的安全措施。

(27) 司机必须专心操作，作业中不得离开司机室；起重机运转时，司机不得离开操作位置。

（28）起重机作业时禁止无关人员上下起重机，司机室内不得放置易燃和妨碍操作的物品，防止触电和发生火灾。应放置干粉灭火器。

（29）司机室的玻璃应平整、洁净，不得影响司机的视线。

（30）有电梯的起重机，在使用电梯时必须按说明书的规定使用和操作，严禁超载和违反操作程序，并必须遵守下列规定：

1）乘坐人员必须置身于梯笼内，不得攀登或登踏梯笼其他部位，更不得将身体任何部位和所持物件伸到梯笼之外。

2）禁止用电梯运送不明重量的重物。

3）在升降过程中，如果发生故障，应立即停止并停止使用。

4）对发生故障的电梯进行修理时，必须采取措施，将梯笼可靠的固定住，使梯笼在修理过程中不产生升降运动。

（31）夜间作业时，应该有足够照度的照明。

（32）对于无中央集电环及起升机构不安装在回转部分的起重机，回转作业必须严格按使用说明书规定操作。

（33）在强电磁波源附近工作时，司机应戴绝缘手套和穿绝缘鞋，并应在吊钩与机体间采取绝缘隔离措施，或在吊钩吊装地面物体时，在吊钩上挂接临时接地装置。

（34）塔机司机应严格执行“十不吊”：

1）超过额定负荷不吊。

2）指挥信号不明，重量不明，光线暗淡不吊。

3）吊索和附件捆绑不牢、不符合安全要求不吊。

4）吊挂重物直接加工时不吊。

5）歪拉斜挂不吊。

6）工件上站人或浮放活动物不吊。

7）易燃易爆物品不吊。

8）带有棱角快口物件不吊。

9）埋地物品不吊。

10）违章指挥不吊。

6.4.3 作业完毕后的收尾工作

（1）当轨道式塔机结束作业后，司机应把塔机停放在不妨碍回转的位置。

（2）凡是回转机构带有止动装置或常闭式制动器的塔机，在停止作业后，司机必须松开制动器。绝对禁止限制起重臂随风转动。

（3）动臂式塔机将起重臂放到最大幅度位置，小车变幅塔机把小车开到说明书中规定的位置，并且将吊钩起升到最高点，吊钩上严禁吊挂重物。

（4）把各控制器拉到零位，切断总电源，收好工具，关好所有门窗并加锁，夜间打开红色障碍指示灯。

（5）凡是在底架以上无栏杆的各个部位做检查、维修、保养、加油等工作时必须系安全带。

（6）填好当班履历书及各种记录。

（7）锁紧所有的夹轨器。

（8）塔机的主要部件和安全装置等应进行经常性检查，每月不得少于一次，并应有记录；发现有安全隐患时应及时进行整改。

6.5 塔机使用作业危险源辨识

6.5.1 塔机使用作业范围潜在的危险有害因素（表 6-4）

工作范围：装卸各种材料；吊运各种材料；吊运各种设备；吊模板。

塔机使用作业的危险有害因素 **表 6-4**

序号	危险因素类型	危险因素存在的状态（危险源辨识）	造成的后果
1	触电	（1）电源线裸露、破损、老化，控制箱，配电箱内电气元件老化，接触不良。漏电保护器损坏，带电部位与钢结构接触。 （2）塔机上空和旋转空间范围附近有高压输电线路且与塔机的安全距离不够。 （3）雷雨季节、雷区施工、雾天施工、雪凝天气施工。 （4）塔吊电源外线配电箱与其他用电设备共用，漏电保护器失效，接地不可靠。 （5）塔吊防雷接地装置未按规定安装	触电死亡事故
2	起重伤害	（1）塔桥施工现场照明不良，视线不清，当塔机操作人员无法看到被吊物且指挥信号不可靠时。 （2）吊装指挥人员、司绳人员无证上岗作业。 （3）操作人员违反操作规程进行违章作业，超载或歪拉斜吊。 （4）从业人员擅自拆除塔机各种安全保护装置。 （5）塔吊操作人员对工作现场不了解，不了解被吊物的情况（如重量、尺寸、摆放情况等）。 （6）吊装使用的捆绑绳在棱角处未用衬垫保护钢绳，钢绳的吊点选择不合理，起吊时被吊物向一方倾斜，捆绑不牢起吊后被吊物滑动。 （7）指挥信号不可靠，不是专人指挥、未配置对讲机或对讲机无效。 （8）吊装时现场建筑物遮挡视线。 （9）吊物下降时在靠近卸货点时未使用低速挡，下降速度过快。 （10）塔吊操作人员未按规定对塔吊进行日常检查，或检查时不认真、走过场，未能及时发现门吊故障，或发现故障未及时报修处理，塔吊带故障运行	死亡事故、伤残事故

续表

序号	危险因素类型	危险因素存在的状态（危险源辨识）	造成的后果
2	起重伤害	（11）刹车片过度磨损、刹车间隙过大刹车不紧溜钩。 （12）安全保护装置：力矩限制器、高度限位器、重量限制器、回转限位器、小车行程限位器、断绳保护器失效或损坏。 （13）起升机构制动轮有裂纹，制动轮面起槽或被油污，制动轮摩擦片磨损过半，裂纹铆钉外露松动，制动液压操控装置漏油。 （14）使用的钢丝绳规格不符合要求，钢绳与金属结构摩擦，钢绳断丝数在1个捻距内超过总丝数的8%，钢丝断股、弯折、笼状畸变、断芯、压扁、严重锈蚀，钢绳润滑不良。 （15）钢绳在端头在卷筒处的紧固不牢，在吊钩处钢丝绳的紧固所使用的绳卡的安装方向不符合标准，且绳卡的紧固螺栓紧度不够。 （16）吊钩危险断面、吊具存在裂纹、变形，吊钩轴衬套松旷、磨损量超过允许标准，防脱钩装置损坏失效。 （17）刹车片过度磨损、刹车间隙过大刹车不紧溜钩。 （18）塔吊在吊物旋转过程中起升高度不够，碰撞到其他物品造成垮塌伤人。 （19）作业时精力不集中，产生误操作	死亡事故、伤残事故
3	物体打击	在塔机平衡臂、回转平台、操作室外过道等地点材料摆放的工具、材料等物品摆放不稳导致滑落或被碰落掉下伤人	伤残事故
4	高处坠落	（1）操作人员在塔机起重臂或其他无工作平台、栏杆的地点，对塔吊进行例行检查和定期维修保养时，未正确佩戴使用安全带。 （2）操作人员不从塔机爬梯上下塔吊，或爬梯湿滑、被油污染。 （3）操作人员一手持物一手爬梯上下塔吊	死亡事故、伤残事故
5	机械伤害	（1）运动部件裸露，防护罩损坏或缺失。 （2）在塔机运行时维修保养塔吊。 （3）操作人员在对塔机进行检查、维修、保养工作时衣服松散，被塔机运动部位（如滑轮、钢绳卷筒、回转电机皮带）将衣服绞入造成打击、挤压等伤害。 （4）对塔吊进行检查、维修、保养工作时用手代替工具直接接触塔吊运动部件	伤残事故
6	塔吊倒塌、坍塌	（1）塔机基础积水，基础下沉，基础开裂。 （2）地脚螺栓未与基础主钢筋连接。 （3）钢结构各部位紧固联接螺栓，规格不符合要求，强度不够、标节螺栓预紧力矩不够松动。 （4）起重臂前端小车牵引钢绳滑轮损坏或不转动。 （5）塔机塔身倾斜度超过4/1000m。 （6）安全保护装置：力矩限制器、高度限位器、回转限位器、小车行程限位器、断绳保护器失效或损坏。 （7）从业人员擅自拆除塔机各种安全保护装置。 （8）塔机附墙不按标准设备，附墙预埋装置不可靠，附墙杆与预埋装置连接不可靠，附墙框松动。 （9）塔机升塔加标节时不按照升塔程序进行作业，不锁定回转限制器。 （10）违反塔机操作规程和十不吊的规定，违章作业	死亡事故、伤残事故

续表

序号	危险因素类型	危险因素存在的状态（危险源辨识）	造成的后果
7	火灾	塔机电源接头、开关、控制按钮松动、接触不良，导致电源线发热燃烧。电源短路或电压不稳（过低、过高）引起电源线发热燃烧。塔吊超负荷运转导致电源线、电器元件发热燃烧	火灾事故
8	其他伤害	（1）作业现场湿滑、材料堆放混乱易导致作业人员摔倒、碰伤、刮伤等伤害。 （2）长时间在强烈阳光下作业导致中暑	摔、碰、刮等伤害

6.5.2 塔机使用作业危险有害因素的预防控制措施（见表 6-5）

塔机使用作业的预防控制措施 **表 6-5**

序号	后果	预防控制措施
1	触电事故	（1）使用电器设备前，应认真检查电器设备的电源线、开关、插座插头、发现有老化、破损、裸露等情况时，应在断电的情况下用绝缘胶布包扎、更换、修复后方可使用。 （2）发现电器故障应立即报告负责人派电工修理，严禁自行修理。 （3）露天电器设备，应做好防雨防潮的措施。 （4）雷雨天气应停止作业。 （5）严禁塔吊电源外线配电箱与其他用电设备共用。 （6）认真检查漏电保护器、接地装置、防雷接地装置是否齐全有效，否则必须立即修复处理。 （7）电器设备起火严禁用水灭火，须用灭火器灭火
2	起重伤害事故	（1）严格执行塔机操作规程和“十不吊”的规定。 （2）听从吊装指挥人员的指挥，严禁在擅自吊装各种材料。 （3）作业前认真检查吊钩、吊具、捆 绑绳等有无缺陷，如存在缺陷报告相关人员进行处理。 （4）了解作业现场、被吊物的情况、确认安全后方可吊装。 （5）作业前认真检查塔机各安全保护装置是否齐全有效，如有失灵失效的情况，必须修复后方可吊装作业。 （6）做好塔机的日常检查、保养工作，发现问题及时报修处理。 （7）塔机提起模板等大型物品或其他材料，悬转移动时必须保证足够的高度，避免碰挂其他物品引起其他物品倒塌伤人。 （8）如遇夜间施工必须提前安装现场照明； （9）塔机装卸车辆上的材料时，必需待司绳人员离开货箱后，方可起钩避免发生材料挤压碰撞人员事故。 （10）作业时集中精力，谨慎操作

续表

序号	后果	预防控制措施
3	物体打击事故	(1) 在塔机上进行维修保养、升塔等作业时，严禁从高处向下或低处向上扔、抛材料或工具。 (2) 材料、工具摆放应平稳、不要堆放在作业面的边缘。应避免上下交叉作业，如作业面下方有人员或车辆通过时应暂停作业，通知下方人员离开或派人进行监护
4	高处坠落事故	(1) 上下塔机时严禁从标节内除梯子外的其他地方上下，必须从爬梯上下。 (2) 上下塔吊时严禁一手持物一手攀登，严禁背向上下梯子。 (3) 高处作时不准靠在或坐在栏杆上。 (4) 保持塔机爬梯的清洁防止被油污染。 (5) 在塔机上没有护栏的部位作业时必须系好安全带。 (6) 身体状况不适时不要进行高处作业
5	机械伤害事故	(1) 确保塔机运动部件防护罩齐全有效。 (2) 在塔机运行时严禁对塔吊进行维修保养。 (3) 操作人员在对塔机进行检查、维修、保养工作时必须整理好作装，防止衣服松散被塔机运动部位（如滑轮、钢绳卷筒、回转电机皮带）将衣服绞入造成打击、挤压等伤害。 (4) 对塔吊进行检查、维修、保养工作时严禁用手代替工具直接接触塔机运动部件
6	坍塌事故	(1) 认真检查塔机基础是否存在积水、下沉、开裂等情况，如有必须立即停止作业，立即报告处理，待处理好后方可作业。 (2) 认真检查主要受力构件、钢结构等是否有裂纹，如发现应立即停机保修处理。 (3) 认真检查各部位紧固联接螺栓、标节螺栓是否有松动现象，如有，应当立即加以紧固。 (4) 做好塔机的例行保养，钢绳滑轮的润滑，防止钢绳的非正常磨损。 (5) 发现塔吊塔身倾斜度超过 4/1000m 时必须立即报告处理。 (6) 认真检查塔机安全保护装置：力矩限制器、高度限位器、回转限位器、小车行程限位器、断绳保护器等是否齐全、有效、灵敏，如有损坏失灵失效必须立即停机修复，并按照该机的技术参数重新时安全保护装置进行检验。 (7) 从业人员严禁擅自拆除塔机各种安全保护装置和擅自调整扩大保护装置的限值。 (8) 定期检查塔机附墙、附墙预埋装置、附墙杆、附墙框是否存在松动、变形、裂纹等现象，如有，必须立即保修处理。 (9) 严格遵守塔吊升塔的作业程序进行加节。 (10) 严格遵守塔吊操作规程、十不吊的规定
7	火灾事故	(1) 每日检查桥机电源接头、开关、控制按钮松动、是否存在接触不良、电源线发热、电源短路或电压不稳（过低、过高）电器元件发热、散发胶臭等情况，发现上述情况后应找出原因及时处理。 (2) 避免桥机超负荷运，配备 ABC 灭火器灭火，严禁用水扑灭电器火灾
8	其他伤害事故	(1) 作业现场狭窄、堆放的材料混乱、现场道路湿滑，行走时应注意安全。 (2) 合理安排作息长时间避免在强烈阳光下长时间作业导致中暑

7 塔机的维护保养与故障处置

7.1 塔机的维护保养

7.1.1 塔机维护保养的分类和安全措施

1. 塔机维护保养的意义

为了使塔机经常处于完好和安全运转状态，塔机安装前、使用中和拆卸后必须按制度规定进行检查和维护保养。

（1）塔机工作状态中，经常遭受风吹雨打、日晒的侵蚀，灰尘、沙土经常会落到机械各部位，如不及时清除和保养，将会侵蚀机械，使其寿命缩短。

（2）在机械运转过程中，各工作机构润滑部位的润滑油及润滑脂会自然损耗后流失，如不及时补充，将会加重机械的磨损。

（3）机械经过一段时间的使用后，各运转机件会自然磨损，各运转零件的配合间隙会发生变化，如果不及时进行保养和调整，各运动的零部件磨损就会加快，甚至导致运动部件的完全损坏。

（4）机械在运转过程中，如果各工作机构的运转情况不正常，又得不到及时的保养和调整，将会导致工作机构完全损坏，大大降低塔机的使用寿命。

（5）经一个使用周期后，塔机的结构、机构和其他零部件将会出现不同程度的锈蚀、磨损甚至出现裂纹等安全隐患，因此严格执行塔机的转场维护保养制度，进行一次全面的检查、调整、修复等维护保养工作是十分必要的，是保证塔机下一个周期中安全使用的必要条件。

2. 塔机维护保养的分类

（1）计划性维护保养。包含日常维护保养，每班前后进行，由塔机司机负责完成。

（2）定期维护保养。塔式起重机应由专业维护人员进行定期维护。定期维护包括周、月、季、年、移装、停用维护、停用后的复工维护。

（3）非计划性维护保养。在发生故障后或根据日常检查、定期检查、特殊检查的结果，对发现的缺陷，确定非计划性维护的内容和要求，并加以实施。

（4）紧急维护保养。在日常检查、定期检查中发现表 7-1 备注栏标识的 A 类故障时，就需要紧急维护保养。

3. 维护的安全预防措施

（1）大风、雷雨、冰雪严寒、大雾等恶劣天气下，严禁在室外进行维护作业。

（2）起重机械应停放在不受干扰的区域。

（3）若起重机械上带有载荷，应将载荷卸下。

（4）应设有“正在维护”的警示标志，或者控制器或操作仪表盘的开关应被锁定在“断开”挡位，应只有指定人员才能进行标识和/或锁定。

（5）如果上方的维护作业会对下方造成危险时，应在下方使用警示标志和设置警戒区域。

（6）在拆卸有压力的装置前，应先释放压力。

（7）在拆卸机构前，应对机构进行卸载。

（8）维护人员应配备个人随身保护装置（如防护鞋、安全帽、安全带或防护眼镜），如果在维护中存在高处坠落危险的情况，则应合理防护。

（9）维护时应有足够的照明。

（10）应采取防止触电的措施。

（11）应使用安全可靠的工具。

（12）焊接时，应采取适当的防护。

（13）维护作业后和起重机械恢复正常工作之前，应重新安装防护设施：恢复安全防护装置，若有必要，应对安全防护装置重新进行校准：并由指定人员解除标志和/或锁定。

（14）维护时应采取必要的消防措施。

（15）维护工作完成后，应拆除维护中采取的临时设施，并清理现场。

7.1.2 塔机维护保养的内容

1. 日常维护保养

塔机在每班作业前应进行日常维护，日常维护的内容至少包含：

（1）清理基础、轨道上的垃圾、冰雪及其他障碍物。

（2）清理基础积水、结构上的积水。

（3）清理各个工作机构部件上的油污、杂物等。

（4）清洁司机室玻璃。

（5）根据表中日常检查的结果进行相应维护。

2. 定期维护保养

塔机应由专业维护人员进行定期维护，定期维护包括周、月、季、年、移装、停用维护、停用后的复工维护。

（1）周维护至少包含日常维护及以下内容：

1）清理司机室，平衡臂、回转上下支座上的油污杂物等。

2）清理机构排绳轮、轮轴上的油污、并进行注油和润滑。

3）润滑各滑轮、滚轮、导向轮、轴承、铰接轴。

4）润滑机构卷筒支座、测速齿圈、开式齿轮、起升钢丝绳防扭装置。

（2）月维护

月维护至少包含周维护及以下内容：

1）紧固各部分连接螺栓，包括塔身等钢结构连接螺栓、各机构机座连接螺栓、回转支承连接螺栓、各电气接线端子的连接螺栓、卷筒钢丝绳压板、钢丝绳夹、附着架调节螺栓等。

2）清理、润滑钢丝绳。

3）清洁、清理底架、基础节、爬升架（框）平台、臂架、塔身上的油污及杂物。

4）清理接触器、继电器、开关的触点，清除电箱内个电气元件上的尘土、积垢。

5）清除电阻片、碳刷与滑环上的灰尘和污物。

6）添加液力耦合器润滑油。

7）添加减速箱润滑油。

8）添加液压推动器液压油。

9）添加制动泵站液压油，添加蓄能器气体。

10）清理顶升液压油箱的滤网，添加或过滤更换液压油（爬升前）。

11）润滑液压油缸球铰支座（爬升前）。

12）润滑吊钩轴承。

13）润滑行走台车竖轴及轴承。

14）润滑回转支承滚道、齿圈。

15）调整制动器制动间隙。

16）调整皮带传动的张紧力。

17）调整变幅钢丝绳垂度。

18）调整碳刷压力及间隙。

19）复测调整高度限位器、幅度限位器、角度限位器、运行行程限位器等安全装置。

20）维护发动机。

（3）季维护

季维护至少包含月维护及以下内容：

1）复测调整起重量限制器、力矩限制器等安全装置。

2）测量电气系统的绝缘电阻、更换不合格器件。

3）测量和调整塔机接地电阻。

4）更换变质的制动器液压油，清理或更换磨损超限的制动片、盘等零件。

5）调整、更换磨损超限的电机碳刷。

6）过滤、更换润滑油（换季保养）。

7）更换破损、老化的线缆。

（4）年维护

年维护至少包含季维护及以下内容：

1）全面清理金属结构，对表面锈蚀部位进行防腐处理。

2）清理联动台内部积尘，并进行润滑。

3）润滑卷筒支座轴承。

4）清洗减速器内部，更换失效的油封等。

5）更换液力耦合器油。

6）润滑电动机轴承。

（5）移装维护

移装重新架设前应对塔机进行维护，维护内容至少包含年维护及以下内容：

1）应对所有部件进行全面清理，表面锈蚀部位进行防腐处理。

2）对达到报废标准或使用循环周期的零部件进行更换。

3）对检查发现需修复的零部件进行修复。

（6）停用前维护

当预计塔机停用时间超过 1 个月时，至少应进行月维护中 1）、2）条。

（7）停用后的复工维护

停用后复工应对塔机进行维护：

1）塔机停用时间不超出 1 个月时，在复工前应按月维护要求进行维护。

2）停用时间超出 1 个月少于 6 个月的塔机复工前按季维护要求进行维护，停用时间超过 6 个月的，停用期间至少每 6 个月进行 1 次维护，维护内容应根据具体情况由专业人员确定。

3. 非计划性维护

在发生故障后或根据日常检查、定期检查、特殊检查的结果，对发现的缺陷，确定非计划性维护的内容和要求，并加以实施。

（1）根据日常检查、定期检查、特殊检查的结果，对表 7-1 中处置方式栏中除标识为“报废”以外的故障应进行维护后方可继续使用。

（2）对表 7-1 备注标识为 C 类故障涉及结构焊缝的维修，若塔机处于已架设状态，维修时应保证该焊缝部位处于受力最小且受压应力状态，并采取适当措施以保证维修过程中不发生次生灾害。

（3）对表 7-1 备注栏标识的 B 类故障的维修应在被维修部位不承受外载的状态下进

行，并采取适当措施以保证维修过程中不发生次生灾害。

（4）结构焊缝的维修应从制造商或专业人员处获取原焊材书面信息，确保维修用焊材不低于原焊材性能，材料的替换和维修工艺应获得制造商或专业人员的书面许可。

（5）焊缝的维修应记入设备档案，司机每班开机前应对其进行检查确认无变动，统一焊缝反复维修达到 3 次且不能判别原因时，应将该部件报废。

4. 紧急维护

在日常检查、定期检查中发现表 7-1 备注栏标识的 A 类故障时，塔机应立即停用并根据应急预案进行紧急维修加固后整机拆除或更换故障部件。

日常检查、定期检查项目、方法、内容及要求　　表 7-1

序号	项目		检查方法、内容及要求	处置方式	日常检查（每班）	定期检查 周期 月检	季检	年检	备注
1	技术资料	随行文件	查验使用说明书、出厂合格证等随行文件未丢失	整改维护				○	
2			查验之前的检验记录完整、无未处理缺陷					○	
3			查验之前的维修记录完整、无未验证的维修					○	
4			查验设备档案完整、无未处理的持续出现故障					○	
5	整机	安全距离	目测塔机于与相邻塔机、障碍物、架空输电线等的安全距离符合《塔式起重机安全规程》GB 5144 的规定	调整					
6		压重	目测重量（数量）与说明书相符	调整					
7			目测固定可靠、无移位		○	○	○	○	
8		基础	目测基础无积水和异常变动	调整	○	○	○	○	
9			目测（必要时用扳手）检查底架、塔身撑杆固定可靠无松动		○	○	○	○	
10		塔身组成	目测基础节，加强节与标准节拼装与使用说明书相符	调整					
11		侧向垂直度	经纬仪测量塔身侧向垂直度符合《塔式起重机》GB/T 5031 的规定	调整		○	○	○	
12		塔身悬高	爬升后的塔身悬臂高或独立高度未超出使用说明书的规定	调整					
13		平衡重	目测平衡重配重与臂长相匹配，固定可靠、无破裂	调整					含平头塔空中变臂长

续表

序号	项目		检查方法、内容及要求	处置方式	日常检查（每班）	定期检查 周期			备注
						月检	季检	年检	
14	整机	拉杆	目测拉杆组合与臂长组合相匹配	调整					
15		连接销轴	目测各连接销轴以按说明书要求锁定，采用开口销定位时，开口销已按规定张开	调整		○	○	○	塔身除外
16		螺栓连接	目测各连接螺栓已按说明书要求拧紧、锁定松动	调整	○	○	○	○	
17		晃动	空回转左右运行一圈无异常晃动与振动	调整	○	○	○	○	
18		现场整理	塔机上无可能坠落的杂物	维护	○	○	○	○	
19			电缆已按要求固定	调整		○	○	○	
20	结构	底架	目测主梁结构无塑性变形	报废		○	○	○	A类故障
21			目测（必要时用尖头手锤敲击法）焊缝无可见裂纹，有怀疑时用20倍放大镜或表面探伤	维修		○	○	○	C类故障
22		塔身节	目测主弦杆无塑性变形（局部微小凹坑除外）	报废	○	○	○	○	A类故障
23			目测连接接头焊趾部位弦杆无可见裂纹，有怀疑时用20倍放大镜或表面探伤进行辅助检查		○	○	○	○	A类故障
24			封闭管材组焊标准节，目测查验腹杆节点及踏步部位主弦杆无可见裂纹，有怀疑时用20倍放大镜或表面探伤进行辅助检查		○	○	○	○	A类故障
25			对封闭管材组焊的标准节，用测厚仪测量弦杆及腹杆壁厚，锈蚀未超出原壁厚的10%						出厂4年以上
26			目测标准节连接接头销轴孔横断面无颈缩变形			○	○	○	A类故障
27			目测标准节连接接头连接孔椭圆最大方向与轴配合间隙不大于H9/d9（销轴连接）、H11/h9（扭剪型高强螺栓连接）	维修					
28			目测腹杆无塑性变形（局部微小凹坑除外）、焊缝无可见裂纹		○	○	○	○	B类故障
29			目测连接接头焊趾部位焊缝无裂纹，有怀疑时用20倍放大镜或表面探伤进行辅助检查		○	○	○	○	C故障
30			目测查验腹杆节点及踏步部位焊缝无可见裂纹，有怀疑时用20倍放大镜或表面探伤进行辅助检查		○	○	○	○	C故障

续表

序号	项目		检查方法、内容及要求	处置方式	日常检查（每班）	定期检查			备注
						周期			
						月检	季检	年检	
31	结构	塔身节	起重臂停在爬升时的方位角，目测塔身无影响降塔爬升的扭转变形	调整更奂				○	
32			目测各连接销轴已按说明书要求锁定，采用开口销定位时，开口销已按规定张开	调整	○	○	○	○	
33		附着	目测结构形式、水平距离和垂直间距符合说明书或特殊设计文件规定	调整					
34			目测结构无变动、连接紧固无松动	维护	○	○	○	○	
35		爬升架（架）	目测油缸安装座，换步卡板座等主要部位焊缝无可见裂纹，有怀疑时用 20 倍放大镜或表面探伤进行辅助检查	维修					C 类故障
36			目测检查导向轮与塔身间隙、嵌合量及标准节借口阶差状况，保证爬升状态导向无脱离趋势	调整更换					
37			目测下支座与塔身按规定连接、紧固与锁定	维护					
38			防脱装置齐全有效	维护					
39		上、下支座	用扳手检查回转支承连接螺栓无松动	调整		○	○	○	
40			目测（必要时用压铅法）开式齿轮磨损在允许范围内	维维		○	○	○	
41			目测（必要时用尖头手锤敲击法）上、下支座各筋板焊缝无可见裂纹	维修或报废		○	○	○	C 类故障
42			目测塔身连接座、回转塔身连接座各焊缝的焊趾部位主肢无可见裂纹，有怀疑时用 20 倍放大镜或表面探伤进行辅助检查	报废	○	○	○	○	A 类故障
43			目测塔身连接座、回转塔身连接座各焊缝的焊趾部位主肢无可见裂纹，有怀疑时用 20 倍放大镜或表面探伤进行辅助检查	报废	○	○	○	○	A 类故障
44			目测查验螺栓孔附近上、下支座翼缘板无塑性变形	报废		○	○	○	A 类故障
45			对半封闭式上、下支座，用测厚仪测量主受力板壁厚，锈蚀未超出原壁厚的 10%					○	出厂 4 年以上
46			目测以按说明书要求与塔身可靠连接	维护					

续表

序号	项目		检查方法、内容及要求	处置方式	日常检查（每班）	定期检查			备注
						周期			
						月检	季检	年检	
47	结构	回转塔身、塔顶	目测主弦杆无塑性变形或开裂	报废	○	○	○	○	A类故障
48			目测腹杆无塑性变形、焊缝无可见裂纹	维护	○	○	○	○	B类故障
49			目测（必要时用游标卡尺）接头轴孔横断面无颈缩变形	报废				○	
50			目测连接耳板焊缝的焊趾部位主肢无可见裂纹，有怀疑时用20倍放大镜或表面探伤进行辅助检查		○	○	○	○	A类故障
51			目测连接耳板焊缝的焊趾部位焊缝无可见裂纹，有怀疑时用20倍放大镜或表面探伤进行辅助检查	维修	○	○	○	○	C类故障
52			目测（必要时用游标卡尺）连接接头连接孔椭圆最大方向与轴配合间隙不大于H13/d13（销轴连接）、H11/h9（扭剪型高强螺栓连接）						
53		臂架节	目测主弦杆无塑性变形或开裂	报废		○	○	○	A类故障
54			目测腹杆无塑性变形、焊缝无可见裂纹	维修		○	○	○	B类故障
55			目测连接销轴轴端定位板焊缝无可见裂纹			○	○	○	C类故障
56			目测（必要时用测厚仪）臂架小车轨道踏面磨损最深处不超出相应弦杆壁厚的25%	报废				○	出厂4年以上
57			用测厚仪测量弦杆壁厚，锈蚀未超出原壁厚的10%					○	
58			目测（必要时用游标卡尺）接头轴孔横断面无颈缩变形	报废		○	○	○	A类故障
59			目测（必要时用游标卡尺）连接接头销轴孔椭圆最大方向与轴配合间隙不大于H13/d13	维修					
60		前后拉杆	目测（必要时用游标卡尺）接头轴孔横断面无颈缩变形	报废		○	○	○	A类故障
61			目测连接耳板焊缝的焊趾部位焊缝无可见裂纹，有怀疑时用20倍放大镜或表面探伤进行辅助检查	维修					
62		平衡壁	目测主弦杆无塑性变形或开裂	报废		○	○	○	A类故障
63			目测腹杆无塑性变形、焊缝无可见裂纹	维修		○	○	○	B类故障

续表

序号	项目		检查方法、内容及要求	处置方式	日常检查（每班）	定期检查 周期 月检	季检	年检	备注
64	结构	平衡臂	目测（必要时用游标卡尺）接头轴孔横断面无颈缩变形	报废		○	○	○	A类故障
65			目测连接耳板焊缝的焊趾部位焊缝无可见裂纹，有怀疑时用20倍放大镜或表面探伤进行辅助检查	维修	○	○	○	○	B类故障
66			目测（必要时用游标卡尺）连接接头连接孔椭圆最大方向与轴配合间隙不大于H13/d13（销轴连接）、H11/h9（扭剪型高强螺栓连接）						
67	机构	起升机构 变幅机构 回转机构 运行机构	机构装配完整无缺损、紧固无松动	维修		○	○	○	
68			目测（必要时用尖头手锤敲击法）箱体及卷筒支座无可见裂纹			○	○	○	
69			各传动机构及运动部位润滑良好	维护		○	○	○	
70			制动部件完整，未达到《塔式起重机安全规程》GB 5144的报废条件	维修		○	○	○	
71			空运转无异常噪声、制动动作可靠	维护	○	○	○	○	
72			箱体、液压马达、泵、油路无渗漏	维修		○	○	○	内燃机驱动
73			内燃机按说明书检查无异常			○	○	○	
74			运行机构支承轮失效保护装置无变动			○	○	○	
75			抗风防滑装置无缺损、无可见裂纹		○	○	○	○	
76		爬升系统	目测安全阀固定可靠、无泄漏	维护					
77			泵站内液压油充足且未变质						
78			油缸空载运行2～3个全行程，确认系统中无空气，油缸伸缩平稳无震颤						
79			在油缸全伸状态，用油压表对液压系统溢流阀调定压力和油缸能力进行确认。溢流阀调定压力按式估算						
80		架设系统	目测钢丝绳滑轮系统正常、制动装置无异常	维护					快速架设塔机
81	关键零部件	吊钩	目测（必要时用游标卡尺）未达到《塔式起重机安全规程》GB 5144规定的报废条件	报废		○	○	○	
82			目测吊钩螺母固定无变化	维护		○	○	○	

续表

序号	项目		检查方法、内容及要求	处置方式	日常检查（每班）	定期检查			备注
						周期			
						月检	季检	年检	
83	关键零部件	吊钩	目测防脱钩装置完整有效	维护	○	○	○	○	
84		小车	目测承载结构无塑性变形	维护		○	○	○	
85			目测钢丝绳防脱槽装置、小车防断绳保护装置、防坠落保护装置完好且符合《塔式起重机》GB/T 5031的规定	维护		○	○	○	
86			对无侧轮偏心牵引小车、应按《塔式起重机》GB/T 5031的规定验证防坠落保护装置的有效性	维护					
87		钢丝绳	目测起升、变幅钢丝绳已按规定保养，未达到《起重机 钢丝绳 保养、维护、检验和报废》GB/T 5972的报废规定	报废	○	○	○	○	
88			目测钢丝绳穿绕正确，绳端固定符合要求	调整					
89			目测吊钩最低位时安全圈数符合《塔式起重机》GB/T 5031的规定	调整					
90		滑轮与卷筒	目测钢丝绳防脱槽装置安好且符合《塔式起重机》GB/T 5031的规定	维护		○	○	○	
91			目测滑轮运行灵活、轮缘无破损	维修或报废		○	○	○	
92			目测磨损等未达到《塔式起重机安全规程》GB 5144报废的规定	报废		○	○	○	
93		车轮	目测车轮运转灵活、未达到《塔式起重机安全规程》GB 5144报废的规定	维修或报废				○	
94	电控系统	电缆（线）	目测电缆（线）固定、防护可靠、无老化与破损	维护		○	○	○	
95		连接	目测电缆（线）接头紧固无松动			○	○	○	
96		器件	目测电气器件上无积尘			○	○	○	
97		绝缘	测量线路对地绝缘电阻符合《塔式起重机》GB/T 5031的规定				○	○	
98		供电	输入电压、漏电保护开关容量、压降满足设备要求						
99		电气保护	目测电气器件无缺损、线路无跨接			○	○	○	
100	安全防护	起重量限制器	按《塔式起重机》GB/T 5031方法验证精度符合其规定	维护			○	○	
101		起重力矩限制器	按《塔式起重机》GB/T 5031方法验证精度符合其规定			○	○	○	
102		行程限制器	空载运行试验幅度、高度、行走及回转限位动作灵敏有效		○	○	○	○	

续表

序号	项目		检查方法、内容及要求	处置方式	日常检查（每班）	定期检查			备注
						周期			
						月检	季检	年检	
103	维护	避雷保护	用接地电阻仪测量塔机接地电阻、阻值应符合《塔式起重机》GB/T 5031的规定	维护			○	○	春秋两季
104		急停保护	操作检查急停保护开关灵敏有效		○	○	○	○	
105		障碍灯	目测障碍灯指示正常，符合《塔式起重机安全规程》GB 5144的规定		○	○	○	○	
106		风速仪	目测风速仪风杯转动无卡阻，显示仪显示正常		○	○	○	○	臂根铰点大于50m
107		超速保护	目测超速保护开关完好并输出正常		○	○	○	○	动臂变幅
108		防臂架后翻装置	目测防止臂架向后倾翻的装置零部件完整、位置无变动			○	○	○	
109		缓冲器及端部止挡	目测缓冲器及端部止挡零部件完整、位置设置符合《塔式起重机》GB/T 5031的规定			○	○	○	
110		安全监控管理系统	目测参数设置与塔机配置相符，功能与性能符合《建筑机械使用安全技术规程》JGJ 332及《起重机械安全监控管理系统》GB/T 28264的规定			○	○	○	
111		通道与走台	目测塔机各安全通道、走台、工作平台已按说明书要求装设、固定可靠，连接耳板座无影响安全的缺陷			○	○	○	
112		标志与标牌	目测塔机标志与标牌清晰、无缺失、设置符合《塔式起重机》GB/T 5031的规定			○	○	○	

特殊检查项目、方法、内容及要求 **表7-2**

序号	项目（状况示例）		检查方法、内容及要求
1	设备变化	更换安全装置	按《塔式起重机》GB/T 5031规定方法对更换的安全装置进行试验确认
2		在承载结构上进行焊接	按焊接部位受力最危险原则选取吊载位置，进行110%动载试验（30次循环）及125%静载试验确认
3		与原设计不一致的结构部件替换	按替换部件受力最危险原则选取吊载位置，进行110%动载试验（30次循环）及125%静载试验确认

续表

序号	项目（状况示例）		检查方法、内容及要求
4	设备变化	机构维修或更换	确认安全装置、制动性能后，分别进行 30 次循环空载试验，额定载荷试验对机构性能确认
5		电控系统维修或更换	分别进行 30 次循环空载和额定载荷的控制（调速）性能试验，并对安全装置有效性进行确认
6		动力源维修或更换	目测查验或空载试验
7		钢丝绳更换	比对合格证与使用说明书确认型号、规格；目测穿绕无误；空载试验确认相应限位装置调整符合《塔式起重机》GB/T 5031 的要求
8	超出正常工作环境条件	极端天气条件（如暴风雨等）	总体目测无危及检查人员安全的危险后，对基础、结构、电控系统、安全防护按附录 A 年检要求进行检查确认后，分别进行 30 次循环空载试验、额定载荷试验再确认。运行试验操作宜在楼面（地面）通过有线遥控进行
9		7 度裂度及以上地震	总体目测无危及检查人员安全的危险后，对整机按附录 A 年检要求进行检查。确认后分别进行 30 次循环空载试验。额定荷载试验再确认。运行试验操作宜在楼面（地面）通过有线遥控进行
10		基础被扰动（基础改变）	按附录 A 检查侧向垂直度，超差调整后补查塔身结构
11		火灾	对受影响部位在确认结构强度、刚性未受热影响后按附录 A 年检要求进行检查处理
12		水灾	按附录 A 检查侧向垂直度及电控系统，超差调整后补查塔身结构
13		强雷电	目测检查电控系统无烧损后功能测试正常
14		突然卸载、撞击等非正常运行情况	对受影响结构按附录 A 月检要求进行检查处置
15	其他	冬停复工	按附录 A 中月检要求进行检查确认，对封闭管材应特别检查确认无冻胀、冻裂损伤
16		停用后再次启用前	因工程延误造成塔机停用，停用期间每月检查基础无变动、结构连接无缺损，复工前按附录 A 年检要求进行

注：“附录 A”为《塔式起重机》GB/T 5031 中的附录 A。

7.2 塔机常见故障的判断与处置方法

塔机在使用过程中发生故障的原因很多，主要包括工作环境恶劣、维护保养不及时、操作人员违章作业、零部件自然磨损等。另外，塔机在调试时有时也会发生意外情况。塔机发生异常时，安装拆卸工、塔机司机等作业人员应立即停止操作，及时向有关部门报告，由专职维修人员前来维修，以便及时处理，消除隐患，恢复正常工作。

塔机的常见故障一般分为机械故障和电气故障两大类。由于机械零部件磨损、变形、断裂、卡塞，润滑不良以及相对位置不正确等而造成机械系统不能正常运行，统称为机械故障。由于电气线路、元器件、电气设备以及电源系统等发生故障，造成用电系统不能正常运行，统称为电气故障。机械故障一般比较明显、直观，容易判断，在塔机运行中，比较常见；电气故障相对来说比较多，有的故障比较直观，容易判断，有的故障比较隐蔽，难以判断。

7.2.1 机械故障的判断与处置

塔机故障的判断和处置方法按照其工作机构、液压系统、金属结构和主要零部件分类叙述。

1. 起升机构

起升机构故障的判断和处置方法见表 7-3。

起升机构故障的判断和处置方法　　表 7-3

<table>
<tr><th>序号</th><th>故障现象</th><th colspan="2">故障原因</th><th>处置方法</th></tr>
<tr><td rowspan="5">1</td><td rowspan="5">卷扬机构声音异常</td><td colspan="2">接触器缺相或损坏</td><td>更换接触器</td></tr>
<tr><td colspan="2">减速机齿轮磨损、啮合不良、轴承破损</td><td>更换齿轮或轴承</td></tr>
<tr><td colspan="2">联轴器联接松动或弹性套磨损</td><td>紧固螺栓或更换弹性套</td></tr>
<tr><td colspan="2">制动器损坏或调整不当</td><td>更换或调整刹车</td></tr>
<tr><td colspan="2">电动机故障</td><td>排除电气故障</td></tr>
<tr><td rowspan="5">2</td><td rowspan="5">吊物下滑（溜钩）</td><td colspan="2">制动器刹车片间隙调整不当</td><td>调整间隙</td></tr>
<tr><td colspan="2">制动器刹车片磨损严重或有油污</td><td>更换刹车片，清除油污</td></tr>
<tr><td colspan="2">制动器推杆行程不到位</td><td>调整行程</td></tr>
<tr><td colspan="2">电动机输出转矩不够</td><td>检查电源电压</td></tr>
<tr><td colspan="2">离合器片破损</td><td>更换离合器片</td></tr>
<tr><td rowspan="9">3</td><td rowspan="9">制动副脱不开</td><td rowspan="5">闸瓦式</td><td>制动器液压泵电动机损坏</td><td>更换电动机</td></tr>
<tr><td>制动器液压泵损坏</td><td>更换</td></tr>
<tr><td>制动器液压推杆锈蚀</td><td>修复</td></tr>
<tr><td>机构间隙调整不当</td><td>调整机构的间隙</td></tr>
<tr><td>制动器液压泵油液变质</td><td>更换新油</td></tr>
<tr><td rowspan="4">盘式</td><td>间隙调整不当</td><td>调整间隙</td></tr>
<tr><td>刹车线圈电压不正常</td><td>检查线路电压</td></tr>
<tr><td>离合器片破损</td><td>更换离合器片</td></tr>
<tr><td>刹车线圈损坏或烧毁</td><td>更换线圈</td></tr>
</table>

2. 回转机构

回转机构故障的判断和处置方法见表 7-4。

回转机构故障的判断和处置方法　　**表 7-4**

序号	故障现象	故障原因	处置方法
1	回转电动机有异响，回转无力	液力耦合器漏油或油量不足	检查安全易熔塞是否熔化，橡胶密封件是否老化等按规定填充油液
		液力耦合器损坏	更换液力耦合器
		减速机齿轮或轴承破损	更换损坏齿轮或轴承
		液力耦合器与电动机连接的胶垫破损	更换胶垫
		电动机故障	查找电气故障
2	回转支承有异响	大齿圈润滑不良	加油润滑
		大齿圈与小齿轮啮合间隙不当	调整间隙
		滚动体或隔离块损坏	更换损坏部件
		滚道面点蚀、剥落	修整滚道
		高强螺栓预紧力不一致，差别较大	调整预紧力
3	臂架和塔身扭摆严重	减速机故障	检修减速机
		液力耦合器充油量过大	按说明书加注
		齿轮啮合或回转支承不良	修整

3. 变幅机构

变幅机构故障的判断和处置方法见表 7-5。

变幅机构故障的判断和处置方法　　**表 7-5**

序号	故障现象	故障原因	处置方法
1	变幅有异响	减速机齿轮或轴承破损	更换
		减速机缺油	查明原因，检修加油
		钢丝绳过紧	调整钢丝绳松紧度
		联轴器弹性套磨损	更换
		电动机故障	查找电气故障
		小车滚轮轴承或滑轮破损	更换轴承
2	变幅小车滑行和抖动	钢丝绳未张紧	重新适度张紧
		滚轮轴承润滑不好，运动偏心	修复
		轴承损坏	更换
		制动器损坏	经常加以检查，修复更换
		联轴器联接不良	调整、更换
		电动机故障	查找电气故障

4. 行走机构

行走机构故障的判断和处置方法见表 7-6。

行走机构故障的判断和处置方法 表 7-6

序号	故障现象	故障原因	处置方法
1	运行时啃轨严重	轨距铺设不符合要求	按规定误差调整轨距
		钢轨规格不匹配，轨道不平直	按标准选择钢轨，调整轨道
		台车框轴转动不灵活，轴承润滑不好	经常润滑
		台车电动机不同步	选择同型号电动机，保持转速一致
2	驱动困难	啃轨严重，阻力较大，轨道坡度较大	重新校准轨道
		轴套磨损严重，轴承破损	更换
		电动机故障	查找电气故障
3	停止时晃动过大	延时制动失效，制动器调整不当	调整

7.2.2 液压系统故障判断

液压系统故障的判断和处置方法见表 7-7。

液压系统故障的判断和处置方法 表 7-7

序号	故障现象	故障原因	处置方法
1	顶升时颤动及噪声大	液压系统中混有空气	排气
		油泵吸空	加油
		机械机构、液压缸零件配合过紧	检修，更换
		系统中内漏或油封损坏	检修或更换油封
		液压油变质	更换液压油
2	带载后液压缸下降	双向液压锁或节流阀不工作	检修，更换
		液压缸泄漏	检修，更换密封圈
		管路或接头漏油	检查，排除，更换
3	带载后液压缸停止升降	双向液压锁或节流阀失灵	检修，更换
		与其他机械机构有挂、卡现象	检查，排除
		手动液控阀或溢流阀损坏	检查，更换
4	顶升缓慢	单向阀流量调整不当或失灵	调整检修或更换
		油箱液位低	加油
		液压泵内漏	检修
		手动换向阀换向不到位或阀泄漏	检修，更换
		液压缸泄漏	检修，更换密封圈或油封
		液压管路泄漏	检修，更换
		油温过高	停止作业，冷却系统
		油液杂质较多，滤油网堵塞，影响吸油	清洗滤网，清洁液压油或更换新油

续表

序号	故障现象	故障原因	处置方法
5	顶升无力或不能顶升	油箱存油过低	加油
		液压泵反转或效率下降	调整，检修
		溢流阀卡死或弹簧断裂	检修，更换
		手动换向阀换向不到位	检修，更换
		油管破损或漏油	检修，更换
		滤油器堵塞	清洗，更换
		溢流阀调整压力过低	调整溢流阀
		液压油进水或变质	更换液压油
		液压系统排气不完全	排气
		其他机构干涉	检查，排除

7.2.3　金属结构

金属结构故障的判断和处置方法见表 7-8。

金属结构故障的判断和处置方法　　表 7-8

序号	故障现象	故障原因	处置方法
1	焊缝和母材开裂	超载严重，工作过于频繁产生比较大的疲劳应力，焊接不当或钢材存在缺陷等	严禁超负荷运行，经常检查焊缝，更换损坏的结构件
2	构件变形	密封构件内有积水冬季易产生冻涨变形，严重超载，运输吊装时发生碰撞，安装拆卸方法不当	要经过校正后才能使用；但对受力结构件，禁止校正，必须更换
3	高强度螺栓联接松动	预紧力不够	定期检查，紧固
4	销轴退出脱落	开口销未打开	检查，打开开口销

7.2.4　钢丝绳、滑轮

钢丝绳、滑轮故障的判断和处置方法见表 7-9。

钢丝绳、滑轮故障的判断和处置方法　　表 7-9

序号	故障现象	故障原因	处置方法
1	钢丝绳磨损太快	钢丝绳滑轮磨损严重或者无法转动	检修或更换滑轮
		滑轮绳槽与钢丝绳直径不匹配	调整使之匹配
		钢丝绳穿绕不准确、啃绳	重新穿绕、调整钢丝绳
2	钢丝绳经常脱槽	滑轮偏斜或移位	调整滑轮安装位置
		钢丝绳与滑轮不匹配	更换合适的钢丝绳或滑轮
		防脱装置不起作用	检修钢丝绳防脱装置
3	滑轮不转及松动	滑轮缺少润滑，轴承损坏	经常保持润滑，更换损坏的轴承

7.2.5 电气故障的判断及处置

塔机电气系统故障的判断和处置方法见表 7-10。

电气系统故障的判断和处置方法 **表 7-10**

序号	故障现象	故障原因	处置方法
1	电动机不运转	缺相	查明原因
		过电流继电器动作	查明原因，调整过电流整定值，复位
		空气断路器动作	查明原因，复位
		变频器出现故障	查明原因，复位
		定子/转子回路断路	检查拆修电动机
2	电动机有异响	相间轻微短路或转子回路缺相	查明原因，正确接线
		电动机轴承破损	更换轴承
		转子回路的串接电阻断开、接地	更换或修复电阻
		转子碳刷接触不良	更换碳刷
3	电动机温升过高	电动机转子回路有轻微短路故障	测量转子回路电流是否平衡，检查和调整电气控制系统
		电源电压低于额定值	暂停工作
		电动机冷却风扇损坏	修复风扇
		电动机通风不良	改善通风条件
		电动机转子缺相运行	查明原因，接好电源
		定子、转子间隙过小	调整定子、转子间隙
4	电动机烧毁	操作不当，低速运行时间较长	缩短低速运行时间
		电动机修理次数过多，造成电动机定子铁芯损坏	予以报废
		绕线式电动机转子串接电阻断路、短路、接地，造成转子烧毁	修复串接电阻
		电压过高或过低	检查供电电压
		转子运转失衡，碰擦定子（扫膛）	更换转子轴承或修复轴承室
		主回路电气元件损坏或线路短路、断路	检查修复
5	电动机输出功率不足	线路电压过低	暂停工作
		电动机缺相	查明原因，正确接线
		制动器没有完全松开	调整制动器
		转子回路断路、短路、接地	检修转子回路
6	按下启动按钮，主接触器不吸合	工作电源未接通	检查塔机电源开关箱，接通
		电压过低	暂停工作
		过电流继电器辅助触头断开	查明原因，复位
		主接触器线圈烧坏	更换主接触器

续表

序号	故障现象	故障原因	处置方法
6	按下启动按钮，主接触器不吸合	操作手柄不在零位	将操作手柄归零
		主起动控制线路断路	排查主起动控制线路
		启动按钮损坏	更换启动按钮
7	起动后，控制线路开关断开	控制回路线路短路、接地	排查控制回路线路
8	接触器噪声大	衔铁芯表面积尘	清除表面污物
		短路环损坏	更换修复
		主触点接触不良	修复或更换
		电源电压较低，吸力不足	测量电压，暂停工作
9	吊钩只下降不上升	起重量、高度、力矩限位误动作	更换、修复或重新调整各限位装置
		起升控制线路断路	排查起升控制线路
		接触器损坏	更换接触器
10	吊钩只上升不下降	下降控制线路断路	排查下降控制线路
		接触器损坏	更换接触器
11	回转只朝同一方向动作	回转限位误动作	重新调整回转限位
		回转线路断路	排查回转线路
		回转接触器损坏	更换接触器
12	变幅只向后不向前	力矩限位、重量限位、变幅限位误动作	更换、修复或重新调整各限位装置
		变幅向前控制线路断路	排查变幅向前控制线路
		变幅接触器损坏	更换接触器
13	变幅只向前不向后	变幅向后控制线路断路	排查变幅向后控制线路
		变幅接触器损坏	更换接触器
14	带涡流制动器的电机低速挡速度变快	整流器击穿	更换整流器
		涡流线圈烧坏	更换或修复线圈
		线路故障	检查修复
15	塔机工作时经常跳闸	漏电保护器误动作	检查漏电保护器
		线路短路、接地	排查线路，修复
		工作电源电压过低或压降较大	测量电压，暂停工作

7.3 塔机常见事故原因及处置方法

7.3.1 塔机常见事故原因

随着我国建筑行业的快速发展，塔机作为建筑施工现场结构复杂、使用频繁、安装高度高的特种设备被广泛应用于高层、超高层的建筑项目中，因为塔机安拆和使用危险因素多、施工工艺复杂、操作人员素质差别大的特点，塔机发生事故频次越来越高。塔机常见事故原因可分为以下几种原因：

1. 超载使用

超载作业，在力矩限制器失效的情况下，极易引发事故，此列事故较多，引发的后果损害也较大。力矩限制器是塔机最关键的安全装置，力矩限制器的损坏、恶意调整、调整不当或失灵等均能造成力矩限制器失效。因为施工现场情况复杂，所以更应加强力矩限制器保养、校核，不能擅自调整，严禁拆除。

2. 违规安装、拆卸

（1）安拆人员未经过安全教育培训，无证上岗。

（2）安拆人员作业前未进行安全技术交底，作业人员未按照说明书工艺流程进行安拆作业。

（3）临时组织安拆队伍，作业人员之间配合不默契、不协调。

（4）指挥信号不明确或违章指挥。

（5）安拆作业现场无人员旁站监督。

3. 基础不符合要求

（1）未按说明书要求进行地耐力测试，因地基承载力不够造成塔机倾翻。

（2）未按说明书要求施工，地基太小不能满足塔机各种工况的稳定性。

（3）地脚螺栓断裂引发塔机倾翻。

（4）基础尺寸、混凝土强度不符合设计要求。

（5）基础压重不足。

4. 附着达不到要求

（1）超过独立高度未按照说明书安装附着。

（2）附着点以上塔机最大悬臂高度超出说明书要求。

（3）附着杆、附着间距不符合说明书要求。

（4）擅自使用非原厂家生产制造的不合格附墙装置。

（5）附着装置的联结、固定不牢。

5. 塔机位置不当

（1）塔机安装位置不当，多台塔机之间或与周围建筑物相互干涉，造成钢结构相互碰撞变形。

（2）与外电线路安全距离不足。

（3）与边坡外沿距离不足，造成基础不稳固。

（4）施工组织不合理，顶升滞后，高度不足，与在建工程和脚手架等临时设施碰撞。

6. 钢结构疲劳

塔机使用多年，钢结构及焊缝易产生疲劳、裂纹，进而引发塔机事故。易发生疲劳的部位主要有：

（1）基础节与底梁的连接处。

（2）斜撑杆与标准节的连接处。

（3）塔身变截面处。

（4）回转支承的上下支座。

（5）回转塔架。

7. 销轴脱落

（1）销轴晃动剪断开口销引发销轴脱落。

（2）安装时未安装压板或开口销，或用铁丝代替开口销。

（3）轴端挡板紧固螺栓未使用弹簧垫或紧固不牢，长期震动而脱落，压板失效导致销轴脱落。

（4）臂架接头处三角挡板因多次拆卸发生变形或开焊，导致臂架销轴脱落。

8. 钢丝绳断裂

（1）钢丝绳断丝、断股超过规定标准。

（2）未设置滑轮防脱绳装置或装置损坏、缺失，钢丝绳脱槽摩擦断裂。

（3）高度限位失效，吊钩升至顶部未断电而导致钢丝绳拉断。

（4）重量限制器失效，超载起吊。

9. 高强度螺栓达不到要求

（1）高强度螺栓预紧力不符合要求，螺栓螺母脱落。

（2）未按照规定使用高强度螺栓，或更换螺栓不符合说明书要求。

（3）连接螺栓缺失垫圈。

（4）螺栓、螺母损伤、变形。

10. 安全装置失效

如制动器、重量限制器、高度限位、回转限位、变幅限位等损坏、拆除。

11. 其他原因

如遇到地震、强风、大雨等恶劣天气，塔机司机未持证上岗、塔机指挥人员不到位，塔机运行过程未严格执行“十不吊”等操作规程。

7.3.2 塔机常见事故处置方法

塔机从进场安装到最后拆除退场，时间长、使用频次高、使用环境多变、人员流动性大，为避免事故发生，我们应该从塔机购置租赁、安拆作业、操作使用、维护保养、应急处置等方面加大管控力度。

1. 塔机购置租赁

在购买或租赁塔机时，用户要从长远利益出发，兼顾产品质量与成本，不走入低价购置、租赁的误区，要选择具有生产许可证等证件齐全的正规厂家生产的合格产品，材料、元器件符合设计要求，各种限位、保险等安全装置齐全有效，设备完好，性能优良，不得购置、租赁国家淘汰、存在严重事故隐患以及不符合国家技术标准或检验不合格的产品。

2. 塔机安拆队伍选用

塔机的安装、拆卸必须由具备起重设备安装工程专业承包资质，并且取得安全生产许可证的专业队伍施工，作业人员应相对固定，作业人员数量符合国家要求，工种应匹配，作业中应遵守纪律、服从指挥、配合默契，严格遵守操作规程，作业后及时清理现场工具；辅助起重设备、机具应配备齐全，性能可靠；在安拆现场应服从施工总承包单位和建设、监理单位的管理。

3. 作业人员培训考核

严格特种作业人员资格管理，塔机的安装拆卸工、塔机司机、起重司索信号工等特种作业人员必须接受专门的安全操作知识培训，经建设主管部门考核合格，取得建筑施工特种作业操作资格证书，每年还应参加安全生产教育。

首次取得证书的人员实习操作不得少于 3 个月，实习操作期间，用人单位应当指定专人指导和监督作业。指导人员应当从取得相应特种作业资格证书并从事相关工作 3 年以上、无不良记录的熟练工中选择。实习操作期满，经用人单位考核合格，方可独立作业。

4. 技术管理

（1）塔机在安装拆卸前，必须制定安全专项施工方案，并按照规定程序进行审核审批，确保方案的可行性。

（2）安装队伍技术人员要对安拆作业人员进行详细地安全技术交底，作业时工程监理单位应当旁站监理，确保安全专项施工方案得到有效执行。

（3）技术人员应根据工程实际情况和设备性能状况对安装拆卸工、塔机司机、起重司索信号工等进行安全技术交底。

（4）塔机司机应遵守劳动纪律，听从指挥，严格按照操作规程操作，认真履行交接班制度，做好塔机的日常检查和维护保养工作。

（5）塔机退场后应做好维修检查工作，根据使用说明书要求，对易损件、易锈蚀部位进行全面检查保养，填写记录存入设备档案。

5. 检查验收

（1）塔机在安装后，安装单位应当按照规定内容对塔机进行严格的自检，并出具自检报告。

(2) 自检合格后，使用单位应当委托具有相应资质的检测检验单位对塔机进行检验。

(3) 塔机使用前，施工总承包单位应当组织使用、总包、安装、产权和工程监理单位进行共同验收，合格后方可投入使用。

(4) 使用期间，有关单位应当按照规定的时间、项目和要求做好塔机的检查和日常、定期维护保养，尤其要注重对限位保险装置、螺栓紧固、销轴连接、钢丝绳、吊钩等部位的检查和维修保养，确保使用安全。

6. 应急处理工作

当施工现场遇到强风、大雨等不能满足安全使用条件时，应停止作业，关闭司机室门窗，断电上锁，确保起重臂随风自由旋转，相关人员采取安全避让措施。

7.4 塔机常见事故与案例

7.4.1 塔机常见的事故类型

多年来，尽管发生的塔机事故成百上千起，造成的伤害也不尽相同，但按塔机本身的损坏情况，常见的事故有以下几种类型：

1. 倾翻事故

塔身整体倾倒或塔机上部起重臂、平衡臂和塔帽倾翻坠地等事故。

2. 断（折）臂事故

塔机起重臂或平衡臂折弯、严重变形或断裂等事故。

3. 脱、断钩事故

起重吊具从吊钩脱出或吊钩脱落、断裂等事故。

4. 断绳事故

起升、变幅钢丝绳破断等事故。

5. 高处坠落事故

作业人员不按规范对塔机检查、维修、保养、操作等，引起的坠落事故。

6. 物体打击事故

主要指塔机吊物坠落造成人身伤害事故。

7. 其他类型事故

在塔机安装、使用和拆卸过程中，还经常发生吊物或起重钢丝绳等碰触外电线路发生触电事故；塔机臂架碰撞、挤压发生的伤害事故等。

7.4.2 塔机事故案例分析

1. 塔机超载倾斜事故案例

2013年某日，某建筑工地发生一起塔机倾斜变形事故。

（1）事故经过

2013年某日，某建筑工地一台QTZ63自升式塔机在吊运钢管时塔身变形歪斜。该塔机起重臂长46m，塔身已升至90m高，装有6道附着装置，最高一道附着装置距起重臂杆铰点22m。经勘查，最高一道附着装置的一根附着杆调节丝杆和连接耳板被扭弯，造成附着框梁上方的塔身严重歪向建筑物，塔顶位置偏离中心垂线达0.9m。当时塔机的作业任务是将建筑物楼顶的钢管吊运至12层的裙房屋面上，起吊点在起重臂12m处，起吊钢管重量估算在3000kg，当小车向前行至起重臂38m处时，塔机发生倾斜变形。

（2）事故原因

通过对事故现场勘察取证及检测分析，这起事故主要是因塔机超载所引起的。

1）超载起吊。该塔机的起重特性表上表明，吊3000kg重物时，幅度应控制在25m之内；吊至38m处，重量应控制在1841kg，而当时吊运钢管重量达到3000kg，超载62%。

2）维修保养不到位。经检查起重力矩限位器失效。在正常情况下，超载时起重力矩限位器应该起保护作用，应切断吊钩向上、小车向外变幅的电源。

3）施工单位擅自制造、使用塔机附着装置。经检验，附着杆的调节丝杆的制作、热处理有缺陷，达不到应有的强度；耳板的制作、焊接质量也有缺陷。在超载时，耳板先发生塑变，致使调节丝杆弯曲，继而导致塔身倾斜。

（3）事故警示

1）加强司机教育，严禁超载作业。

2）加强塔机的维护保养，保证各安全装置灵敏有效。

3）严禁私自改造塔机上的任何零部件，若需改造加工必须找有相应资质的单位来完成。

2. 起重钢丝绳断裂事故案例

2015年某日，某工地发生一起塔机钢丝绳断裂，造成一人死亡的事故。

（1）事故经过

2003年某日，某工地使用一台QTZ80自升式塔机吊运混凝土，当料斗上升至30m左右时，钢丝绳突然断裂，料斗坠落。此时，下方正有两位民工在装砂，其中一人听见旁边有人惊呼，迅速躲闪，另一人躲闪不及被料斗砸中，经抢救无效死亡。

（2）事故原因

经勘查，装在塔帽上的导向滑轮断裂破损，钢丝绳被破碎的滑轮割断，导致料斗坠落，是造成事故的直接原因。

1）导向滑轮有严重的质量问题。该滑轮为铸钢滑轮，经检验，不但有砂眼、空洞多，而且强度不够，是滑轮被钢丝绳严重磨损断裂的重要原因之一。

2）塔机存在制造时存在质量问题。滑轮轴不垂直，使钢丝绳在滑轮上产生侧偏磨损，造成滑轮磨损成两半，进而使钢丝绳卡在断裂滑轮的锐刃上，切断钢丝绳。

3）塔机司机和检修工没有按规定进行日检、月检。若早日发现滑轮磨损超标而及时更换，就不会发生此次重大事故。

（3）事故警示

1）加强塔机零部件质量的检查。

2）应当提高塔机的制造质量。

3）加大塔机司机和维修工的检查。

3. 塔机顶升加节违章作业倒塌事故案例

2015 年某日，一工地塔机在顶升加节作业时发生倒塌，造成 2 名作业人员死亡。

（1）事故经过

某工程塔机顶升作业过程中，因塔机指挥人员违规指挥操作变幅小车，塔机司机违规操作变幅小车，调整吊臂平衡，致使塔机平衡失稳，导致塔机起重臂、操作平台等从高处坠落，塔机上 2 名作业人员随塔机结构一起坠落，2 名作业人员当场死亡。

（2）事故原因

经分析，这是一起由于严重违章指挥、违章作业引起的事故。

1）塔机在顶升过程，指挥人员违章指挥，司机违章操作变幅小车，致使塔机平衡失稳，是事故发生的直接原因。

2）塔机司机私自改动线路，致使变幅操作系统自锁装置失效，是事故发生的重要原因。

3）塔机产权单位、使用单位疏于安全教育和监督检查，未及时发现和制止塔机司机改动塔机安全装置，造成设备存在重大安全隐患。

（3）事故警示

1）加强安拆人员教育和交底，熟悉安拆流程和操作规程。

2）严禁违章指挥、违章作业。

3）产权单位、使用单位应及时对塔机安全装置等进行检查。

4. 违规使用塔机触电事故案例

2015 年某工地，塔机起升钢丝绳与高压线相触及，造成 1 人触电身亡。

（1）事故经过

2015 年某日，某建筑工地用一台 QTZ40 塔机吊运一架金属长梯，距地面 22.5m

高处有一组 66kV 高压输电线路。现场作业人员有 4 名：现场负责人甲、现场吊装作业指挥人员乙、司索丙和塔机司机丁。当指挥作业人员乙指挥吊装司索人员丙用吊装绳捆绑锁住金属长梯中间部分，乙指挥丁开始起吊，此时长梯有些摇晃摆动，丙用手扶住长梯一端来减缓长梯的摆动，然后乙又指挥丁操作塔机吊着长梯向左回转以便放置到架设长梯的位置上，正当长梯随起重机臂回转时，丙突然倒地。此时发现塔机起升钢丝绳与高压线相触及，造成丙触电身亡。

（2）事故原因

1）毗邻施工现场的高压线路未按规定进行防护。

2）塔机安装后，未按规定进行验收，擅自投入使用。

3）司索工违章指挥、塔机司机违章作业，未观察周围环境。

4）被害者丙等作业人员在高压线下方作业，缺乏应有的安全知识和自我保护意识。

（3）事故警示

1）施工现场的高压线路应按规定进行防护。

2）塔机验收时应严格按规定进行验收。

3）严禁违章指挥、违章作业，作业前认真观测周围环境。

4）工人应增强安全知识和自我保护意识。

5. 违反安装程序造成塔机倾翻事故案例

2017 年某日，某工地进行塔机安装作业时，塔机倒塌，造成 3 人死亡 6 人受伤。

（1）事故经过

2017 年某日，某工地进行塔机安装作业，由武某负责具体安装指挥。十号塔机的前后臂和配重块以及主要部件已基本安装完毕。塔机回转以上部分未与塔身连接，靠爬身套架支撑，塔机处于顶升准备状态。为安装平台围栏接板，武某违反塔机不准斜吊的规定，让起重工王某用配合安装的九号塔机牵引十号塔机前臂转动，致使十号塔机套架处弯折，向南倒塌。拴在前臂上的九号塔机钢丝绳被拉断。站在前臂端的起重工王某随前臂倒塌被砸死，平台上的电气技术员索某被摔死，塔基南面的起重工杜某被配重块压死，路过现场的职工方某被砸断腿，正在塔上安装的工人胡某等四人随塔机倒下受轻伤，九号塔机司机田某因钢丝绳被拉断而受伤，直接经济损失 400 余万元。

（2）事故原因

安装的程序不正确，改变了塔机的受力状态，致使发生倒塌事故。

1）安装塔机上部时，旋转台只安放在塔身标准节上端，没有把上下两端的销钉孔用销钉锁住固定，塔机处于极不稳定状态。

2）塔机前臂长 29m，只伸出 17.9m，臂重 9800kg；塔机后臂长 7.5m，臂重 6000kg，加上配重 22500kg，共 28500kg。前后臂不平衡，产生了后倾力。

3）塔机处于准备顶升状态，上下部分没有用销钉连接紧，在这种情况下，塔机只能承受压力，不能承受拉力，用9号塔机（在上）拉10号塔机前臂（在下），必然产生3个力：向上的拉力使之增加后倾，作用于塔身的推力、施转力使后臂往外套架危险的开口处扭转。在这三个力的作用下，塔机迅速向南弯折倒塌。

（3）事故警示

1）严格按照规定的程序安装塔机，严禁违章作业。

2）加强安全生产教育和业务知识培训，增加现场管理人员的责任心。

8 安全操作技能

8.1 塔机操作步骤

塔机的操作控制台现大多采用联动台控制，它充分体现人性化舒适作业的特点，起到了减轻司机疲劳作业的作用。

8.1.1 控制台的操作

常见塔机的联动控制台组成和操作方法如下：

1. 联动台的组成

联动台由左、右两部分组成，每一部分又包括联动操纵杆总成和若干按钮主令开关。

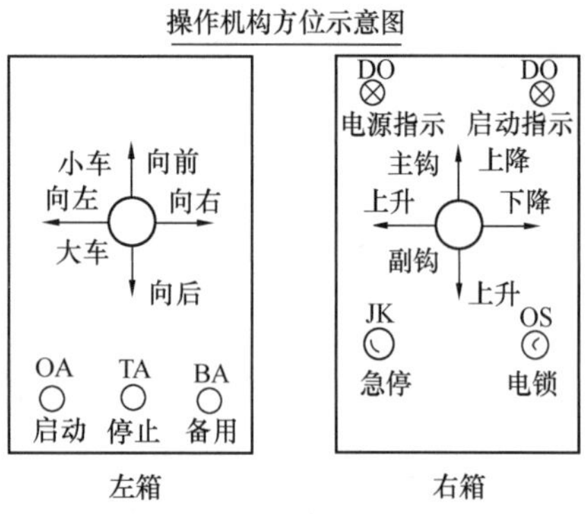

图 8-1 操作方法示意图

2. 操作方法（图 8-1）

（1）靠近司机方向（杆向后运动）：载荷起升、向内变幅、小车或臂架向内运动（如果臂架能水平移动）。

（2）离开司机方向（杆向前运动）：载荷下降、降低臂架、小车或臂架向外运动（如果臂架能水平移动）。

（3）操纵杆向司机右边：向右回转。

（4）操纵杆向司机左边：向左回转。

（5）根据司机位置，与司机希望的运动方向有关，扳向司机的左边或右边：起重机行走。

（6）左联动操纵杆的联动台面上还附装一个回转制动器控制按钮，通过该按钮可对回转机构进行制动。

8.1.2 操作注意事项

1. 当需要反向运动时，必须将手柄逐挡扳回零位，待机构停稳后，再逆向运行。

2. 回转机构的阻力负载变化范围极大，回转启止时惯性也大，要注意保证回转机构启止平稳，减小晃动，严禁打反转。

3. 操作时，用力不要过猛，操作力不应超过 100N，推荐采用以下值：

(1) 对于左右方向的操作，控制在 5～40N 之间。

(2) 对于前后方向的操作，控制在 8～60N 之间。

4. 可单独操作一个机构，也可同时操作两个机构，视需要而定。在较长时间不操作或停止作业时，应按下停止按钮，切断总电源，防止误动作。遇到紧急情况，也可按下停止按钮，迅速切断电源。

8.2 塔机的操作实例

8.2.1 水箱定点停放操作

1. 场地要求

(1) QTZ 系列塔机 1 台，起升高度在 20～30m。

(2) 吊物：水箱 1 个，边长 1000mm×1000mm×1000mm，水面距箱口 200mm，吊钩距箱口 1000mm；平面摆放位置，如图 8-2 所示。

(3) 其他器具：起重吊运指挥信号用红、绿色旗一套，指挥用哨子一只，计时器 1 个。

(4) 个人防护用品。

2. 操作要求

(1) 学员接到指挥信号后，将水箱由 A 位吊起，先后放入 B 圆、C 圆内。

(2) 再将水箱由 C 处吊起，返回放入 B 圆、A 圆内。

(3) 最后将水箱由 A 位吊起，直接放入 C 圆内。

水箱由各处吊起时均距地面 4000mm，每次下降途中准许各停顿两次。

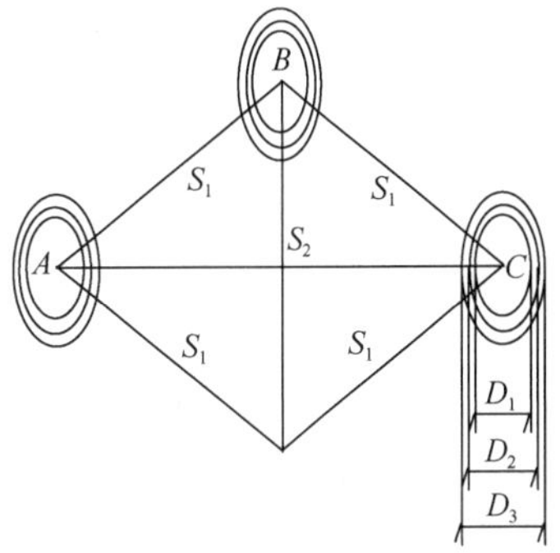

图 8-2 水箱定点停放平面示意图

S_1=18000mm；S_2=13000mm

3. 操作步骤

先送电，各仪表正常，空载试运转，无异常，接到指挥信号后：

(1) 先鸣铃，再根据起重臂所在位置，左手握住左手柄，左（右）扳动使起重臂回转，先将手柄扳到 1 挡慢慢开动回转，回转启动后可以逐挡地推动操作手柄，加快回转速度，当起重臂距离 A 圆较近时，逐挡扳回操作手柄至零位，减速回转，使起重臂停止在 A 圆正上方。

(2) 先鸣铃，然后根据小车位置推（拉）左操作手柄使变幅小车前（后）方向移动，将手柄依次逐挡地推动，加快变幅速度，当变幅小车离 A 圆较近时，将手柄逐挡扳回 1 挡，当变幅小车到达 A 圆正上方时，将手柄扳回零位，小车停止移动。

（3）在左手动作［（2）步］的同时，右手可以同时动作：右手握住右手柄，前推右手柄落钩，将手柄依次逐挡地推动，加快吊钩下降速度，当吊钩离 A 圆水箱较近时，将手柄逐挡扳回 1 挡，减速下降，当吊钩距水箱约 800mm 高时，将手柄扳回零位，吊钩停止下降。

（4）在 A 圆内挂好水箱后，先鸣铃，再后扳右手柄将水箱吊起，将手柄依次逐挡地拉动，加快吊钩上升速度，当水箱离地面接近 4000mm 高时，将手柄逐挡扳回 1 挡，减速上升，将手柄扳回零位，吊钩停止上升。

（5）先鸣铃，左手握住左手柄右扳动使起重臂右转，先将手柄扳到 1 挡慢慢开动回转，回转启动后可以将手柄依次逐挡地推动操作手柄，加快回转速度，当起重臂距离 B 圆较近时，逐挡扳回操作手柄至零位，减速回转，使起重臂停止在 B 圆正上方。

（6）先鸣铃，然后向后回拉左操作手柄使变幅小车向后方向移动，将手柄依次逐挡地推动，加快变幅速度，当变幅小车离 B 圆较近时，将手柄逐挡扳回 1 挡，当变幅小车到达 B 圆正上方时，将手柄扳回零位，小车停止移动。

（7）在左手动作［（6）步］的同时，右手可以同时动作：右手握住右手柄，前推右手柄落钩，将手柄依次逐挡地推动，加快水箱下降速度，当水箱离 B 圆较近时，将手柄逐挡扳回 1 挡，减速下降，当水箱落到地面时，将手柄扳回零位，吊钩停止下降。

（8）重复（4）（5）（7）操作方法把水箱运到 C 圆内，用同样方法将水箱返回放入 B 圆、A 圆内。

（9）最后按（4）（5）（7）步骤将水箱由 A 圆吊起，直接放入 C 圆内。

8.2.2 起吊水箱击落木块操作

1. 场地要求

（1）QTZ 系列塔机 1 台，起升高度在 20～30m。

（2）吊物：水箱 1 个，直径 500mm，水面距桶口 50mm，吊钩距桶口 1000mm。

（3）标杆 23 根，每根高 2000mm，直径 20～30mm。

（4）底座 23 个，每个直径 300mm，厚度 10mm。

（5）立柱 5 根，高度依次为 1000mm、1500mm、1800mm、1500mm、1000mm，均布在 *CD* 弧上；立柱顶端分别立着放置 200mm×200mm×300mm 的木块；平面摆放位置，如图 8-3 所示。

（6）起重吊运指挥信号用红、绿色旗一套，指挥用哨子一只，计时器 1 个。

2. 操作要求

学员接到指挥信号后，将水箱由 *A* 位吊离地面 1000mm，按图示路线在杆内运行，行至 *B* 处上方，即反向旋转，并用水箱依次将立柱顶端的木块击落，最后将水箱放回

A位。在击落木块的运行途中不准开倒车。

3. 操作步骤

先送电，各仪表正常，空载试运转，无异常。

(1) 接到指挥信号后，先鸣铃，再根据起重臂所在位置，左手握住左手柄左（右）扳动使起重臂回转，先将手柄扳到1挡慢慢开动回转，回转启动后可以将手柄依次逐挡地推动操作手柄，加快回转速度，当起重臂距离A位较近时，逐挡扳回操作手柄至零位，减速回转，使起重臂停止在A位正上方。

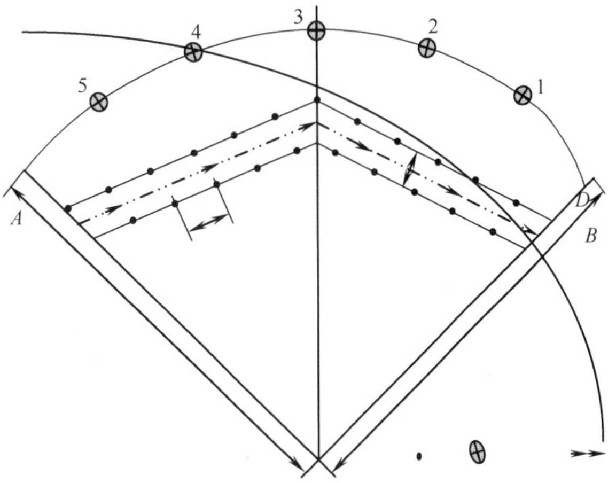

图8-3 起吊水箱击落木块平面示意图

R=19000mm；S_1=15000mm；

S_2=2000mm；S_3=25000mm

(2) 先鸣铃，然后根据小车位置推（拉）左操作手柄使变幅小车前（后）方向移动，启动后将手柄依次逐挡地推动，加快变幅速度，当变幅小车离A位较近时，将手柄逐挡扳回1挡，当变幅小车到达A位上方时，将手柄扳回零位，小车停止移动。

(3) 在左手动作［（2）步］的同时，右手可以同时动作：右手握住右手柄，前推右手柄落钩，启动后将手柄依次逐挡地推动，加快吊钩下降速度，当吊钩离A位水箱较近时，将手柄逐挡扳回1挡，减速下降，当吊钩距水箱约800mm高时，将手柄扳回零位，吊钩停止下降。

(4) 在A位挂好水箱后，先鸣铃，再后扳右手柄将水箱吊起，启动后将手柄依次逐挡地拉动，加快吊钩上升速度，当水箱离地面接近1000mm高时，将手柄逐挡扳回1挡，减速上升，将手柄扳回零位，吊钩停止上升。

(5) 先鸣铃，左手握住左手柄向右扳动使起重臂右转，使水箱按图示路线在杆内运行，回转中当水箱靠近外行立杆时，左手前后调整左手柄使小车慢慢前后移动，使水箱保持在内外两行立杆之间移动，继续右扳左手柄，重复前面的动作，保持水箱在两行立杆之间顺利运行到B位。

(6) 到达B位后，前推左手挡使小车前行至约4m处，即左扳左手柄将水箱运行至1位，能碰倒其位置上的木块后，继续左扳左手柄，让水箱分别经过2，3，4，5位置，并用水箱依次将其立柱顶端的木块击落，最后左手轻后扳控制小车向后移至A处，同时操作右手柄，下降水箱，将水箱放回A位。在击落木块的运行途中不准开倒车。

8.3 塔机吊钩、滑轮和钢丝绳的报废识别

塔机常见故障的判断及处置是塔机司机实际操作中要考核的内容，详见 7.2.1 机械故障的判断与处置。

8.3.1 吊钩的报废

吊钩禁止补焊，有下列情况之一的，应予以报废：

（1）用 20 倍放大镜观察表面有裂纹。

（2）钩尾和螺纹部分等危险截面及钩筋有永久性变形。

（3）挂绳处截面磨损量超过原高度的 10%。

（4）心轴磨损量超过其直径的 5%。

（5）开口度比原尺寸增加 10%。

8.3.2 滑轮的报废

滑轮出现下列情况之一的，应予以报废：

（1）裂纹或轮缘破损。

（2）滑轮绳槽壁厚磨损量达原壁厚的 20%。

（3）铸造滑轮槽底磨损达钢丝绳原直径的 30%；焊接滑轮槽底磨损达钢丝绳原直径的 15%。

8.3.3 卷筒的报废

卷筒出现下述情况之一的，应予以报废：

（1）裂纹或凸缘破损。

（2）卷筒壁磨损量达原壁厚的 10%。

8.3.4 钢丝绳的报废

钢丝绳使用的安全程度由断丝的性质和数量、绳端断丝、断丝的局部聚集、断丝的增加率、绳股断裂、绳径减小、弹性降低、外部磨损、外部及内部腐蚀、变形、由于受热或电弧的作用而引起的损坏等项目判定。对钢丝绳可能出现缺陷的典型示例，国家在《起重机　钢丝绳　保养、维护、检验和报废》GB/T 5972—2016 中作了详细说明，见标准附录 E。以下是施工现场常见的几种钢丝绳报废形式：

1. 断丝的局部聚集

如果断丝紧靠一起形成局部聚集，则钢丝绳应报废。如这种断丝聚集在小于 $6d$ 的

绳长范围内，并在任一支绳股或两个相邻的绳股中，那么，即使断丝数比《起重机钢丝绳 保养、维护、检验和报废》GB/T 5972—2016 中的值少，钢丝绳也应予报废。

2. 绳股断裂

如果出现整根绳股的断裂，则钢丝绳应予以报废。

3. 外部磨损

钢丝绳外层绳股的钢丝表面的磨损，是由于它在压力作用下与滑轮或卷筒的绳槽接触摩擦造成的。这种现象在吊载加速或减速运动时，在钢丝绳与滑轮接触的部位特别明显，并表现为外部钢丝磨成平面状。磨损使钢丝绳的断面积减小而强度降低。当钢丝绳直径相对于公称直径减小 7%或更多时，即使未发现断丝，该钢丝绳也应报废。

4. 变形

钢丝绳失去正常形状产生可见的畸形称为“变形”。这种变形会导致钢丝绳内部应力分布不均匀。钢丝绳的变形从外观上区分，主要可分下述几种：

(1) 笼状畸变。这种变形出现在具有钢芯的钢丝绳上，当外层绳股发生脱节或者变得比内部绳股长的时候就会发生这种变形，如图 8-4 所示。笼状畸变的钢丝绳应立即报废，或者将受影响的区段去掉，但应保证余下的钢丝绳能够满足使用要求。

(2) 绳股挤出。这种变形通常伴随笼状畸变一起产生，如图 8-5 所示。绳股被挤出说明钢丝绳不平衡。绳股挤出的钢丝绳应立即报废，或者将受影响的区段去掉，但应保证余下的钢丝绳能够满足使用要求。

图 8-4 笼状畸变

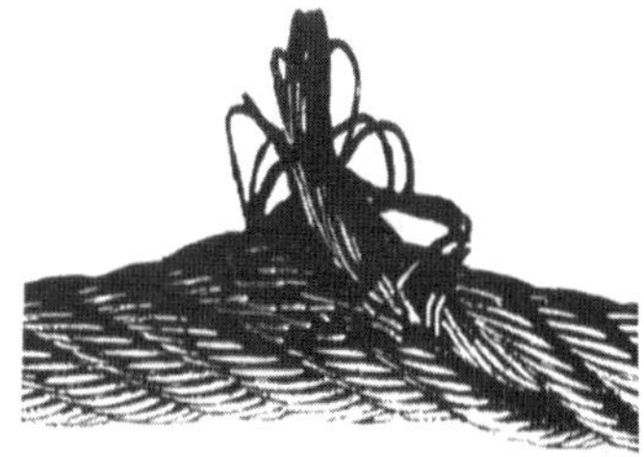

图 8-5 绳股挤出

(3) 钢丝挤出。此种变形是一部分钢丝或钢丝束在钢丝绳背着滑轮槽的一侧拱起形成环状，如图 8-6 (a) 所示。这种变形常因冲击载荷而引起。若此种变形严重时，如图 8-6 (b) 所示，则钢丝绳应报废。

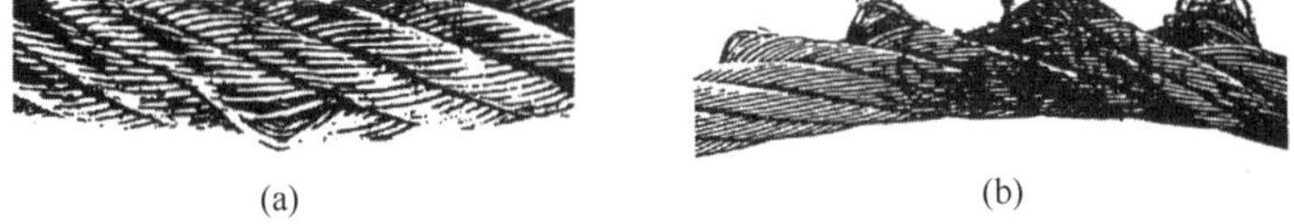

(a)

(b)

图 8-6 钢丝挤出

(a) 挤出；(b) 变形严重

（4）部分被压扁。如图 8-7 所示，钢丝绳部分被压扁是由于机械事故造成的。严重时，则钢丝绳应报废。

（5）弯折。如图 8-8 所示，弯折是钢丝绳在外界影响下引起的角度变形。这种变形的钢丝绳应立即报废。

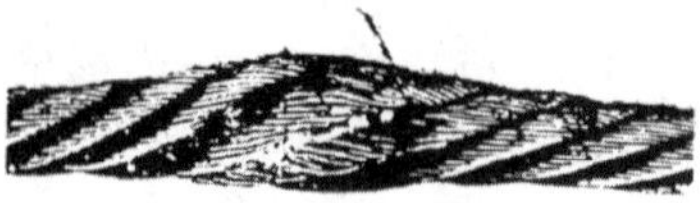

(a)

(b)

图 8-7　部分被压扁

（a）严重压扁；（b）部分压扁

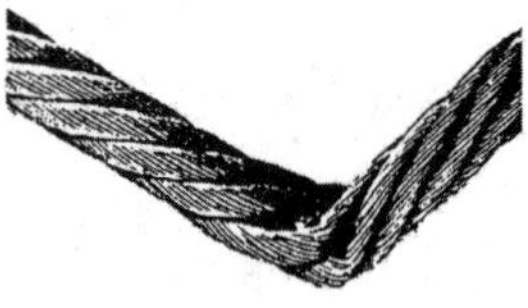

图 8-8　弯折

8.4　起重吊运指挥信号

起重指挥信号包括手势信号、音响信号和旗语信号，此外还包括与塔机司机联系的对讲机等现代电子通信设备的语音联络信号。国家在《起重吊运指挥信号》GB 5082—1985 中对起重指挥信号作了统一规定，具体见标准中附录 E。

8.4.1　手势信号

（1）手势信号是用手势与驾驶员联系的信号，是起重吊运的指挥语言，包括通用手势信号和专用手势信号。

（2）通用手势信号，指各种类型的塔机在起重吊运中普遍适用的指挥手势。通用手势信号包括预备、要主钩、吊钩上升等 14 种。

（3）专用手势信号，指其有特殊的起升、变幅、回转机构的塔机单独使用的指挥手势。专用手势信号包括升臂、降臂、转臂等 14 种。

8.4.2　旗语信号

一般在高层建筑、大型吊装等指挥距离较远的情况下，为了增大塔机司机对指挥信号的视觉范围，可采用旗帜指挥。旗语信号是吊运指挥信号的另一种表达形式。根据旗语信号的应用范围和工作特点，这部分共有预备、要主钩、要副钩等 23 个图谱。

8.4.3　音响信号

音响信号是一种辅助信号。在一般情况下音响信号不单独作为吊运指挥信号使用，而只是配合手势信号或旗语信号应用。音响信号由 5 个简单的长短不同的音响组成。

一般指挥人员都习惯使用哨笛音响。这五个简单的音响可与含义相似的指挥手势或旗语多次配合，达到指挥目的。使用响亮悦耳的音响是为了人们在不易看清手势或旗语信号时，作为信号弥补，以达到准确无误。

8.4.4 起重吊运指挥语言

起重吊运指挥语言是把手势信号或旗语信号转变成语言，并用无线电、对讲机等通信设备进行指挥的一种指挥方法。指挥语言主要应用在超高层建筑、大型工程或大型多机吊运的指挥和工作联络方面。它主要用于指挥人员对塔机司机发出具体工作命令。

8.4.5 塔机司机使用的音响信号

塔机使用的音响信号有三种：

（1）一短声表示“明白”的音响信号，是对指挥人员发出指挥信号的回答。在回答“停止”信号时也采用这种音响信号。

（2）二短声表示“重复”的音响信号，是用于塔机司机不能正确执行指挥人员发出的指挥信号时，而发出的询问信号，对于这种情况，塔机司机应先停车，再发出询问信号，以保障安全。

（3）长声表示“注意”的音响信号，这是一种危急信号，下列情况塔机司机应发出长声音响信号，以警告有关人员：

1）当塔机司机发现不能完全控制他操纵的设备时。

2）当司机预感到塔机在运行过程中会发生事故时。

3）当司机知道有与其他设备或障碍物相碰撞的可能时。

4）当司机预感到所吊运的负载对地面人员的安全有威胁时。

8.5 紧急情况处置

塔机在使用过程中，会遇到某些意外情况，这时，操作人员必须沉着冷静并慎重处理，采取一些合理有效的应急措施，等待维修人员排除故障，尽可能地避免事故，减少损失。应急措施应遵循“安全第一，预防为主”、“保护人员安全优先，保护环境优先”的原则。

8.5.1 塔机作业时制动器突然失灵

塔机起重作业时，制动器突然失灵，操作人员不可惊慌失措，而应首先发出警报信号，同时根据现场人员分布的位置和所吊重物的质量、体积、形状、位置，采取相应的处理措施。如采取继续提升，并将重物移至较空旷处，用电动机控制（点动停机）

使重物缓慢地下降到安全场地。

8.5.2 塔机作业时突然停电

作业过程中突然发生停电故障，司机应立即关闭电源开关，切断总电源，然后查明停电原因。

（1）如果短时间停电，可待接到来电通知后，合上电源开关，经检查塔机正常后方可继续工作。

（2）如果停电时间过长，应采取以下紧急措施：

1）应将所有控制器拨至“0”位，断开总电源。

2）如吊物下面有障碍物及房屋时，通知项目部暂时撤离吊物下方人员。

3）由专业人员进行维修检查，采取措施使吊物下降至地面。

4）电源恢复接通后，要进行全面检查，方可继续工作。

8.5.3 塔机作业时变幅钢丝绳突然断裂

塔机作业时，变幅钢丝绳突然断裂，防断绳装置起作用，阻止变幅小车移动，此时操作人员应镇定，发出报警信号，在确保安全的情况下，将所吊重物移至较空旷处，缓慢下降到安全场地，应将所有控制器拨至“0”位，断开总电源。通知专业安装人员更换钢丝绳，经检查符合要求再进行作业。

8.5.4 塔机作业时钢结构突然变形

塔机在工作时突然遭受较强的外力，导致钢结构突然变形，此时操作人员要高度冷静，发出报警信号，警示疏散塔机周围人员，同时将所吊重物缓慢落到地面，要保持无回转动作和变幅动作，然后切断电源开关，迅速下到地面。

8.5.5 塔机作业时天气突变

恶劣天气指不利于人类生产和活动，或具有破坏性的局地天气状况，例如大雾、云层极低、暴风雨、沙（尘）暴、雪暴、强雷暴、冰雹、龙卷风等。

塔机作业时，遇到恶劣天气，在确保安全的情况下，操作人员应将所吊重物就近下降到安全场地，然后将吊钩升到顶部，并把小车跑到臂架根部，起重臂应能随风转动，回转范围内不得有障碍物，切断电源，关闭门窗，撤离驾驶室。

8.5.6 发生电气设备故障或线路发生漏电

塔机运行中发生电气设备故障或线路发生漏电，操作人员应立即切断电源，通知专业维修人员进行检修。

模 拟 练 习

一、判断题

1. 黏度：黏度是润滑油内摩擦阻力的程度，亦即内摩擦力的量度。通常将黏度分为动力黏度、运动粘度、相对黏度三种。

【答案】正确

2. 液压系统中，安全阀的压力数值出厂时按说明书调定，使用中可根据具体情况进行调整压力数值。

【答案】错误

【解析】使用中应根据设计及说明书要求进行调整压力数值。

3. 液压系统中，换向阀是利用阀芯对阀体的相对位置改变来控制油路接通、关断或改变油液流动方向。

【答案】正确

4. 调速阀是由定差减压阀与节流阀串联而成的组合阀。节流阀用来调节通过的流量，定差减压阀则自动补偿负载变化的影响，使节流阀前后的压差为定值。

【答案】正确

5. 钢材塑性在弹性阶段，钢材的应力与应变成反比，服从胡克定律。

【答案】错误

【解析】钢材的应力与应变成正比。

6. 热轧成型的钢材主要有薄壁型钢及钢管。

【答案】错误

【解析】热轧成型的钢材主要有型钢及钢板

7. 钢丝绳长度应满足起重机的使用要求，并且在卷筒上的终端位置应至少保留一圈钢丝绳。

【答案】错误

【解析】所用钢丝绳长度应满足起重机的使用要求，并且在卷筒上的终端位置应至少保留两圈钢丝绳。

8. 当钢丝绳进入滑轮、卷筒的偏角很大时或者绳槽半径太小时，钢丝绳容易出现钢丝挤出的现象。

【答案】正确

9. 吊钩按制造方法可分为锻造吊钩和片式吊钩。

【答案】正确

10. 吊钩的检验一般先用煤油洗净钩身，然后用 10 倍放大镜检查钩身是否有疲劳裂纹。

【答案】错误

【解析】吊钩的检验一般先用煤油洗净钩身，然后用 20 倍放大镜检查钩身是否有疲劳裂纹。

11. 卸扣必须是锻造的，一般是用 20 号钢锻造后经过热处理而制成的，以便消除残余应力和增加其韧性，不能使用铸造和补焊的卡环。

【答案】正确

12. 不得从高处往下抛掷卸扣，以防止卸扣落地碰撞而变形和内部产生损伤及裂纹。

【答案】正确

13. 卷筒的制作一般可分为铸造和焊接。

【答案】正确

14. 楔块固定法常用于直径较小的钢丝绳。

【答案】正确

15. 压板固定法的缺点是所占空间较大，不宜用于多层卷绕。

【答案】正确

16. 定滑轮随着物体的移动而移动，通过改变绳索倍率减轻绳索的负荷，但不能改变受力方向。

【答案】错误

【解析】动滑轮随着物体的移动而移动，通过改变绳索倍率减轻绳索的负荷，但不能改变受力方向。

17. 定滑轮与动滑轮组成滑轮组，改变倍率，达到省力及减速的目的。

【答案】正确

18. 滑轮在钢丝绳运动中起着支持、导向、改变其中倍率等功能。

【答案】正确

19. 钢丝绳夹布置，应把绳夹座扣在钢丝绳的尾段上，U 形螺栓扣在钢丝绳的工作段上。

【答案】错误

【解析】钢丝绳夹布置，应把绳夹座扣在钢丝绳的工作段上，U 形螺栓扣在钢丝绳的尾段上。

20. 螺旋扣又称“花兰螺丝”，其主要用在张紧和松弛拉索、缆风绳等，故又被称为“伸缩节”。

【答案】正确

21. 涂油的白棕绳强度高、弹性好，但受潮后强度降低约50%。

【答案】错误

【解析】涂油的白棕绳抗潮湿防腐蚀性能较好，其强度比不涂油的一般要低10%～20%；不涂油的在干燥情况下，强度高、弹性好，但受潮后强度降低约50%。

22. 塔机的工作幅度与该幅度处的起重量的乘积是一定值，被称为额定起重力矩。

【答案】错误

【解析】工作幅度与该幅度处的起重量的乘积是一定值，是对的，但不是额定起重力矩。额定起重力矩的定义是基本臂最大幅度与相应额定起重量的乘积。

23. 塔身标准节采用片式组装结构主要为了解决储存和运输空间的问题。

【答案】正确

24. 平头式塔机考虑变臂方便，所以前后起重臂节可以互换。

【答案】错误

【解析】平头塔机的主要特点是变臂方便，并且可以空中接臂。但是根据起重臂的受力特点，根部起重臂使用材料较大，端部材料较小，因而前后的起重臂非特殊设计不可互换。

25. 四杆附着结构的强度一定比三杆附着结构大。

【答案】错误

【解析】附着结构的受力跟附着点位置、附着杆长度，附着杆间的角度和布置结构有关，采用四杆结构不一定比三杆结构更合理，因而此说法错误。

26. 应起升机构与平衡臂分别安装，不同重量的起升机构可随意更换。

【答案】错误

【解析】起升机构安装在平衡臂上，同时作为配重使用，如果随意更换起重臂的重量，则改变了塔机前后臂的力矩，因而此说法错误。

27. 爬升式塔机按爬升特征分为内爬式塔机和外爬式塔机。

【答案】正确

【解析】爬升式塔机按爬升特征分为内爬式塔机和外爬式塔机，建筑工程施工中内爬塔机应用较少，因而此说法正确。

28. 额定起重力矩为63t.m的塔机，其起重能力都是一样的。

【答案】错误

【解析】基本臂长均是35m的两台塔，一台塔机在35m处可以吊起1.85t，另一台塔机可以吊起2.25t，两台塔机额定起重力矩均符合63tm标准参数，都可以叫63塔机，但是起重能力相差较大。

29. 十字底梁压重基础的压重块可以重复利用。

【答案】正确

【解析】十字梁压重基础再次安装时，压重块可以重复利用，节能环保，但是混凝土压重块的运输成本也比较高。

30. 标准节之间的连接螺栓为高强度螺栓，安装时要施加足够的预紧力矩。

【答案】正确

【解析】标准节之间的高强度螺栓，安装时应施加足够的预紧力矩，并在使用过程中经常检查是否有松动现象。

31. 为了节约使用成本我们尽量采用内爬式套架顶升的塔机。

【答案】错误

【解析】内爬塔机尽管不需要塔身标准节随着建筑的升高而升高，建筑结构须加强设计、顶升作业时间与施工进度要互相协调、顶升过程较为烦琐，结束后所用屋面起重机安装的建筑屋顶需要加强设计。

32. 塔机的液压泵站可选用齿轮泵，也可以选用柱塞泵

【答案】正确

【解析】塔机液压泵站上液压泵有齿轮泵和柱塞泵，系统压力较小的液压泵站常选用齿轮泵，系统压力较大的液压泵站常选用柱塞泵。

33. 传统继电器控制电路比 PLC 控制系统电路由于较为普及，适合基层维修人员的维护管理，应大力推广。

【答案】错误

【解析】传统继电器控制电路虽然应用较为普遍，维修保养也方便，但是 PLC 控制系统电路更能解决慢就位和冲击的问题。

34. 变频调速电机工作在 0～100Hz 速度范围内，电机是以恒扭矩的方式工作的。

【答案】错误

【解析】变频调速电机工作在 0～100Hz 速度范围内，0～50Hz 工作时，电机是恒扭矩方式，重载工作，50～100Hz 工作是恒功率方式，轻载工作。

35. 在司机室内设有联动台，联动台的左操纵台操纵起升和大车行走机构。

【答案】错误

【解析】右联动操作杆，控制起升机构和大车行走机构。

36. 在负载不变的情况下，电机转速随串接电阻的减少而加快，反之则速度降低。

【答案】正确

37. 使得三相供电相序相反时，为了使机构运转方向相反，我们倒 U/V/W 线序。

【答案】错误

【解析】塔机的供电如果错相（U/V/W 变成 U/W/V），使得三相供电相序相反，导致各机构运转方向相反，会给使用操作带来安全隐患。

38. 右联动操纵杆的联动台面上一般都附装一个紧急安全按钮，压下该按钮，便可将电源切断。

【答案】正确

39. 当起重力矩大于相应幅度额定值并小于额定值110%时，应停止上升和向外变幅动作。

【答案】正确

40. 当起重力矩达到幅度额定起重力矩的100%以上时，起重力矩限制器能够向司机发出断续的声光报警。

【答案】错误

【解析】当起重力矩达到幅度额定起重力矩的90%以上时，起重力矩限制器能够向司机发出断续的声光报警。

41. 小车变幅塔机，吊钩上升至距离变幅小车下端的最小距离为800mm处时，应立即停止起升，但有下降。

【答案】正确

42. 起升高度限位器一般安装在起升机构卷扬机卷筒旁，通过记录卷筒旋转量来限制起升钢丝绳的收放范围，从而限制吊钩的上、下极限位置。

【答案】正确

43. 小车变幅塔机的幅度限位器动作后，小车停车后距离起重臂端部缓冲装置不得小于400mm。

【答案】错误

【解析】小车变幅塔机的幅度限位器动作后，小车停车后距离起重臂端部缓冲装置不得小于200mm。

44. 塔身标准节之间的螺栓、回转支撑与上下支座的联接可以采用普通螺栓连接。

【答案】错误

【解析】塔身标准节之间的螺栓、回转支撑与上下支座的联接必须采用高强螺栓连接。

45. 外套架顶升结构形式的自升式塔式起重机应具有防止塔身在正常加节、降节作业时，顶升横梁从塔身支承中自行脱出的功能。

【答案】正确

46. 用于塔机安装拆卸作业的辅助起重设备应满足起升高度、起升幅度、最大起重量的要求并安全可靠。

【答案】正确

47. 安装起重臂拉杆时，安装人员可以站在塔顶平台上完成起重臂拉杆的安装，也可以站在起重臂上对接拉杆。

【答案】错误

【解析】安装起重臂拉杆时，安装人员不可以站在起重臂上对接拉杆。

48. 拆卸起重臂、平衡臂与过渡节连接的销轴时可直接拆下，节省时间。

【答案】错误

【解析】拆卸起重臂、平衡臂与过渡节连接的销轴前，必须用钢丝绳将两臂根部牢固绑扎在过渡节上，以防止连接销轴拆除后臂架可能向外移动引起的冲击。

49. 顶升时，液压传动应平稳，不得有因液压油变质、吸空等引起的震动。

【答案】正确

50. 塔式起重机的起重吊装作业前，全新吊索具无须检查，可以直接使用。

【答案】错误

【解析】塔式起重机的起重吊装作业前，需要检查吊索具，待确认安全后方可使用。

51. 起重作业中，不允许把钢丝绳和链条等不同种类的索具混合用于一个重物的捆扎或吊运。

【答案】正确

52. 在高处作业时，摆放小件物品和工具时不可随手乱放，工具应放入工具筐中或工具袋内，严禁从高空投掷工具和物件。

【答案】正确

53. 塔式起重机各部件之间的连接销轴、螺栓、轴端卡板和开口销等，必须使用塔式起重机生产厂家提供的专用件，不得随意代用。

【答案】正确

54. 吊装作业时，起重臂和重物下方严禁有人停留、工作或通过。

【答案】正确

55. 在安装拆卸作业现场应划定警戒区域，设置警戒线，任何人不得在悬吊物下停留。

【答案】正确

56. 从事塔机安装、拆卸活动的单位只要取得建设主管部门颁发的起重设备安装工程专业承包资质，就可承揽工程。

【答案】错误

【解析】从事塔机安装、拆卸活动的单位应当依法取得建设主管部门颁发的起重设备安装工程专业承包资质和建筑施工企业安全生产许可证，并在其资质许可范围内承揽工程。

57. 对于小车变幅的塔式起重机，起重力矩限制器应由起重量进行控制。

【答案】错误

【解析】对于小车变幅的塔式起重机，起重力矩限制器应由起重量和幅度进行控制。

58. 塔机安装拆卸前，安装单位技术人员应根据经验向安装拆卸作业人员进行安全技术交底。

【答案】错误

【解析】安装单位技术人员应根据专项方案向安装拆卸作业人员进行安全技术交底。交底人、塔机安装负责人和作业人员应签字确认。

59. 塔式起重机各部件之间的连接销轴、螺栓、轴端卡板和开口销等，可以用其他件代替。

【答案】错误

【解析】塔式起重机各部件之间的连接销轴、螺栓、轴端卡板和开口销等属于特殊零部件，严禁用其他件代替。

60. 对小车变幅的塔式起重机，应设置小车行程限位器和终端缓冲装置。限位器动作后应保证小车停车时其端部距缓冲装置最小距离为300mm。

【答案】错误

【解析】限位器动作后应保证小车停车时其端部距缓冲装置最小距离为200mm。

61. 定期检查按周期可分为周检、月检、季检和年检。

【答案】错误

【解析】定期检查按周期可分为周检、月检、季检、半年检和年检。塔机拥有者应根据每台塔机的具体特点和使用状况确定相应的检查要求。

62. 塔机的常见故障一般分为机械故障和电气故障两大类。

【答案】正确

63. 目测检查方法包括目视、耳听、手摸、鼻嗅、敲击等的检测和常规量具的测量。目测检查一般情况下不需要进行拆卸。

【答案】正确

64. 钢丝绳外层绳股的钢丝表面的磨损，是由于它在压力作用下与滑轮或卷筒的绳槽接触摩擦造成的。

【答案】正确

65. 卷筒边缘外周至最外层钢丝绳的距离应不小于钢丝绳直径的2倍。

【答案】正确

66. 塔机运行中发生电气设备故障或线路发生漏电，操作人员应立即通知专业维修人员进行检修。

【答案】错误

【解析】塔机运行中发生电气设备故障或线路发生漏电，操作人员应立即切断电源，通知专业维修人员进行检修。

67. 塔机作业时，遇到恶劣天气，操作人员应立即将所吊重物下降到安全场地，然后将吊钩升到顶部，切断电源，关闭门窗，撤离驾驶室。

【答案】错误

【解析】塔机作业时，遇到恶劣天气，在确保安全的情况下，操作人员应将所吊重物就近下降到安全场地，然后将吊钩升到顶部，并把小车跑到臂架根部，起重臂应能随风转动，回转范围内不得有障碍物，切断电源，关闭门窗，撤离驾驶室。

68. 卷筒上的钢丝绳应排列整齐，当重叠或斜绕时，应停机重新排列，严禁在转动中用手拉脚踩钢丝绳。

【答案】正确

69. 作业时，操作人员和指挥人员必须密切配合。指挥人员必须熟悉所指挥的塔机性能，操作人员应严格执行指挥信号，如信号不清或错误，操作人员可凭空想象，想咋干就咋干。

【答案】错误

【解析】作业时，操作人员和指挥人员必须密切配合。指挥人员必须熟悉所指挥的塔机性能，操作人员应严格执行指挥信号，如信号不清或错误，操作人员不可凭空想象，应先停车，再发出询问信号，以保障安全。

70. 当塔机司机发现他不能完全控制他操纵的设备时，塔机司机应发出长声音响信号，以警告有关人员。

【答案】正确

71. 塔式起重机的起重吊装作业前，全新吊索具无须检查，可以直接使用。

【答案】错误

【解析】塔式起重机的起重吊装作业前，应检查吊索具是否安全可靠，确认安全后方可使用。

72. 在紧急情况时，塔式起重机司机应立即打反车制动。

【答案】错误

【解析】塔吊在回转未停止时打反车制动，这是一种危险的操作方式，会导致塔吊破坏甚至倒塌。塔吊臂架长质量大，回转时惯性很大，在回转时突然反转会产生巨大的冲击载荷，轻则机构损坏，重则结构破坏机毁人亡。

73. 塔式起重机工作间歇中停止运转时，司机可暂离操作位置。

【答案】错误

【解析】司机离开操作位置较长时间不操作或停止作业时，应按下停止按钮，切断总电源，防止误动作。

74. 在吊运过程中，不符合操作规程的指令，塔式起重机司机可以拒绝执行。

【答案】正确

75. 塔式起重机司机在正常作业中，应只服从佩戴有标志的信号指挥人员的指挥信号，对其他人员发布的任何信号严禁盲从。

【答案】错误

【解析】塔机司机应服从任何人员发布的急停信号。

76. 起重作业的指挥信号中，绿旗向下，哨声三短声表示紧急停止。

【答案】错误

【解析】绿旗向下，哨声三短声表示吊钩下降。

77. 指挥人员使用旗语信号均以指挥旗的旗头表示吊钩、臂杆和机械位移的运动方向。

【答案】正确

78. 临时停电，塔式起重机司机应先拉开总电源开关后方可离开岗位。

【答案】错误

【解析】离开岗位前，应将所有控制器拨至“0”位，断开总电源。

79. 指挥信号中“双手指伸开，在额前交叉”表示工作结束动作。

【答案】正确

二、单项选择题：（下列各题的选项中只有一个是正确的或是最符合题意的，请将正确选项的字母填入相应的空格中）

1. 选用润滑脂时其最高工作温度比滴点低（　　）。

A. 10～20℃　　B. 20～30℃　　C. 30～40℃　　D. 40～50℃

【答案】B

【解析】滴点是指润滑油受热开始熔化滴落第一滴流体时的最低温度。滴点可以确定润滑脂使用时允许的最高温度。要求选用润滑脂时其最高工作温度比滴点低 20～30℃。

2. 双向液压锁应安装在液压缸（　　）。

A. 左端部　　B. 右端部　　C. 上端部　　D. 下端部

【答案】C

【解析】液压锁主要为了防止油管破损等原因导致系统压力急速下降，锁定液压缸，防止事故发生，双向液压锁安装在液压缸上端部。

3. 以下哪项不是高强度螺栓的强度等级（　　）。

A. 8.9　　B. 9.8　　C. 10.9　　D. 12.9

【答案】A

【解析】高强度螺栓按强度可分为 8.8、9.8、10.9 和 12.9 四个等级（扭剪型高强度螺栓强度仅 10.9 级），直径一般为 12～42mm，按受力状态可分为抗剪螺栓和抗拉螺栓。

4. 低合金钢应在焊接完成（　　）后进行检验。

A. 16h　　B. 24h　　C. 36h　　D. 48h

【答案】B

【解析】一般用肉眼进行，对有怀疑的严重缺陷（未熔合、裂纹）可采用放大镜或表面探伤方法辅助判断。碳素钢应在焊接完成后，工件冷却到环境温度时进行检验。低合金钢应在焊接完成 24h 后进行检验。外形尺寸应用焊接检验尺进行检验，检验的选点应具有代表性。

5. 矿物润滑油属于(　　)

A. 液体润滑剂　　B. 润滑脂　　C. 固体润滑剂　　D. 气体润滑剂

【答案】A

【解析】液体润滑剂：包括矿物润滑油、合成润滑油、动植物油和水基液体等。

6. 20 号槽钢的断面高度均为(　　)cm。

A. 15　　B. 20　　C. 25　　D. 30

【答案】B

【解析】槽钢分普通槽钢和普通低合金轻型槽钢。其型号是以截面高度（cm）来表示的。例如 20 号槽钢的断面高度均为 20cm。

7. 钢丝绳在卷筒上的固定通常使用压板螺钉或楔块，固定的方法包括下面(　　)。

A. 绳夹连接　　B. 锥形套浇铸法　　C. 楔块、楔套　　D. 长板条固定法

【答案】D

【解析】钢丝绳在卷筒上的固定通常使用压板螺钉或楔块，固定的方法一般有楔块固定法、长板条固定法和压板固定法。

8. 钢丝绳的安全系数是不可缺少的安全储备，选择用于机动起重设备钢丝绳的安全系数是(　　)。

A. 3.5　　B. 4.5　　C. 5～6　　D. 6～7

【答案】C

【解析】根据下表得出

钢丝绳的安全系数

用途	安全系数	用途	安全系数
作缆风	3.5	作吊索、无弯曲时	6～7
用于手动起重设备	4.5	作捆绑吊索	8～10
用于机动起重设备	5～6	用于载人的升降机	14

9. 钢丝绳夹主要用于钢丝绳的连接和钢丝绳穿绕滑车组时绳端的固定，直径为 18～26mm 的钢丝绳绳端的固定选用的绳夹最少数量为(　　)。

A. 6　　B. 5　　C. 4　　D. 3

【答案】C

【解析】根据下表得出

钢丝绳夹的数量

绳夹规格（钢丝绳直径）(mm)	≤18	18～26	26～36	36～44	44～60
绳夹最少数量（组）	3	4	5	6	7

10. 吊钩的检验一般先用煤油洗净钩身，然后用(　　)倍放大镜检查钩身是否有疲劳裂纹。

A. 5　　B. 10　　C. 15　　D. 20

【答案】D

【解析】吊钩的检验一般先用煤油洗净钩身，然后用 20 倍放大镜检查钩身是否有疲劳裂纹，特别对危险断面的检查要认真、仔细。

11. (　　)安装位置固定，其功能是改变钢丝绳的受力方向，不能改变钢丝绳的运行速度。

A. 定滑轮　　B. 动滑轮　　C. 导向滑轮　　D. 平衡滑轮

【答案】A

【解析】定滑轮：安装位置固定，主要作导向滑轮和平衡滑轮用。其功能是改变钢丝绳的受力方向，不能改变钢丝绳的运行速度，也不能省力。

12. 螺旋扣的使用应注意，使用时应钩口向(　　)。

A. 上　　B. 下　　C. 左　　D. 右

【答案】B

【解析】螺旋扣的使用应注意使用时应钩口向下。

13. 卸扣的销轴变形达原尺寸的(　　)，应予以报废。

A. 20%　　B. 15%　　C. 10%　　D. 5%

【答案】D

【解析】在卸扣的报废标准中，达到需要报废的条件中（4）销轴变形达原尺寸的 5%。

14. (　　)一般用于质量较轻物件的捆绑、滑车作业及扒杆用绳索等。起重机械或受力较大的作业不得使用。

A. 钢丝绳　　B. 尼龙绳　　C. 白棕绳　　D. 涤纶绳

【答案】C

【解析】参考白棕绳使用注意事项。白棕绳一般用于质量较轻物件的捆绑、滑车作业及扒杆用绳索等。起重机械或受力较大的作业不得使用白棕绳。

15. 钢丝绳夹固定处的(　　)决定于绳夹在钢丝绳上的正确布置，以及绳夹固定和夹紧的谨慎和熟练程度。

A. 位置　　B. 方式　　C. 距离　　D. 强度

【答案】D

【解析】钢丝绳夹固定处的强度决定于绳夹在钢丝绳上的正确布置，以及绳夹固定和夹紧的谨慎和熟练程度。不恰当地紧固螺母或钢丝绳夹数量不足可能使绳端在承载时，一开始就产生滑动。

16. 塔帽结构不适合安装的设施有(　　)。

A. 障碍灯　　B. 霓虹灯　　C. 风速仪　　D. 避雷针

【答案】B

【解析】塔帽结构是塔机的最高点，不在塔顶上增设提高塔机迎风面积的霓虹灯装置。

17. 动臂变幅机构一般采用双制动器，其中钳式制动器，直接作用在(　　)。

A. 卷筒轴上　　B. 卷筒侧板上

C. 减速机输入轴上　　D. 减速机输出轴上

【答案】B

【解析】钳式制动器需安装在卷筒的侧板上，具有更好的防护功能。

18. 新标准中规定了额定起重力矩的单位为(　　)。

A. t·m　　B. kN·m　　C. N·m　　D. N·mm

【答案】A

【解析】额定起重力矩的单位是：t·m。

19. 不属于油缸结构组成元件的是(　　)。

A. 活塞　　B. 换向阀　　C. 杆体　　D. 缸体

【答案】B

【解析】液压油缸是塔机液压顶升系统的执行元件，主要有缸体、杆体、活塞、接头等组成。

20. 方形混凝土固定基础不适合预埋的连接件(　　)。

A. 四支脚　　B. 地脚螺栓　　C. 轨道　　D. 标准节

【答案】C

【解析】无底梁的方形固定混凝土基础，主要有预埋支腿、预埋标准节和预埋地脚螺栓后采用支脚或底梁与塔身相连。

21. 动臂塔机的变幅机构常选用何种安全制动器，作用在卷筒侧板上(　　)。

A. 轮式制动器　　B. 盘式制动器　　C. 钳式制动器　　D. 毂式制动器

【答案】C

【解析】动臂变幅机构一般采用双制动器：轮式制动器和钳式制动器。因钳式制动器直接作用在卷筒侧板上，制动更直接、更安全可靠性。

22. 目前塔机起升机构调速方案中，不再选用的是(　　)。

A. 电机变频调速　　B. 电机变极调速

C. 电机串电阻调速　　D. 减速机换挡调速

【答案】D

【解析】前三种技术成熟并普遍采用，减速机换挡调速不再选用。

23. 塔机联动台操纵杆设计动作有误的是(　　)。

A. 握住右联动操纵杆后拉，可控制吊钩上升

B. 握住右联动操纵杆前推，可控制吊钩下降

C. 握住左联动操纵杆两侧左右摆动，可控制臂架左右转动

D. 握住左联动操纵杆前推，可控制小车后退

【答案】D

【解析】握住左联动操纵杆前推，小车应该前进，符合操作人员的惯性思维。

24. 属于片式组装标准节优点的是(　　)。

A. 加工费用高　　B. 工艺要求高

C. 组装难度大　　D. 堆放储存占地小

【答案】D

【解析】其优点为：堆放储存占地小，装卸容易，运输占用空间小，特别适合长途陆运和远洋海运，节省运费。

25. 塔机液压顶升系统主要液压元件不包含(　　)。

A. 液压泵站　　B. 顶升油缸　　C. 平衡阀　　D. 顶升横梁

【答案】D

【解析】顶升横梁是顶升系统中的结构件，不是液压元件。

26. 水平臂塔机变幅钢丝绳的连接(　　)。

A. 前后是一根，两端分别连接在小车上

B. 前后钢丝绳各一根，一端连接在卷筒上一侧，另一端连接在小车一端

C. 前后是一根，两端分别连接在卷筒上

D. 两根牵引钢丝绳一端分别固定在卷筒两侧端板上，另一端分别固定在小车的前后端

【答案】D

【解析】两根牵引钢丝绳一端分别固定在卷筒两侧端板上，另一端分别固定在小车的前后端，随着卷筒的转动两根钢丝绳一放一卷，从而完成小车沿起重臂水平运动。

27. 在塔式起重机达到额定起重力矩(　　)以上时，装置应能发出连续清晰的声光报警。

A. 80%　　B. 90%　　C. 100%　　D. 110%

【答案】C

【解析】当起重力矩达到幅度额定起重力矩的90%以上时，起重力矩限制器能够向司机发出断续的声光报警；在塔式起重机达到额定起重力矩100%以上时，装置应能发出连续清晰的声光报警。

28. 风速仪应安装在塔机(　　)。

A. 顶部　　B. 不挡风处　　C. 司机室顶部　　D. 顶部不挡风处

【答案】D

【解析】除起升高度低于50m的自行架设塔机外，塔机均应安装风速仪，风速仪应安装在塔机顶部不挡风处。

29. 小车变幅式塔机的变幅小车轮应有轮缘或(　　)以防止小车脱离臂架。

A. 防断绳保护装置　B. 水平导向轮　　C. 缓冲器　　D. 幅度限位器

【答案】B

【解析】小车变幅式塔机的变幅小车轮应有轮缘或水平导向轮以防止小车脱离臂架，当变幅牵引力使小车有偏转趋势时，小车轮应采用无轮缘、有水平导向轮。

30. 对于轨道运行的塔式起重机，每个运行方向应设置限位装置，其中包括限位开关、缓冲器和终端止挡。缓冲器距终端止挡最小距离为(　　)。

A. 500mm　　B. 1000mm　　C. 1500mm　　D. 2000mm

【答案】B

【解析】对于轨道运行的塔式起重机，每个运行方向应设置限位装置，其中包括限位开关、缓冲器和终端止挡。应保证开关动作后塔式起重机停车时其端部距缓冲器最小距离为1m，缓冲器距终端止挡最小距离为1m。

31. 动臂变幅的塔式起重机，当吊钩装置顶部升至起重臂下端的最小距离为(　　)mm处时，应立即停止起升运动，对没有变幅重物平移功能的动臂变幅的塔式起重机，还应同时切断向外变幅控制回路电源，但应有下降和向内变幅运动。

A. 200　　B. 400　　C. 800　　D. 1200

【答案】C

【解析】动臂变幅的塔式起重机，当吊钩装置顶部升至起重臂下端的最小距离为800mm处时，应立即停止起升运动。

32. 塔机安装、拆卸作业时，塔机最大安装高度处的风速不得大于(　　)m/s。

A. 10　　B. 11　　C. 12　　D. 13

【答案】C

【解析】塔机安装、拆卸作业时，塔机最大安装高度处的风速不得大于12m/s。

33. 吊装作业用的钢丝绳、卸扣等吊具、索具的安全系数不得小于(　　)。

A. 5　　B. 6　　C. 7　　D. 8

【答案】B

【解析】吊装作业用的钢丝绳、卸扣等吊具、索具的安全系数不得小于6。

34. 首次取得证书的人员实习操作不得少于(　　)个月，实习操作期间，用人单位应当指定专人指导和监督作业。

A. 1　　B. 2　　C. 3　　D. 6

【答案】D

【解析】首次取得证书的人员实习操作不得少于6个月，实习操作期间，用人单位应当指定专人指导和监督作业。

35. 某工地塔式起重机关于安装附着架正确的是：(　　)

A. 为了赶工期，可由施工方自行设计焊制并安装附着架

B. 为了节省成本，施工方将厂方提供的附着方案由四杆改成三杆

C. 为确保安全，施工方采用塔式起重机原厂设计的附着方案和附着装置

D. 附着架间距可按工地需要设置

【答案】C

【解析】塔身与附着点的水平距离及附着杆的布置角度不能满足塔机说明书的规定时，应对附着装置进行设计。附着装置应由原塔机生产制造单位或由具有相应能力的企业设计、制作，严禁擅自制作。

36. 对动臂变幅的塔式起重机，当吊钩装置顶部升至起重臂下端的最小距离为(　　)mm处时，应能立即停止起升运动，对没有变幅重物平移功能的动臂变幅的塔式起重机，还应同时切断向外变幅控制回路电源，但应有下降和向内变幅运动。

A. 200　　B. 400　　C. 800　　D. 1200

【答案】C

【解析】对动臂变幅的塔式起重机，当吊钩装置顶部升至起重臂下端的最小距离为800mm处时，应能立即停止起升运动。

37. 塔式起重机吊钩的报废标准包括：吊钩开口度比原尺寸增加(　　)。

A. 5%　　B. 10%　　C. 15%　　D. 20%

【答案】C

【解析】吊钩应无补焊，裂纹，危险截面和钩筋无塑性变形，挂绳处截面磨损量不得超过原高度的10%，心轴磨损量不得超过其直径的5%，开口度增加量不应大于原尺寸的15%。

38. 塔式起重机滑轮的报废标准包括：滑轮绳槽壁厚磨损量达到原壁厚的(　　)。

A. 5%　　B. 10%　　C. 15%　　D. 20%

【答案】D

【解析】滑轮应转动良好，应无裂纹，轮缘破损等损伤钢丝绳的缺陷，轮槽滑轮绳

槽壁厚磨损量达到原壁厚的20%，槽底部直径减少量应小于钢丝绳直径的25%。

39. 平头式水平变幅塔式起重机起重臂及塔顶部件中，单个轴孔或销轴的报废标准包括：单个轴孔或销轴磨损及变形相对值大于(　　)或绝对值大于1.2mm。

A. 1%　　B. 2%　　C. 3.2%　　D. 10%

【答案】B

【解析】平头塔机连接销轴表面应无锈蚀、麻点、裂纹、应无弯曲变形，销轴磨损量及变形值不应大于2%，且不得大于1.2mm。

40. 有架空输电线的场所，起重机的任何部位与1～15kV输电线路的安全距离沿垂直方向应保证安全距离不小于(　　)。

A. 1.5m　　B. 3m　　C. 4m　　D. 5m

【答案】B

【解析】塔机与输电线的安全距离

电压（kV）	<1	1～15	20～40	60～110	>220	330	500
沿垂直方向（m）	1.5	3.0	4.0	5.0	6.0	7.0	8.5
沿水平方向（m）	1.5	2.0	3.5	4.0	6.0	7.0	8.5

41. 塔式起重机吊钩的报废标准包括：当用(　　)倍放大镜观察其表面时有裂纹。

A. 10　　B. 15　　C. 20　　D. 30

【答案】C

【解析】用20倍放大镜观察其表面发现有裂纹，塔机吊钩报废。

42. 塔机停用时间不超出(　　)时，在复工前应按月维护要求进行维护。

A. 1个月　　B. 3个月　　C. 6个月　　D. 12个月

【答案】A

【解析】塔机停用时间不超出1个月时，在复工前应按月维护要求进行维护；停用时间超出1个月少于6个月的塔机复工前按季维护要求进行维护，停用时间超过6个月的，停用期间至少每6个月进行1次维护，维护内容应根据具体情况由专业人员确定。

43. 塔机统一焊缝反复维修达到(　　)次且不能判别原因时，应将该部件报废。

A. 1　　B. 2　　C. 3　　D. 4

【答案】C

【解析】焊缝的维修应记入设备档案，司机每班开机前应对其进行检查确认无变动，统一焊缝反复维修达到3次且不能判别原因时，应将该部件报废。

44. 以下哪种保养不属于日常保养的范畴。(　　)

A. 清理基础积水、结构上的积水

B. 清理机构排绳轮、轮轴上的油污、并进行注油和润滑

C. 清理各个工作机构部件上的油污、杂物等

D. 清洁司机室玻璃

【答案】B

【解析】塔机在每班作业前应进行日常维护，日常维护的内容至少包含：

（1）清理基础、轨道上的垃圾、冰雪及其他障碍物；（2）清理基础积水、结构上的积水；（3）清理各个工作机构部件上的油污、杂物等；（4）清洁司机室玻璃；（5）根据表中日常检查的结果进行相应维护。

45. 定期检查和特殊检查工作应由（　　）个及以上检查人员一起进行。

A. 1　　B. 2　　C. 3　　D. 4

【答案】B

【解析】定期检查和特殊检查工作应由 2 个或 2 个以上检查人员一起进行。

46. 在塔式起重机达到额定起重力矩和/或额定起重量的 90%以上时，装置应能向司机发出（　　）的声光报警。

A. 断续　　B. 连续　　C. 断续清晰　　D. 连续清晰

【答案】A

【解析】在塔式起重机达到额定起重力矩和/或额定起重量的 90%以上时，装置应能向司机发出断续的声光报警。

47. 司机操作处应设置（　　）按钮，在紧急情况下能方便切断塔式起重机控制系统电源。

A. 急停　　B. 电铃　　C. 刹车　　D. 复位

【答案】A

【解析】在紧急情况下能方便切断塔式起重机控制系统电源的是急停按钮。

48. 指挥信号中右手手臂向上伸直，置于头上方，五指自然伸开，手心朝前保持不动表示（　　）动作。

A. 预备　　B. 吊钩上升　　C. 吊钩微微上升　　D. 停止

【答案】A

【解析】参见起重机械指挥信号，右手手臂向上伸直，置于头上方，五指自然伸开，手心朝前保持不动表示预备动作。

49. 指挥信号中右手臂伸向侧前下方（与身体夹角为 30°），五指自然伸开，以腕部为轴转动，表示（　　）动作。

A. 预备　　B. 回转　　C. 吊钩下降　　D. 吊钩微微下降

【答案】C

【解析】参见起重机械指挥信号，右手臂伸向侧前下方（与身体夹角为 30°），五指自然伸开，以腕部为轴转动，表示吊钩下降动作。

50. 指挥信号中“右手臂伸向侧前方，手心朝上高于肩部，以腕为轴重复向上摆动手掌”表示(　　)动作。

A. 起钩　　B. 吊钩微微上升　　C. 变幅　　D. 大车行走

【答案】B

【解析】参见起重机械指挥信号，“右手臂伸向侧前方，手心朝上高于肩部，以腕为轴重复向上摆动手掌”表示吊钩微微上升动作。

51. 指挥信号中“左手臂向一侧水平伸直，拇指朝上，余指握拢，小臂向上摆动”表示(　　)动作。

A. 吊钩上升　　B. 吊钩微微上升　　C. 仰起动臂　　D. 微微仰起动臂

【答案】C

【解析】参见起重机械指挥信号，“左手臂向一侧水平伸直，拇指朝上，余指握拢，小臂向上摆动”表示仰起动臂动作。

52. 指挥信号中“双手指伸开，在额前交叉”表示(　　)动作。

A. 停止　　B. 紧急停止　　C. 工作结束　　D. 预备

【答案】C

【解析】参见起重机械指挥信号，“双手指伸开，在额前交叉”表示工作结束动作。

53. 塔式起重机吊钩的报废标准包括：吊钩心轴磨损量超过其直径的(　　)。

A. 5%　　B. 10%　　C. 15%　　D. 20%

【答案】A

【解析】吊钩报废标准：吊钩心轴磨损量超过其直径的5%。吊钩开口度比原尺寸增加15%。

54. 塔式起重机吊钩的报废标准包括：吊钩开口度比原尺寸增加(　　)。

A. 5%　　B. 10%　　C. 15%　　D. 20%

【答案】C

【解析】吊钩报废标准：吊钩心轴磨损量超过其直径的5%。吊钩开口度比原尺寸增加15%。

55. 所吊重物在接近就位处约1m时，应采用(　　)操作。

A. 按原速下降　　B. 停钩观察　　C. 鸣笛报警　　D. 慢速下降

【答案】D

【解析】所吊重物在接近就位处约1m时，应采用慢速下降。

56. 作业中不允许吊运(　　)。

A. 装在容器中的散料　　B. 倾斜放在地面的被吊物

C. 长物体　　D. 埋着的水泥电杆

【答案】D

【解析】塔吊“十不吊”，埋着的水泥电杆属于十不吊之一。

57. 塔式起重机(　　)用限位装置代替操纵机构。

A. 可以　　B. 无硬性要求

C. 严禁　　D. 特殊情况下可以

【答案】C

【解析】严禁用限位装置代替操纵机构。

三、多项选择题(下列各题的选项中，正确选项不止一个，请将正确选项的字母填入相应的空格中)

1. 钢结构通常是由多个杆件以一定的方式相互联接而组成的。常用的联接方法有(　　)等。

A. 焊接连接　　B. 螺栓连接

C. 法兰连接　　D. 铆接连接

E. 饺接连接

【答案】ABD

【解析】钢结构常用的联接方法有焊接连接、螺栓连接、铆接连接。

2. 钢结构钢材之间的焊接形式主要有(　　)等。

A. 正接填角焊缝　　B. 搭接填角焊缝

C. 对接焊缝　　D. 塞焊缝

E. 直线焊缝

【答案】ABCD

【解析】钢结构钢材之间的焊接形式主要有正接填角焊缝、搭接填角焊缝、对接焊缝、塞焊缝。

3. 润滑工作的“三过滤”指(　　)。

A. 放油过滤　　B. 入库过滤

C. 发放过滤　　D. 加油过滤

E. 放油过滤

【答案】BCD

【解析】三过滤：(1) 入库过滤：油液经运输入库储存时的过滤；(2) 发放过滤：油液发放注入润滑容器时过滤；(3) 加油过滤：油液加入贮油部位时过滤。

4. 钢结构与其他结构相比，具有哪些特点(　　)。

A. 坚固耐用、安全可靠　　B. 自重小、结构轻巧

C. 材质均匀　　D. 韧性较好

E. 易加工

【答案】ABCDE

【解析】钢结构与其他结构相比，具有以下特点：

（1）坚固耐用、安全可靠。钢结构具有足够的强度、刚度和稳定性以及良好的机械性能。

（2）自重小、结构轻巧。钢结构具有体积小、厚度薄、重量轻的特点，便于运输和装拆。

（3）材质均匀。钢材内部组织比较均匀，力学性能接近各向同性，计算结果比较可靠。

（4）韧性较好，适应在动力载荷下工作。

（5）易加工。钢结构所用材料以型钢和钢板为主，加工制作简便，准确度和精密度都较高。

5. 钢丝绳通常由多根钢丝捻成绳股，再由多股绳股围绕绳芯捻制而成，具有的特点是（　　）。

A. 强度高　　B. 弹性小

C. 自重轻　　D. 弹性大

E. 自重重

【答案】ACD

【解析】钢丝绳是起重作业中必备的重要部件，通常由多根钢丝捻成绳股，再由多股绳股围绕绳芯捻制而成。钢丝绳具有强度高、自重轻、弹性大等特点。

6. 钢丝绳常用的连接和固定方式有（　　）。

A. 绳夹连接　　B. 锥形套浇铸法

C. 楔块、楔套连接　　D. 编结连接

E. 黏结法

【答案】ABCD

【解析】钢丝绳常用的连接和固定方式有以下几种：（1）编结连接；（2）楔块、楔套连接；（3）锥形套浇铸法；（4）绳夹连接；（5）铝合金套压缩法。

7. 钢丝绳外部检查包括（　　）。

A. 直径检查　　B. 磨损检查

C. 断丝检查　　D. 润滑检查

E. 每天检查

【答案】ABCD

【解析】钢丝绳外部检查包括（1）直径检查；（2）磨损检查；（3）断丝检查；（4）润滑检查。

8. 白棕绳使用中，下面（　　）说法是正确的。

A. 白棕绳一般用于质量较轻物件的捆绑、滑车作业及扒杆用绳索等

B. 起重机械或受力较大的作业不得使用白棕绳

C. 使用前，必须查明允许拉力，严禁超负荷使用

D. 穿过滑轮时，不应脱离轮槽

E. 应储存在干燥和通风好的库房内，避免受潮或高温烘烤

【答案】ABCDE

【解析】白棕绳使用注意事项中作了如下规定：

（1）白棕绳一般用于质量较轻物件的捆绑、滑车作业及扒杆用绳索等。起重机械或受力较大的作业不得使用白棕绳。

（2）使用前，必须查明允许拉力，严禁超负荷使用。

（3）穿过滑轮时，不应脱离轮槽。

（4）应储存在干燥和通风好的库房内，避免受潮或高温烘烤；不得将白棕绳和有腐蚀作用的化学物品（如碱、酸等）接触。

9. 吊索的型式大致可分为（　　）。

A. 可调捆绑式吊索　　B. 无接头吊索

C. 压制吊索　　D. 编制吊索

E. 钢坯专用吊索

【答案】ABCDE

【解析】吊索的型式大致可分为可调捆绑式吊索、无接头吊索、压制吊索、编制吊索和钢坯专用吊索五种，还有一种是一、二、三、四腿钢丝绳钩成套吊索。

10. 钢丝绳夹是起重吊装作业中使用较广的钢丝绳夹具，主要用于（　　）等。

A. 钢丝绳的连接　　B. 钢丝绳穿绕滑车组时绳端的固定

C. 桅杆上缆风绳绳头的固定　　D. 卷绕钢丝绳

E. 固定零件间的相互位置

【答案】ABC

【解析】钢丝绳夹主要用于钢丝绳的连接和钢丝绳穿绕滑车组时绳端的固定，以及桅杆上缆风绳绳头的固定等，钢丝绳夹是起重吊装作业中使用较广的钢丝绳夹具。

11. 塔身结构主要承受的载荷有（　　）。

A. 水平载荷　　B. 垂直载荷　　C. 弯矩　　D. 扭矩

【答案】ABCD

【解析】塔身是塔式起重机的主要金属结构，支撑着塔机上部的重量及各类外部荷载，因而塔身主要承受弯矩、垂直载荷、水平载荷和扭矩。

12. 回转机构电机常采用（　　）。

A. 绕线电机　　B. 力矩电机　　C. 变频电机　　D. 直流电机

【答案】ABC

【解析】塔机供电一般为三相五线制，不能采用直流电机。

13. 下列哪些参数体现了塔机的工作能力(　　)。

A. 额定起重力矩　　B. 独立起升高度　　C. 最大起重量　　D. 最大工作幅度

【答案】ABCD

【解析】体现塔机的实际工作能力的主要参数是，最大的载重量，最大的工作幅度，最大工作幅度处的额定载重量和最大的独立起升高度等。

14. 塔机的主要金属结构有(　　)。

A. 高强螺栓　　B. 起重臂架　　C. 塔身　　D. 底架

【答案】BCD

【解析】高强螺栓是塔机的重要连接件，不是金属结构。

15. 液压顶升机构包括(　　)。

A. 液压泵站　　B. 液压油缸　　C. 顶升横梁　　D. 高压油管

【答案】ABCD

【解析】塔机的液压顶升主要是靠安装在顶升套架一侧的液压油缸、液压泵站、高压油管和顶升横梁等来完成。

16. 标准节的主肢型钢可以选择(　　)。

A. 角钢　　B. 方管　　C. 圆管　　D. H 型钢

【答案】ABCD

【解析】标准节主肢的结构形式可以选择多种型钢材料，只要满足其受力性能即可，各种型钢在受力、使用和制作过程中各有特点。

17. 刚性附着装置常见的布置方式有三种，也有其他布置方式。附着杆件主要承受由整机传递而来的水平力及扭矩。常见的布置方式为(　　)。

A. 三杆式　　B. 四杆单侧式　　C. 两杆平行　　D. 四杆两侧式

【答案】ABD

【解析】刚性附着装置由附着框、附着杆、连接支座、预埋件等组成，刚性附着的框架与建筑物之间的附着杆为刚性，水平布置。常见的有三杆式、四杆单侧式与四杆两侧式三种。

18. 塔机的起升机构其功能是实现物品的上升或下降。起升机构组成(　　)。

A. 驱动装置　　B. 传动装置　　C. 制动装置　　D. 工作装置

【答案】ABD

【解析】起升机构的驱动装置：电动机；传动装置：联轴器和减速机；制动装置：液力推杆制动器；工作装置：卷筒及钢丝绳。

19. 塔机的电控系统要求可靠耐用、功能齐全，主要依据以下使用特点(　　)。

A. 短期工作制，启动频繁，有正反向运动

B. 有较好的高速性能

C. 三大机构负载特点不同

D. 在建筑工地户外使用

【答案】ABD

【解析】塔机电气系统的特点：

（1）短期工作制，启动频繁，有正反向运动。

（2）有较好的高速性能。

（3）三大机构负载特点不同。

（4）在建筑工地户外使用。

（5）经常转移、拆卸、安装。

20. 塔式起重机的行程限位类安全装置包括（　　）。

A. 起升高度限位器　　B. 幅度限位器

C. 回转限位器　　D. 行走限位器

E. 风速仪

【答案】ABCD

【解析】塔式起重机的行程限位类安全装置包括起升高度限位器、幅度限位器、回转限位器、行走限位器。

21. 力矩限制器内部需要调整的功能点（触点）有（　　）。

A. 80%力矩　　B. 90%力矩

C. 100%力矩　　D. 110%力矩

E. 125%力矩

【答案】BCD

【解析】当起重力矩达到幅度额定起重力矩的90%以上时，起重力矩限制器能够向司机发出断续的声光报警；当达到额定起重力矩100%以上时，装置应能发出连续清晰的声光报警，当达到额定起重力矩110%以上时，应切断上升和幅度增大方向的电源，但机构可作下降和减小幅度方向的运动。

22. 塔机安全监控系统包含的功能有（　　）。

A. 显示记录报警　　B. 视频

C. 群塔防碰撞　　D. 区域保护

E. 远程监控

【答案】ABCDE

【解析】塔机安全监控系统包含的功能有显示记录报警功能、视频监控功能、群塔防碰撞功能、区域保护功能和远程监控。

23. 塔式起重机的整机对基础力矩的最大值（即塔式起重机出厂设计时的极限设防值）可能出现在以下（　　）。

A. 工作状态时　　B. 非工作状态时

C. 安装拆卸过程中　　D. 无风停机状态时

【答案】ABC

【解析】无风停机状态时，塔机的起重臂与平衡臂理论上处于二力平衡，此时对基础的力矩最小。

24. 塔式起重机在安装前和使用工程中，发现有(　　)情况之一的，不得安装和使用。

A. 结构件上有可见裂纹和严重锈蚀的

B. 主要受力构件存在塑性变形的

C. 连接件存在严重磨损和塑性变形的

D. 钢丝绳达到报废标准的及安全装置不齐全或失效的

【答案】ABCD

【解析】对结构件进行检查，发现结构件有可见裂纹、严重锈蚀、整体或局部变形，连接销轴（孔）有严重磨损变形以及焊缝开焊、裂纹的，不得安装。

25. 塔式起重机的限位类安全装置包括(　　)。

A. 回转限位器　　B. 变幅小车断轴保护器

C. 变幅小车断绳保护器　　D. 大车行走限位器

【答案】AD

【解析】BC 两种属于保护装置，不属于限位安全装置。

26. 塔式起重机在作业前空车运转应检查下列各项是否正常(　　)。

A. 各控制器的转动装置是否正常

B. 制动器闸瓦松紧程度

C. 转动部分润滑油量是否充足，声音是否正常

D. 与周围障碍物安全距离

【答案】ABCD

【解析】在每天作业前进行，应检查各类安全防护装置、制动器、操纵控制装置、紧急报警装置；轨道的安全状况；钢丝绳的安全状况。检查发现有异常情况时，必须及时处理。

27. 塔式起重机附着有(　　)形式。

A. 四联杆两点固定　　B. 两联杆两点固定

C. 四联杆式三点固定　　D. 三联杆式两点固定

E. 以上说法都对

【答案】ACD

【解析】附着没有两联杆两点固定这种形式。

28. 塔式起重机的滑轮存在以下(   )缺陷必须报废。

A. 裂纹或轮缘破损

B. 滑轮绳槽壁厚磨损量达原壁厚的 20%

C. 滑轮绳槽壁厚磨损量达原壁厚的 25%

D. 滑轮槽底的磨损量超过相应钢丝绳直径的 20%

E. 滑轮绳槽壁厚磨损量达原壁厚的 10%

【答案】ABC

【解析】滑轮应转动良好，应无裂纹，轮缘破损等损伤钢丝绳的缺陷，轮槽滑轮绳槽壁厚磨损量达到原壁厚的 20%，槽底部直径减少量应小于钢丝绳直径的 25%。

29. 塔式起重机遇有下列(   )情况时，应暂停吊装作业。

A. 遇有恶劣气候条件

B. 塔式起重机发生漏电现象

C. 钢丝绳严重磨损

D. 有闲人出入

E. 信号不明时

【答案】ABCDE

【解析】作业中遇有下列情况应停止作业：

(1) 恶劣气候：如：大雨、大雪、大雾，超过允许工作风力等影响安全作业。

(2) 塔机出现漏电现象。

(3) 钢丝绳磨损严重、扭曲、断。

(4) 安全保护装置失效。

(5) 各传动机构出现异常现象和有异响。

(6) 金属结构部分发生变形。

(7) 塔机发生其他妨碍作业及影响安全的故障。

(8) 有闲人出入。

(9) 信号不明确。

30. 通常所讲的机械设备保养“十字”作业法包括(   )。

A. 清洁

B. 润滑

C. 调整

D. 紧固

E. 防潮

【答案】ABCD

【解析】十字保养内容为清洁、润滑、紧固、调整、防腐。

31. 塔式起重机维护保养的分类包括(   )。

A. 计划性维护保养

B. 定期维护保养

C. 非计划性维护保养

D. 紧急维护保养

E. 特殊保养

【答案】ABCD

【解析】(1) 计划性维护保养，包含日常维护保养，每班前后进行，由塔机司机负责完成。

(2) 定期维护保养，塔式起重机应由专业维护人员进行定期维护。定期维护包括周、月、季、年、移装、停用维护、停用后的复工维护。

(3) 非计划性维护保养。在发生故障后或根据日常检查、定期检查、特殊检查的结果，对发现的缺陷，确定非计划性维护的内容和要求，并加以实施。

(4) 紧急维护保养，在日常检查、定期检查中发现的危险故障。

32. 无损检测包括(　　)等。

A. 渗透检测　　B. 磁粉检测

C. 超声检测　　D. 射线检测

E. 卡尺检测

【答案】ABCD

【解析】无损检测应包括渗透检测、磁粉检测、超声检测和射线检测等。

33. 起重指挥信号有(　　)。

A. 专用手势信号　B. 手势信号　C. 旗语信号　D. 音响信号

【答案】BCD

【解析】起重指挥信号包括手势信号、音响信号和旗语信号，此外还包括与塔机司机联系的对讲机等现代电子通信设备的语音联络信号。

34. 起重机使用的音响信号有(　　)。

A. 一短声表示“明白”的音响信号　　B. 三短声表示“重复”的音响信号

C. 三短声表示“知道”的音响信号　　D. 长声表示“注意”的音响信号

E. 二短声表示“重复”的音响信号

【答案】ADE

【解析】一短声表示“明白”的音响信号，是对指挥人员发出指挥信号的回答。在回答“停止”信号时也采用这种音响信号；二短声表示“重复”的音响信号，是用于塔机司机不能正确执行指挥人员发出的指挥信号时，而发出的询问信号，对于这种情况，塔机司机应先停车，再发出询问信号，以保障安全；长声表示“注意”的音响信号，这是一种危急信号，在遇到紧急情况下，塔机司机应发出长声音响信号，以警告有关人员。

35. 下面(　　)情况可能造成钢丝绳经常脱槽。

A. 滑轮偏斜或移位　　B. 钢丝绳与滑轮不匹配

C. 钢丝绳太长　　D. 防脱装置不起作用

E. 以上说法都对

【答案】ABD

【解析】钢丝绳太长不会造成钢丝绳经常脱槽。

36. 下面说法正确的是(　　)。

A. 严禁用吊钩直接吊挂重物，吊钩必须用吊具、索具吊挂重物

B. 作业中司机可以离开司机室或看听与作业无关的书报、视频和音频等

C. 塔机作业时，无关人员可以上下塔机

D. 塔机在作业中，严禁对传动部分、运动部分以及运动件所及区域做维修、保养、调整等工作

E. 塔吊司机饮酒后可以继续工作

【答案】AD

【解析】作业中司机不可以离开司机室或看听与作业无关的书报、视频和音频等，塔机作业时，无关人员禁止上下塔机，塔吊司机严禁酒后工作。

37. 起重机的拆装作业应在白天进行，当遇(　　)等天气时，应停止作业。

A. 潮湿　　B. 大风

C. 浓雾　　D. 雨雪

E. 高温

【答案】BCD

【解析】恶劣天气指不利于人类生产和活动，或具有破坏性的局地天气状况例如大雾、云层极低、暴风雨、沙（尘）暴、雪暴、强雷暴、冰雹、龙卷风等。

38. 起重机启动前重点检查以下(　　)项目并应符合下列要求。

A. 起重臂应转至顺风方向

B. 各安全防护装置及各指示仪表齐全完好

C. 钢丝绳及连接部位符合规定

D. 燃油、润滑油、液压油、冷却水等添加充足

E. 各连接件无松动

【答案】BCDE

【解析】起重机停车前已经转至顺风方向，无须再次检查。

39. 塔式起重机遇有下列(　　)情况时，应暂停吊装作业。

A. 遇有恶劣气候条件　　B. 塔式起重机发生漏电现象

C. 钢丝绳严重磨损　　D. 有闲人出入

【答案】ABCD

【解析】塔式起重机作业中遇有恶劣气候：如大雨、大雪、大雾，超过允许工作风力等影响安全作业；起重机出现漏电现象；安全保护装置失效；各传动机构出现异常现象和有异响；钢丝绳严重磨损；有闲人出入等情况应停止作业。

40. 滑轮的报废标准(　　)。

A. 裂纹或轮缘破损

B. 滑轮绳槽壁厚磨损量达原壁厚的 20%

C. 滑轮底槽的磨损量超过相应钢丝绳直径的 25%

D. 滑轮有异响

【答案】ABC

【解析】滑轮出现下列情况之一的，应予以报废：

(1) 裂纹或轮缘破损。

(2) 滑轮绳槽壁厚磨损量达原壁厚的 20%。

(3) 铸造滑轮槽底磨损达钢丝绳原直径的 30%；焊接滑轮槽底磨损达钢丝绳原直径的 15%。

41. 卷筒的报废标准(　　)。

A. 裂纹或凸缘破损

B. 卷筒壁磨损量达原壁厚的 10%

C. 卷筒生锈

D. 卷筒有异响

【答案】AB

【解析】卷筒出现下述情况之一的，应予以报废：

(1) 裂纹或凸缘破损。

(2) 卷筒壁磨损量达原壁厚的 10%。

42. 系挂物品应符合下列要求(　　)。

A. 起重绳索或链条不能缠绕在物品上

B. 物品要通过吊索或其他有足够承载能力的装置挂在吊钩上

C. 链条不能用螺栓或钢丝绳进行连接

D. 吊索或链条不应沿着地面拖曳

【答案】ABCD

【解析】系挂物品应符合以下要求：

(1) 起重绳索或链条不能缠绕在物品上。

(2) 物品要通过吊索或其他有足够承载能力的装置挂在吊钩上。

(3) 链条不能用螺栓或钢丝绳进行连接。

(4) 吊索或链条不应沿着地面拖曳。

四、案例题

1. 【背景】某商住公寓工程施工现场，发生一起塔式起重机倒塌事故，造成 4 人死亡、4 人受伤。工程基础土方工程由建设单位直接发包给无施工资质的某基础工程有限公司。事故发生时，正在进行基础上方施工，深基坑挖土尚未完成。为了安装塔式起重机，在南段中部先行局部开挖一个 9.0m×9.0m，深 11.5m 的基坑，塔式起重机型号为QTZ—80G，采用独立固定式基础，基础5.6m×5.6m×1.35m，塔身安装自由高度34.2m，加塔顶6.3m，起重臂臂长55m，平衡重14.2t。塔式起重机基坑南侧为小平台陡坡，西侧接近垂直，无支护措施。塔式起重机安装完毕后，未经检测机构检测开始使用。同时，在工程南段继续开挖土方，白天将土堆置于塔式起重机基坑西、南面及基坑内，塔身下段西南侧用竹篱笆挡土，由塔式起重机基础起，堆土高7～8m，晚间利用塔式起重机和挖土机进行运土，且坡顶存放桩机和挖土机。1月11日20时左右，边坡发生坍塌，土方量约有500m^2，坍塌的上方对塔式起重机产生了巨大的冲击，使其向东北方向倒塌，压垮农民工宿舍，导致人员伤亡。

请回答下列问题：

(1) 本例中塔式起重机的安装，基础周围应有排水设施。其基础承载力应符合说明书和设计要求，验收合格后方能安装。

【答案】正确

(2) 塔式起重机各部件之间的连接销轴、螺栓、轴端卡板和开口销等，可以用其他件代替。

【答案】错误

(3) 本案例中，施工单位在塔式起重机基础施工过程中，未按规定(　　)且在基坑西侧违规堆土。当两侧出现裂纹且有塌方的情况下未采取有效措施，而是继续进行挖掘作业。

A. 放坡　　B. 防护　　C. 支护　　D. 整治

【答案】A

(4) 此次塔式起重机倾覆械事故按人员伤亡数定为(　　)。

A. 一般事故　　B. 较大事故

C. 重大事故　　D. 特别重大事故事故

【答案】B

(5) 如果对机械设备使用管理的定期检查、专项检查发现不遵守规程、规范使用机械设备的情况，在管理劝阻无效时，监督检查部门应(　　)，如违章单位或违章人员未执行的，依据情节轻重给予处罚或停机整顿。

A. 责令停止作业　　B. 下达整改通知

C. 处以经济罚款　　D. 注销岗位资格

E. 处以刑罚

【答案】AB

2.【背景】某施工现场在塔吊顶升作业的过程中，发生一起塔吊倒塌事故，造成6人死亡，当日早上，负责塔吊顶升工作的机长带领7名施工人员，进行顶升作业。安装完第1个标准节后，操作人员先将第3个标准节吊到预定的高度位置，准备将第2个标准节推到安装位置。这时候，塔吊的平衡臂、配重、起重臂、塔冒（套架）、驾驶室等主体部分，从第 14 节（28m）的高度倾倒坠落。塔吊后倾翻转 180°落到地上，顶升作业的 6 人随之一起坠落。

请回答下列问题：

(1) 起升高度限位器不仅用于防止在吊钩提升运行、吊钩滑轮组上升接近载重小车时，应停止其上升运动，以防止卷筒上的钢丝绳松脱造成的乱绳甚至以相反方向缠绕在卷筒上及钢丝绳跳出滑轮绳槽。

【答案】正确

(2) 此塔吊进行爬升加节安装时，施工人员违反塔吊使用说明书中关于塔机顶升的操作程序。爬升套架上升至中间部位，塔吊上部结构处于不稳定状态。

【答案】错误

(3) 这是一起由于违反塔吊顶升操作程序造成爬升套架(　　)失效而引发的生产安全责任事故。

A. 锁紧装置　　B. 保护装置　　C. 吊钩保险　　D. 防脱槽装置

【答案】A

(4) 司机操作处应设置(　　)按钮，在紧急情况下能方便切断塔式起重机控制系统电源。

A. 急停　　B. 电铃　　C. 刹车　　D. 复位

【答案】A

(5) 本例塔式起重机投入使用后，本机生产操作人员中必须经建设主管部门考核合格，取得建筑施工特殊作业人员操作资格证书，方可上岗从事相应作业的工种是(　　)。

A. 物料转运工　　B. 司索工

C. 司机　　D. 安拆工

E. 基建工

【答案】BCD

3.【背景】某居民楼工程发生一起塔吊倒塌事故，由于施工地点临近某幼儿园，造成 5 名儿童死亡、2 名儿童重伤，事发当日，塔吊司机（无塔式起重机操作资格证）操作 QTZ－401 型塔式起重机向作业面吊运混凝土。当装有混凝土的料斗（重约 700kg）吊离地面时，发现吊绳绕住了料斗上部的一个边角，于是将料斗下放。在料斗下放过程中塔身前后晃动，随即塔吊倾倒，塔吊起重臂砸到了相邻的幼儿园内，造成惨剧。

请回答下列问题：

(1) 本案例中塔式起重机塔身第 3 标准节的主弦杆有 1 根由于长期疲劳已断裂；

同侧另 1 根主弦杆存在旧有疲劳裂纹。该塔吊安装前未进行零部件检查。

【答案】正确

（2）本事故塔吊的回转半径范围覆盖毗邻的幼儿园达 10m，未采取安全防范措施。

【答案】正确

（3）事故的发生暴露出该工程在大型机械（　　）上存在严重的缺陷和问题。

A. 制造　　B. 生产　　C. 设备管理　　D. 使用

【答案】C

（4）塔式起重机配重块的装拆下列正确的是（　　）。

A. 安装平衡臂后马上可以安装全部的配重块

B. 安装平衡臂后，配重块按照说明书要求安装

C. 拆卸塔式起重机时，配重块可一次全部卸除再拆卸起重臂

D. 起重臂安装完成后才一次性安装全部配重

【答案】B

（5）塔机使用期间，有关单位应当按照规定的时间、项目和要求做好塔机的检查和日常、定期维护保养，尤其要注重对（　　）等部位的检查和维修保养，确保使用安全。

A. 限位保险装置　　B. 螺栓紧固

C. 销轴连接　　D. 钢丝绳

E. 吊钩

【答案】ABCDE

4.【背景】某宿舍楼工程施工现场在拆除塔吊过程中，发生了一起塔吊坍塌事故，造成 3 人死亡、1 人轻伤。施工中使用 1 台 QTZ-60 型自升式塔吊。17 日，项目经理在明知某私人拆装队没有相关资质的情况下，与其联系拆卸事宜，并于 18 日签订“塔吊拆除协议书”，由拆装队提供了 1 份拆卸方案并开始作业。至 18 日下午，拆装队相继拆卸塔吊上部的第 8、第 9 标准节。19 日上午 8 时继续拆塔，4 人爬上 25.5m 的塔吊，1 人在驾驶室操作，1 人在引进平台的西北侧，1 人在引进平台的东南侧，另 1 人操作油泵，将起重臂回转至标准节引进方向，塔吊顶升油缸活塞杆伸出将塔吊下部顶起，第 7 节标准节移出放至引进平台后，发生塔吊重心失稳，自根部向东整体倒塌。

请回答下列问题：

（1）本案例是使用无资质施工队伍违章拆除塔式起重机导致塔身重力失衡倾覆的生产安全责任事故。

【答案】正确

（2）现场的监督检查和安全监理不到位，施工单位没有根据现场的环境和条件、塔吊状况，制定拆卸方案。

【答案】正确

(3) 塔式起重机的拆除单位，应当依法取得建设主管部门颁发的相应资质和(　　)。

A. 具备拆除施工技术能力

B. 施工质量认证

C. 建筑施工企业安全生产许可证

D. 有特种作业施工人员

【答案】C

(4) QTZ60 的意思是上回转自升塔式起重机，其额定(　　)为 60t·m。

A. 起重量　　B. 起重力矩　　C. 起升高度　　D. 幅度

【答案】B

(5) 塔式起重机除机体倾覆等设备损坏常见事故外，已发生的人身安全事故多为(　　)等类型的事故。

A. 挤伤　　B. 触电

C. 高处坠落　　D. 碾压

E. 吊物（具）坠落打击

【答案】ACE

5.【背景】某施工现场发生一起塔式起重机倒塌事故，造成 3 人死亡、2 人重伤。事故发生时，该楼已施工至 5 层平台。当日 10 时左右，塔吊正在吊运试块用混凝土，料斗及混凝土总重 509t。塔身第 1 标准节西南角主弦杆突然断裂，塔吊上部倒下，部分塔身、司机室及配重砸到该楼 5 层平台上，3 名正在进行楼板混凝土浇筑的施工人员被压在机身下，1 人被倒下的塔身刮伤，塔吊司机受重伤。

请回答下列问题：

(1) 安全监理工程师监理过程中未严格依法实施监理，对施工单位违反《塔式起重机操作使用规程》作业现象监督不到位。

【答案】正确

(2) 塔身第 1 标准节西南角主弦杆突然断裂，是使用单位在塔式起重机操作前，未按《塔式起重机操作使用规程》中有关规定进行检查，违章操作，长期使用不具备安全生产条件的设备。

【答案】正确

(3) 本例因设备带故障运行导致事故的发生。起升高度限位器失效的隐患，应在日常保养中排除。设备的日常保养是指在机械(　　)的保养作业。

A. 磨合期后　　B. 每班运行前、后　　C. 运行过程中　　D. 大修期间

【答案】B

(4) 这是一起由于塔式起重机(　　)等安全装置失效，同时又超载作业造成主弦杆断裂而引发的生产安全责任事故。

A. 上、下限位开关　　B. 起重力矩限制器

C. 断绳保护装置　　D. 防坠安全器

【答案】B

(5) 塔机在使用过程中发生故障的原因很多，主要是因为(　　)等多方面原因。

A. 工作环境恶劣　　B. 维护保养不及时

C. 操作人员违章作业　　D. 零部件自然磨损

E. 变形

【答案】ABCD

6.【背景】某在建工程，发生了一起塔吊倒塌事故，造成4人死亡、2人重伤，事故发生时处于基础施工阶段。发生倒塌的塔式起重机型号为QTZ4210型，于2007年5月19日进场。6月3日某私人劳务队受挂靠的设备租赁公司委托，与施工单位项目部签订了塔吊租赁合同，合同中有塔吊安装、拆除等内容。塔吊安装完毕后没有经有关部门验收和备案登记，就于6月3日投入使用。因该工地所使用的两台塔吊安装高度接近，运行中相互发生干扰。劳务队队长指派4人对塔吊进行顶升标准节作业。18时许，将第12节标准节引进塔身就位后，在尚未固定的情况下，塔吊向右转动约为135°时，塔吊套架以下部分向平衡臂方向翻转倾覆，致使塔帽、起重臂、平衡臂坠落至地面。

请回答下列问题：

(1) 应认真履行职责。核查塔吊安装验收手续，确保安全。

【答案】正确

(2) 按照《建筑起重机械安全监督管理规定》(建设部令166号) 规定，本例塔机投入使用前，应当具有相应资质的检验检测机构监督检验合格，使用单位应当组织施工单位、安拆单位、监理单位等有关单位进行验收，验收合格后方可投入使用。

【答案】正确

(3) 该塔机顶升作业时，操作人员违反了起重机的安全操作，在标准节引入塔身就位尚未固定的情况下，操作塔机(　　)，造成塔机倒塌。

A. 起升　　B. 变幅　　C. 回转　　D. 制动

【答案】C

(4) 塔吊顶升属危险性较大的分部分项工程作业，按照相关规定，塔吊在拆装顶升过程中，起重力矩和抵抗力矩必须(　　)。

A. 一致　　B. 错落有致　　C. 安全　　D. 平衡

【答案】D

(5) 塔式起重机在(　　)和吊物与地面或其他物件之间存在吸附力或摩擦力而未

采取处理措施时不得起吊。

A. 指挥信号不清楚
B. 重量超过额定荷载的吊物
C. 重量不明的吊物
D. 经过绑扎的吊物
E. 装箱捆绑牢靠的吊物

【答案】ABC